建筑

高等职业教育土建类『十四五』系列教材

3ds Max建筑与装饰效果图设计与制作

3ds Max JIANZHU YU ZHUANGSHI XIAOGUOTU SHEJI YU ZHIZUO

主　编　宋秀英　陶　颖　冯兴国

副主编　万鸿宇　宋士忠　马现鹏　江忠良　郭学涛

参　编　何　菁　林　勤　李小梅　胡　欣　李顺华　张　爽

華中科技大學出版社
http://press.hust.edu.cn
中国 · 武汉

图书在版编目(CIP)数据

3ds Max建筑与装饰效果图设计与制作 / 宋秀英，陶颖，冯兴国主编. -- 武汉：华中科技大学出版社，2024. 11.
ISBN 978-7-5772-1327-9

Ⅰ. TU201.4

中国国家版本馆CIP数据核字第2024LA3406号

3ds Max建筑与装饰效果图设计与制作

3ds Max Jianzhu yu Zhuangshi Xiaoguotu Sheji yu Zhizuo

宋秀英　陶　颖　冯兴国　主编

策划编辑：康　序
责任编辑：刘艳花
封面设计：岸　壳
责任校对：李　琴
责任监印：周治超
出版发行：华中科技大学出版社(中国·武汉)　　电话：(027)81321913
　　　　　武汉市东湖新技术开发区华工科技园　　邮编：430223
录　　排：武汉三月禾文化传播有限公司
印　　刷：武汉科源印刷设计有限公司
开　　本：889mm×1194mm　1/16
印　　张：12.5
字　　数：339千字
版　　次：2024年11月第1版第1次印刷
定　　价：68.00元

编委会

主　编　宋秀英　黄冈职业技术学院

陶　颖　黄冈职业技术学院

冯兴国　黄冈职业技术学院

副主编　万鸿宇　湖北城市建设职业技术学院

宋士忠　黄冈职业技术学院

马现鹏　黄冈农业技术促进中心

江忠良　湖北欧凯莱装饰工程设计有限公司

郭学涛　湖北迈腾建筑工程有限公司

参　编　何　菁　黄冈职业技术学院

林　勤　黄冈职业技术学院

李小梅　黄冈职业技术学院

胡　欣　黄冈职业技术学院

李顺华　黄冈职业技术学院

张　爽　黄冈职业技术学院

前言
Preface

众多行业均需借助数字化的交流方式来实现便捷性的沟通，设计行业尤为突出。建筑装饰效果图制作的课程内容需要不断地与时俱进、丰富。学员需要在制图和装饰材料、构造与施工等知识领域达到一定程度的理解。本书旨在通过对软件操作技能的学习，使学员能够熟练操作并利用各项软件的基本功能，在规定的时间内完成目标图形绘制与表现，从而更好地为项目设计提供服务。

本书将理论与实践紧密结合，以增强实用性和操作性。读者可自主研究一般内容，并在实际操作中深化和巩固。为提高教学效果，建议采用多媒体教学或其他数字化教学手段。

希望读者学习完本书后，能够熟练使用3ds Max基本设计软件，并能够借助模型、灯光、材质等要素综合呈现出优秀的设计效果。最终，通过软件设计为建筑设计提供必要的辅助，实现课程目标。

本书可作为初次接触效果图制作软件的学生的学习指南，也可作为培训课程或爱好者的实际操作引导教材。本书旨在帮助想要从事室内、室外效果图制作相关行业的读者快速入门，提高学习和工作效率。

本书的出版得到了众多人的帮助和支持，在此衷心表示感谢。本书由主编宋秀英、陶颖、冯兴国，副主编万鸿宇、江忠良、郭学涛、宋士忠、马现鹏共同完成，还得到本校建筑装饰工程技术专业优秀同学的协助，在此一并表示感谢。

为了方便教学，本书配有电子课件等资料，任课教师可以发邮件至husttujian@163.com获取。

由于编写时间仓促及编者水平有限，书中难免有疏漏和不足之处，欢迎广大读者和同行批评、指正。

编　者

2024年8月

课程描述表

建筑与装饰效果图设计与制作——3ds Max		第3学期	基本学时:100学时
教学项目	课程内容	思政元素	育人成效
学习领域一 认识3ds Max软件	1.1 认识软件 1.2 界面设置 1.3 文件及视图控制基本操作 1.4 可能遇到的问题及解决建议 1.5 相关考证及比赛要求解析	通过介绍3ds Max软件及其基本操作,引导学生树立专业意识,培养严谨、细致的学习态度,同时强调软件学习中的创新、探索精神	学生不仅初步掌握了3ds Max软件的基本界面设置、文件及视图控制等操作技能,还形成了良好的学习习惯和解决问题的能力,为后续深入学习及参与专业考证、比赛打下坚实基础
学习领域二 3ds Max软件的基本操作	2.1 对象选择 2.2 对象移动与复制 2.3 对象删除、撤销与重做 2.4 对象选择并旋转与复制 2.5 对象选择并缩放 2.6 对象捕捉、对齐与放置 2.7 对象镜像与间隔 2.8 对象阵列与组的管理	在掌握3ds Max基础操作的过程中,培养学生细致入微的观察力、精准的操作能力和团队协作精神,同时激发创新思维,鼓励学生在基础操作中探索高效技巧	为创建复杂三维模型奠定了坚实的基础,同时培养了良好的操作习惯和解决问题的能力
学习领域三 常用三维建模	3.1 标准基本体的创建 3.2 扩展基本体的创建 3.3 AEC扩展 3.4 门、窗、楼梯创建 3.5 三维基本体常用的建模修改命令	通过学习和创建常用的三维模型,引导学生理解空间结构、比例关系与审美原则,培养学生创新思维与实践能力,同时增强学生对建筑设计、室内设计等领域的社会责任感	学生掌握了标准基本体、扩展基本体、AEC扩展,以及门、窗、楼梯等常用三维模型的创建方法,并熟练运用三维基本修改器进行建模,不仅提升了三维建模技能,还培养了空间感知能力、审美素养及解决实际问题的能力
学习领域四 常用的三维复合对象建模	4.1 布尔建模 4.2 散布建模	引导学生理解复杂结构的分解与重组,培养逻辑思维与解决问题的能力,同时鼓励学生勇于创新,追求设计上独特性与功能性的统一	学生掌握了布尔和散布等高级建模技巧,能够创建出更为复杂和富有创意的三维模型。这一过程中,学生的逻辑思维、空间想象力以及创新思维得到了显著提升,为后续高级建模和设计工作打下了坚实的基础
学习领域五 常用二维图形建模	5.1 二维图形绘制 5.2 二维扩展样条线建模 5.3 放样建模 5.4 二维图形修改器建模	在学习常用二维图形及其建模方法时,注重培养学生从二维到三维空间转换的思维,激发学生创造力和想象力,同时强调细致入微的观察和精确无误的操作,培养学生严谨的学习态度	学生掌握了二维图形绘制、二维扩展样条线建模、放样建模以及二维图形修改器建模等关键技术,能够灵活运用这些技术进行二维图形的创建与编辑,为后续的三维建模与动画设计提供丰富的素材和灵活的创意空间。此过程不仅提升了学生的专业技能,还锻炼了他们的空间想象力、创造力和实践能力

续表

教学项目	课程内容	思政元素	育人成效
学习领域六 摄影机及灯光设置	6.1　摄影机设置 6.2　灯光的设置	通过摄影机及灯光设置的学习，引导学生理解视觉表达的重要性，培养艺术审美与创意表达能力，同时强调在视觉设计中注重细节、追求完美的工匠精神	学生掌握了摄影机的基本操作与视角选择技巧，以及灯光设置对场景氛围与物体质感的影响，能够运用所学知识创作出具有视觉冲击力和情感表达力的三维场景。这一过程不仅提升了学生的专业技能，还培养了学生的艺术感知力、审美鉴赏力和创意思维能力
学习领域七 材质编辑与贴图技术	材质编辑与贴图技术	在材质编辑的学习过程中，引导学生理解材质对物体真实感表现的重要性，培养学生细致入微的观察力和对美的追求，同时强调创新材质设计，提升作品的独特性和艺术性	学生掌握了材质编辑的基本技巧，包括材质属性的调整、纹理的贴图、光影效果的模拟等，能够根据不同场景和需求，创作出符合要求的材质效果。这一过程不仅提升了学生的专业技能，还培养了学生的审美能力、创新思维和实践能力，为后续的三维场景设计和动画制作打下了坚实的基础
学习领域八 渲染器设置	渲染器设置	在渲染器设置的学习中，引导学生理解渲染技术对作品最终呈现效果的关键作用，培养学生耐心、细致的工作态度和精益求精的工匠精神，同时鼓励学生探索不同的渲染风格，展现个性与创意	学生掌握了渲染器的基本设置方法，包括渲染参数的调整、渲染质量的优化、渲染时间的控制等，能够根据不同项目需求，灵活配置渲染器以获得最佳视觉效果。这一过程不仅提升了学生的专业技能，还培养了学生的耐心、细心和创新能力，为后续高级渲染和特效制作打下了坚实的基础
学习领域九 PS后期处理	PS后期处理	通过客厅全景效果图制作的实践项目，引导学生将理论知识与实际应用相结合，培养学生综合应用能力和解决实际问题的能力，同时强调团队合作与沟通的重要性，提升职业素养	此过程不仅锻炼了学生的专业技能，还提升了学生的实践能力、团队协作能力和创新思维，使他们能够更好地适应未来工作岗位的需求。同时，通过全景效果图的发布，学生也体验到了设计作品被展示和认可的成就感，增强了自信心和学习动力

目录

Contents

学习领域一

认识3ds Max软件

□ 学习领域概述

本学习领域主要是整体认识该软件，了解软件的基本特征和使用范围。内容包括界面设置、文件及视图控制等基本操作，以及可能遇到的问题与解决建议，还涵盖相关考证及比赛要求的解析。

作为3ds Max的初级用户，在使用和掌握该软件的初期，学习和适应软件的工作环境及基本的文件操作必要且重要。

学习情境1.1　认识软件

学习目标

知识要点	知识目标	能力目标
软件的发展及课程的形成	明确软件的发展历程并把握软件的应用,知悉课程的形成	能独立安装软件,了解3ds Max的发展史,熟悉该软件的需求、特点及运用领域
软件安装与卸载	掌握软件的需求,熟悉软件安装与卸载的操作知识及要领	
软件的特点及适用范围	全面了解软件,认识软件操作特点及具体的适用范围	

学习任务

(1)了解软件的发展及课程的开设。

(2)能正确、快速安装软件。

(3)了解软件特点。

学习方法

对重点内容,以课堂讲授、实操为主。对一般内容,以自学为主,并在实际操作中加以深化和巩固。教学过程中宜采用多媒体教学或其他数字化教学手段以提高教学效果。

内容分析

1.软件的发展及课程的开设

1)软件的发展过程及运用领域

3D Studio Max简称为3ds Max,或3d MAX,或MAX,是Autodesk公司开发的基于PC系统的强大三维模型制作和逼真动画渲染及人机交互的软件,是CG业(即计算机图形图像业)服务的重要软件,该软件利用计算机技术进行视觉设计和生产领域的效果呈现。其广泛应用于室内设计、建筑设计、影视特效、工业设计、多媒体制作、游戏设计、辅助教学等领域,如图1.1.1所示。

软件前期是在DOS环境下运行的,版本号为3ds;1996年移到Windows平台下,版本号为Max;同年推出3ds Max 1.0版本;1997年推出2.0版本;1998年推出2.5版本;1999年推出3.0版本;2001年推出4.0版本;2002年推出5.0版本;2003年推出6.0版本;目前最新版本是3ds Max 2025。

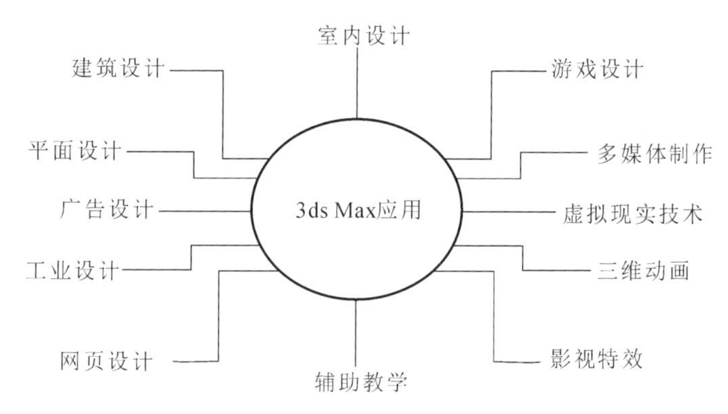

图 1.1.1　3ds Max的应用领域

2）3ds Max课程的开设

根据市场、行业和企业的要求，在调研与座谈的前提下，开设了本课程，制作流程和知识内容主体框架如图1.1.2、图1.1.3所示，但不同的教师及教学体系，内容安排和制作细节过程有所不同。

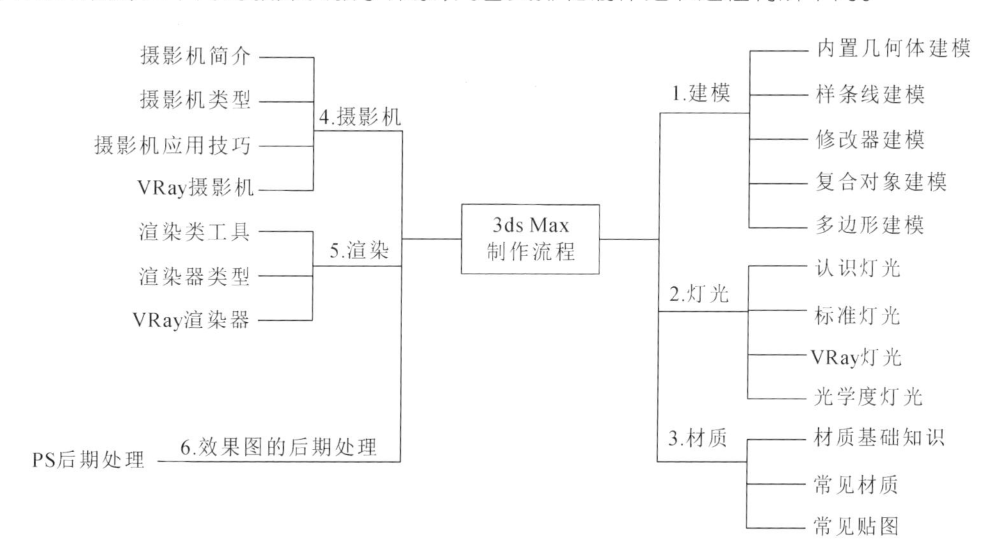

图 1.1.2　3ds Max制作流程

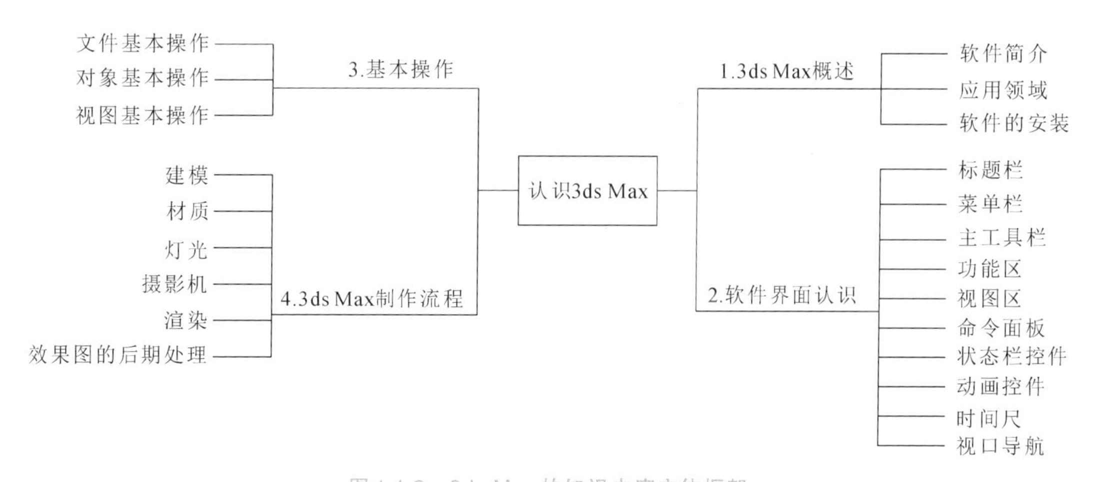

图 1.1.3　3ds Max的知识内容主体框架

2. 安装软件及插件

首先下载3ds Max 64位 / 32位安装包→ 解压安装包 → 按提示进入安装界面并选择语言类型→在弹出

的对话框中阅读许可协议后点击“同意”→依次单击“下一步”按钮→耐心等待安装完成后点“完成”。

3.软件特点

三维软件的种类很多，按功能和应用领域分为高端、中端 、低端。3ds Max是中端三维软件的代表。3ds Max软件优点如图1.1.4所示。

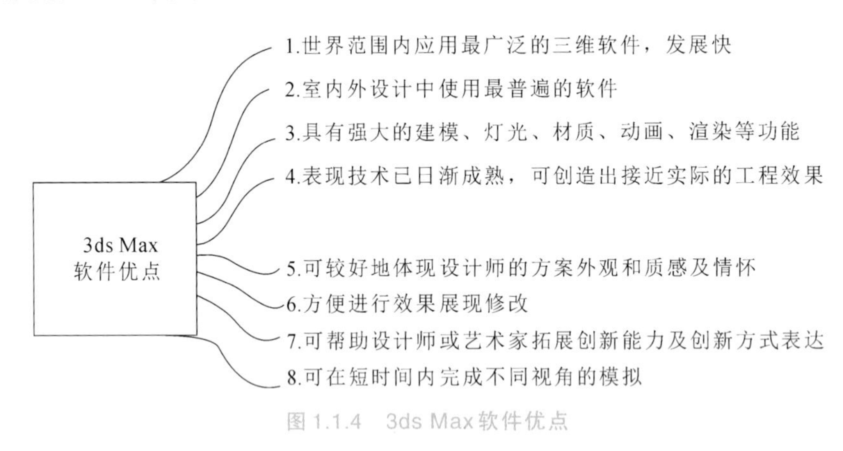

图1.1.4 3ds Max软件优点

当然该软件的相对不足主要是对硬件要求高，渲染图所需时间长。

—— 本阶段学习的主要思考 ——

(1) 通过室内外效果图欣赏，了解软件的优点及使用领域，让学生对本课程产生浓厚兴趣。

(2) 熟悉并了解该软件的基本知识框架及制作流程。

学习情境1.2 界面设置

学习目标

知识要点	知识目标	能力目标
界面的特点及认识	了解整体界面，熟知三栏一板四个区	了解该软件的特点及界面情况，明确绘图的要求和方法，掌握界面的识别性及快捷键的设置，并能对视图进行基本操作
界面的具体设置详解	保存自定义的工作界面、界面颜色，改变界面风格，隐藏石墨建模工具栏，以小图标显示工具栏，设置视口区域	

学习任务

(1) 界面的特点及认识。

(2) 界面的具体设置。

(3) 界面的视图操作方式。

学习方法

对重点内容,以课堂讲授、实操为主。对一般内容,以自学为主,并在实际操作中加以深化和巩固。教学过程中宜采用多媒体教学或其他数字化教学手段以提高教学效果。

内容分析

1.界面的特点及认识

3ds Max的工作界面分为标题栏、菜单栏、主工具栏、视口区域、视口布局选项卡、建模工具选项卡、命令面板、时间尺、状态栏、时间控制按钮和视口导航控制按钮等部分,如图1.2.1所示。

图1.2.1　3ds Max的界面介绍

下面介绍三栏一板四个区。

1) 三栏:标题栏、菜单栏、主工具栏

(1) 标题栏。

标题栏位于3ds Max工作界面的最上方,用于显示当前打开的3ds Max文件名称和当前使用的3ds Max软件版本信息。利用标题栏右侧的控制按钮可以最小化、最大化和关闭工作界面,标题栏如图1.2.2所示。

图 1.2.2　3ds Max的标题栏

（2）菜单栏。

菜单栏包含了3ds Max的大部分命令，分别为文件、编辑、工具、组、视图、创建、修改器、动画、图形编辑器、渲染、自定义、脚本、Civil View、Substance、Arnold 、帮助，如图1.2.3～图1.2.7所示。

图 1.2.3　3ds Max菜单栏

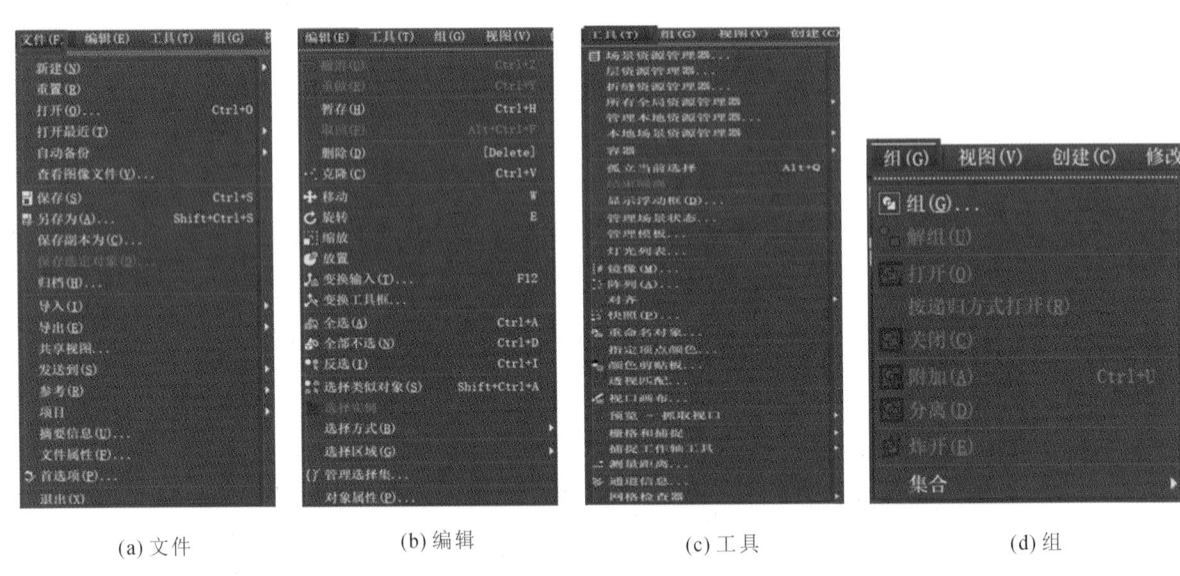

图 1.2.4　文件菜单中的文件、编辑、工具、组菜单

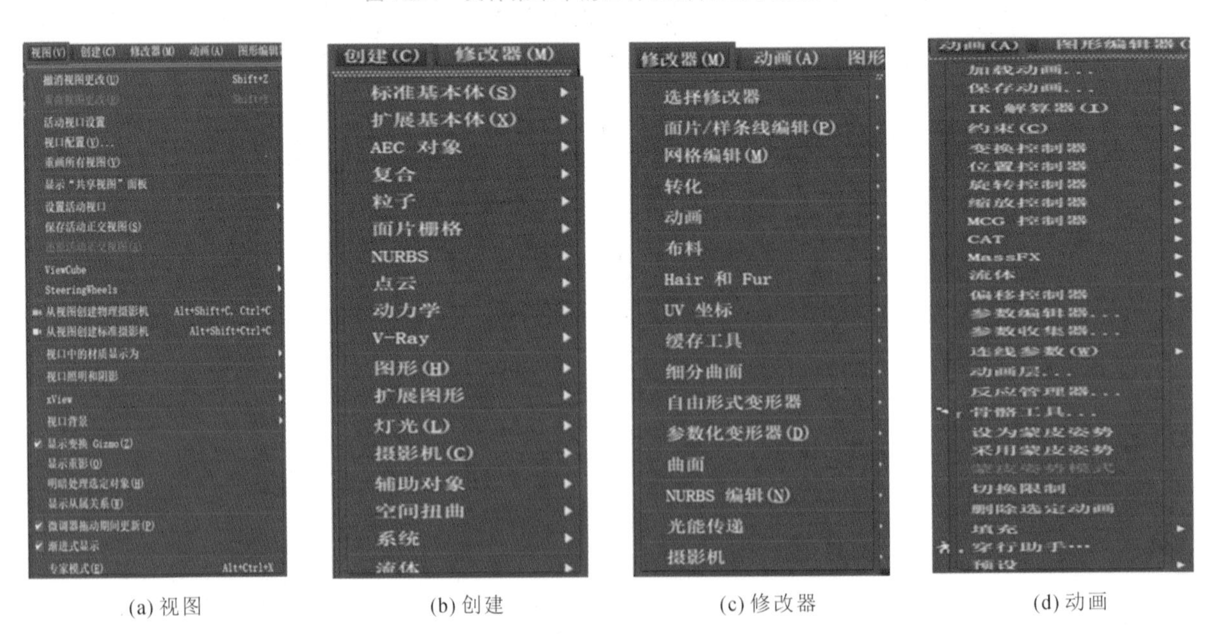

图 1.2.5　文件菜单中的视图、创建、修改器、动画菜单

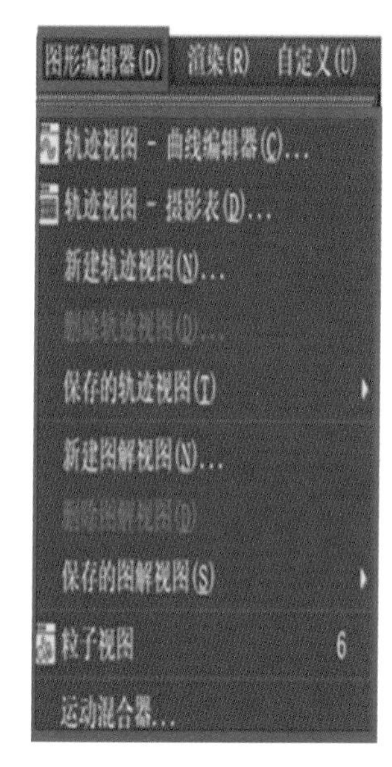

(a) 图形编辑器

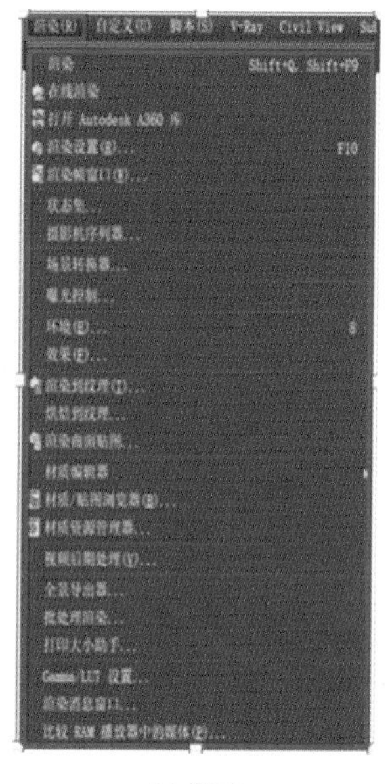

(b) 渲染

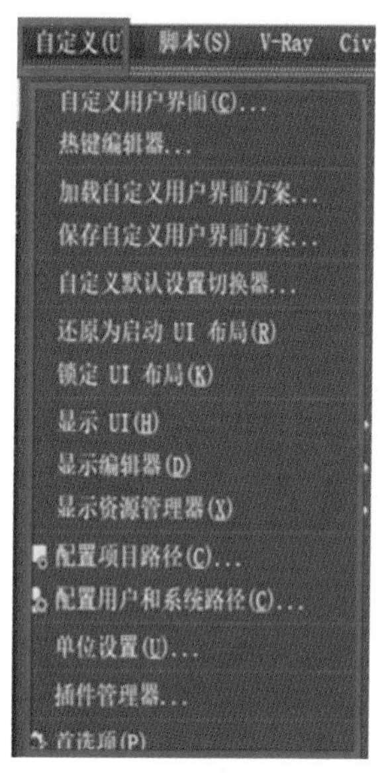

(c) 自定义

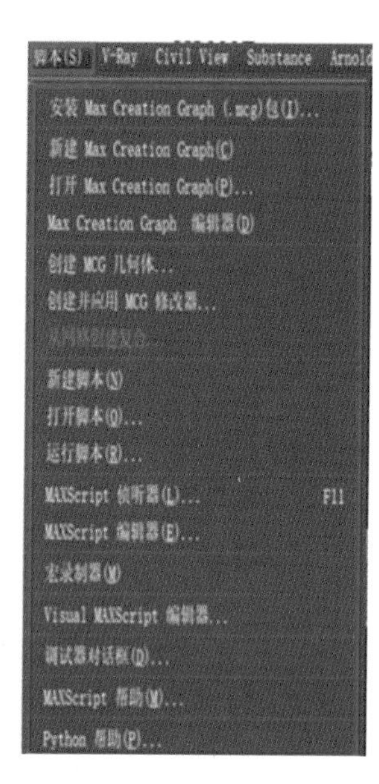

(d) 脚本

图 1.2.6 文件菜单中的图形编辑器、渲染、自定义、脚本菜单

(a) Civil View

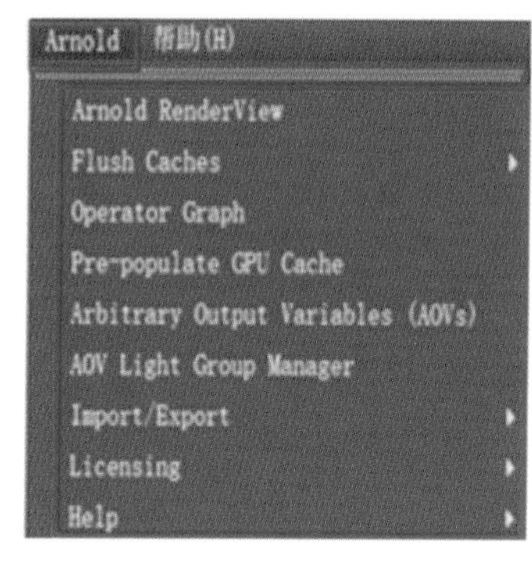

(b) Arnold

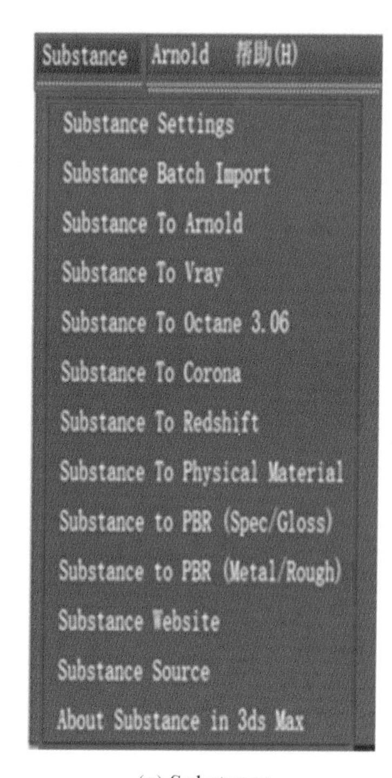

(c) Substance

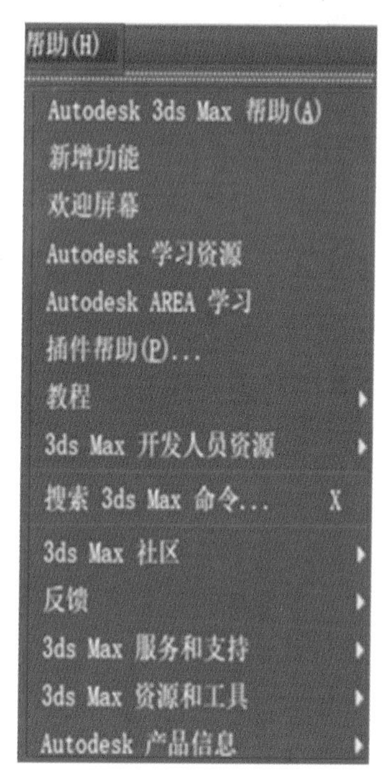

(d) 帮助

图 1.2.7 文件菜单中的Civil View、Arnold、Substance、帮助菜单

(3) 主工具栏。

主工具栏为用户列出了一些经常使用的命令图标按钮,如图1.2.8所示,通过这些图标按钮可以快速执行命令,从而提高设计效率。

2) 一板:命令面板(创建、修改、层级、运动、显示和工具)

3ds Max的命令面板由六个子层级面板组成。六个子层级面板分别为创建面板、修改面板、层级面板、运动面板、显示面板、工具面板,如图1.2.9所示。对象类型如图1.2.10所示。

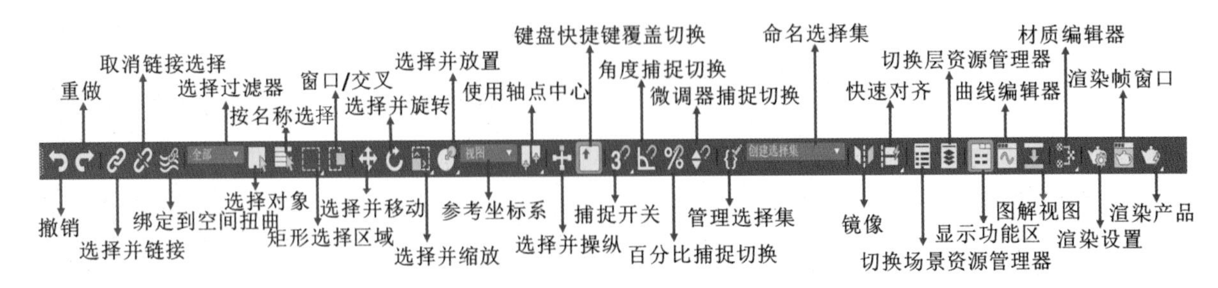

图 1.2.8　3ds Max主工具栏

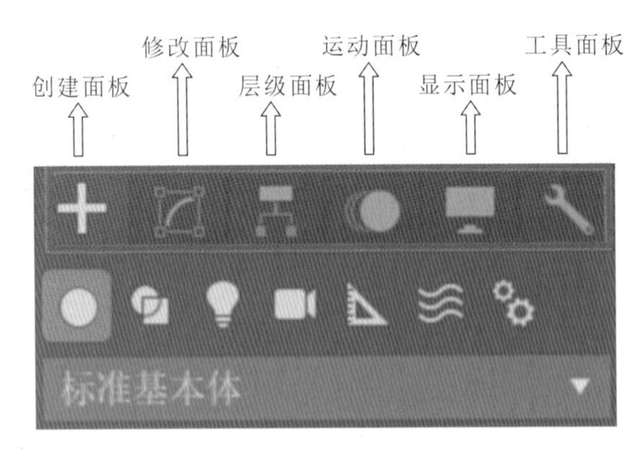

图 1.2.9　3ds Max的命令面板的六个子层级面板

图 1.2.10　对象类型

（1）创建面板下有七种对象，分别是几何体、图形、灯光、摄影机、辅助对象、空间扭曲、系统，如图 1.2.11 所示。

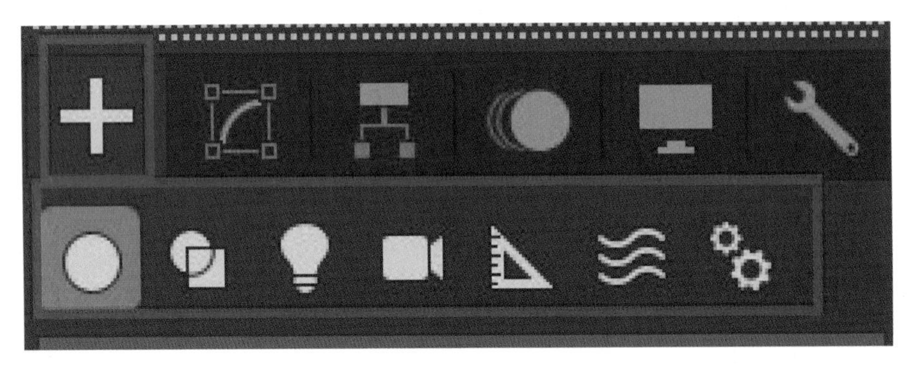

图 1.2.11　创建面板下的七种对象

（2）修改面板可以修改对象的参数，还可以为对象添加修改器，如图 1.2.12 所示。

（3）层次面板中包括轴、IK、链接信息三种工具，如图 1.2.13 所示。

（4）运动面板中的参数用来调整选定对象的运动属性，如图 1.2.14 所示。

（5）显示面板设置场景中控制对象的显示方式，如图 1.2.15 所示。

（6）工具面板中包括常用的实用程序，如图 1.2.16 所示。

3）四个区

四个区：视图区、视图控制区、动画控制区、状态信息区（后三个区又称底部控制区，底部包括时间线滑块、时间轴、MAXScript 迷你侦听器、状态栏、动画和时间控件，以及视图控制区，这些统称为底部控制区）。

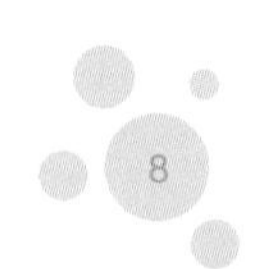

图 1.2.12　修改面板添加修改器

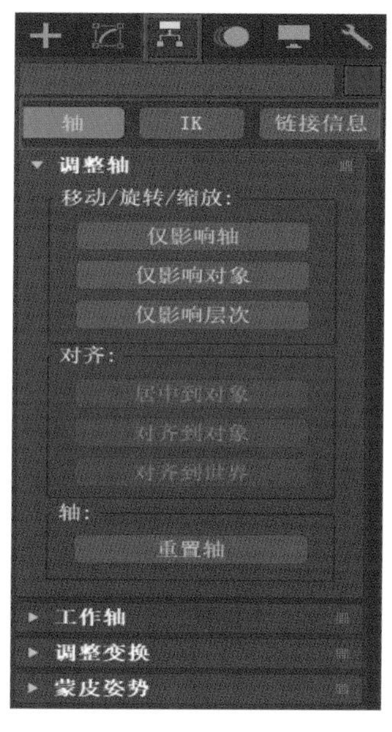

图 1.2.13　轴、IK、链接信息三种工具

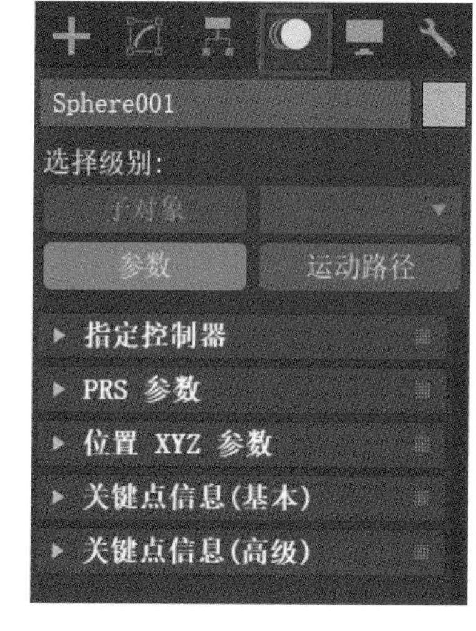

图 1.2.14　运动面板调整选定对象的运动属性

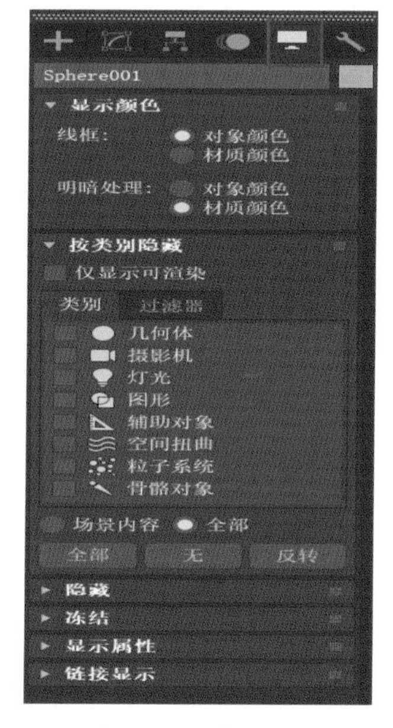

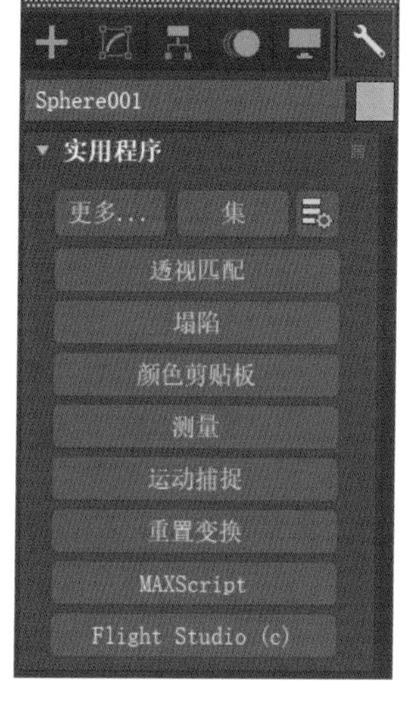

图 1.2.15　显示面板设置场景中控制对象的显示方式　　图 1.2.16　工具面板中包括常用的实用程序

（1）视图区。

视图区主要用来创建和编辑场景对象，以及从多个方向观察场景。在默认情况下，视图区由顶视图、前视图、左视图和透视图四个视图构成，如图 1.2.17 所示。顶视图是从场景上方俯视看到的画面；前视图是从场景前方看到的画面；左视图是从场景左侧看到的画面；透视图是场景的立体效果图。

提示：透视图与视口的距离会影响外观视口的大小，正交图与视口的距离不会影响外观视口的大小，如图 1.2.18 所示。

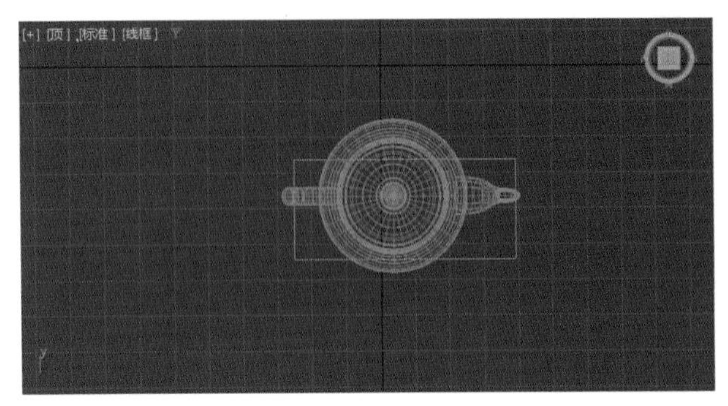

(a) 顶视图

(b) 前视图

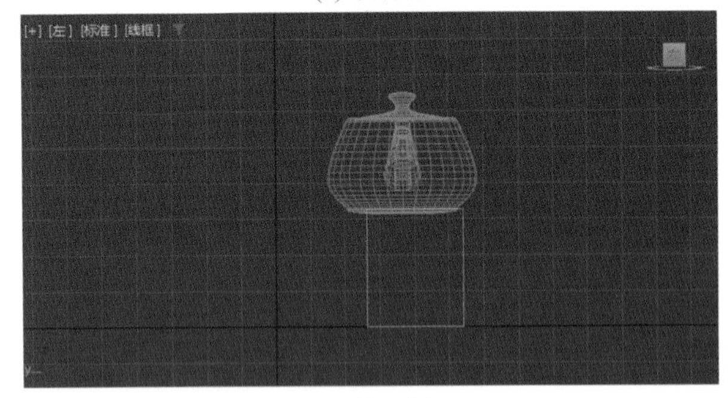

(c) 左视图

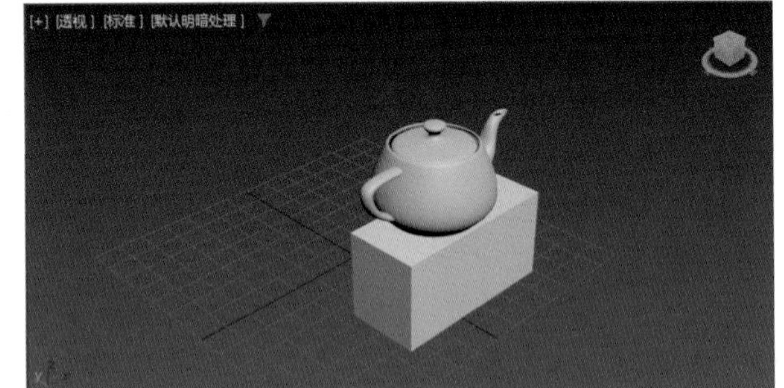

(d) 透视图

图 1.2.17　默认的视图区

透视图与视口的距离会影响外观视口的大小；
快捷键：P

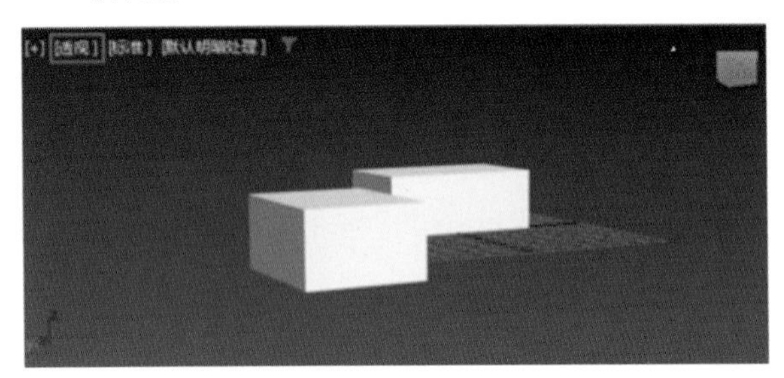

(a) 透视图

正交图与视口的距离不会影响外观视口的大小；
快捷键：U

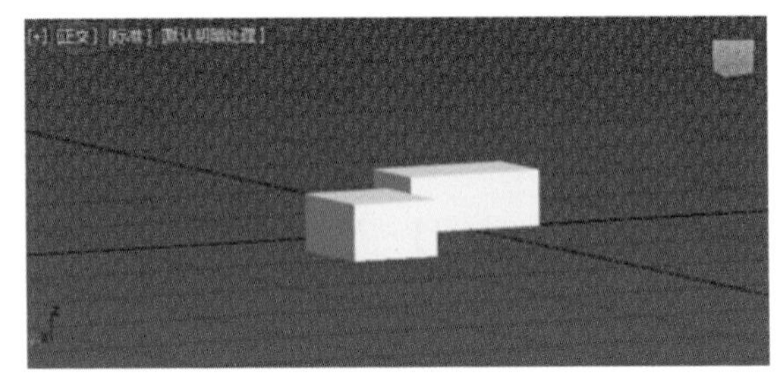

(b) 正交图

图 1.2.18　透视图与正交图

（2）底部控制区。

底部控制区如图 1.2.19～图 1.2.23 所示。

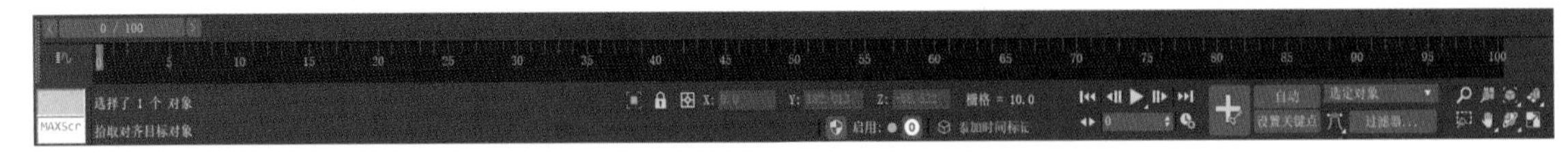

图 1.2.19　底部控制区

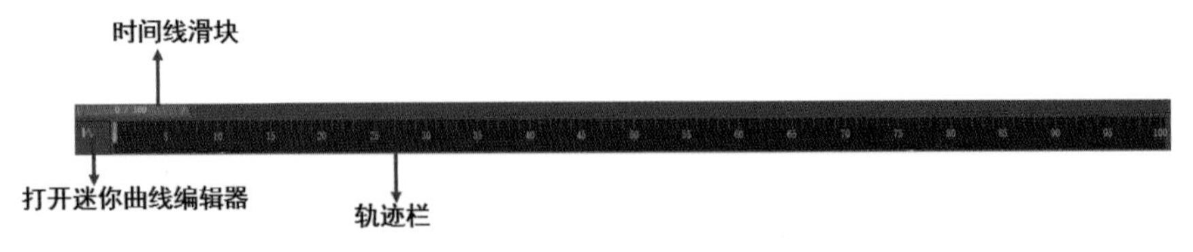

图 1.2.20　底部时间尺控制区

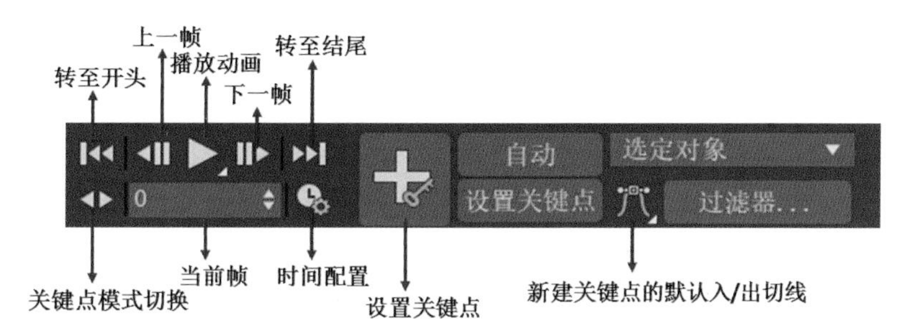

图 1.2.21 动画控件区

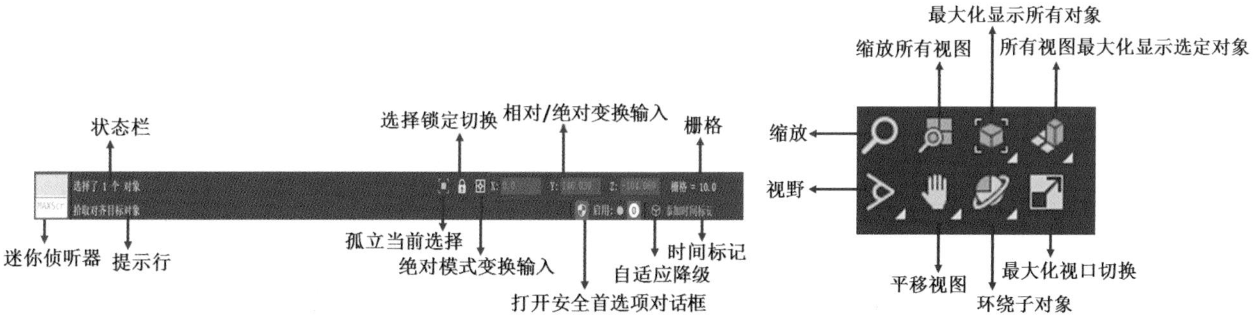

图 1.2.22 状态信息区

图 1.2.23 视图控制区

2. 界面的具体设置

(1) 保存自定义工作界面及设置界面颜色和风格。

首次打开软件时，系统默认颜色为黑色。由于黑色不便于操作和观测，用户可以将其更换为自己喜欢的颜色，或者选择常规的灰色。具体操作如图 1.2.24、图 1.2.25 所示。

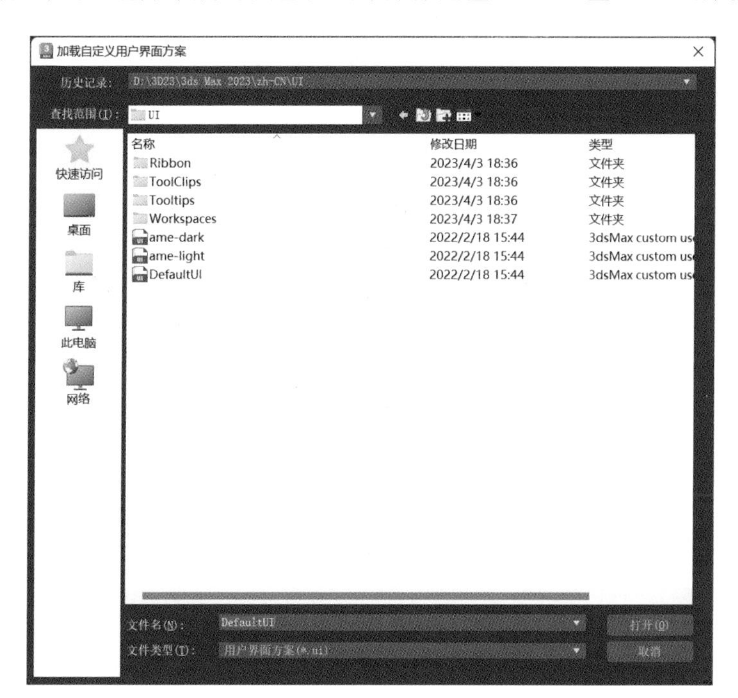

图 1.2.24 执行“自定义”和“加载自定义用户界面方案”菜单命令

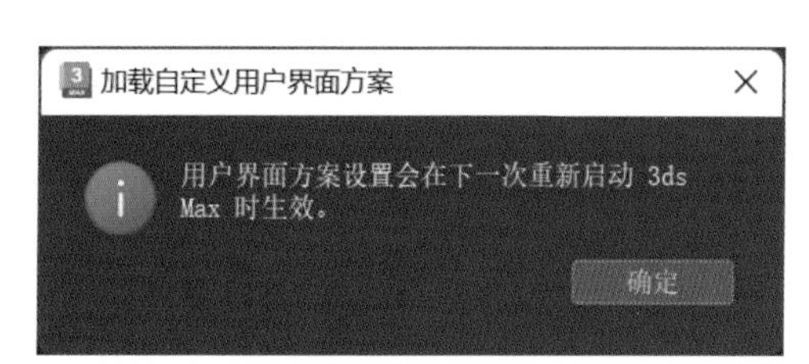

图 1.2.25 打开“加载自定义用户界面方案”

在菜单栏中执行“自定义”和“加载自定义用户界面方案”菜单命令，打开对话框后选择“ame-light”，并单击“确定”按钮。

（2）激活视口。

激活视图后，当前正在进行操作的视图称为活动视口（以方框标识），其他视图称为非活动视口（在3ds Max 2023的视图区中只能有一个活动视口），如图1.2.26、图1.2.27所示。

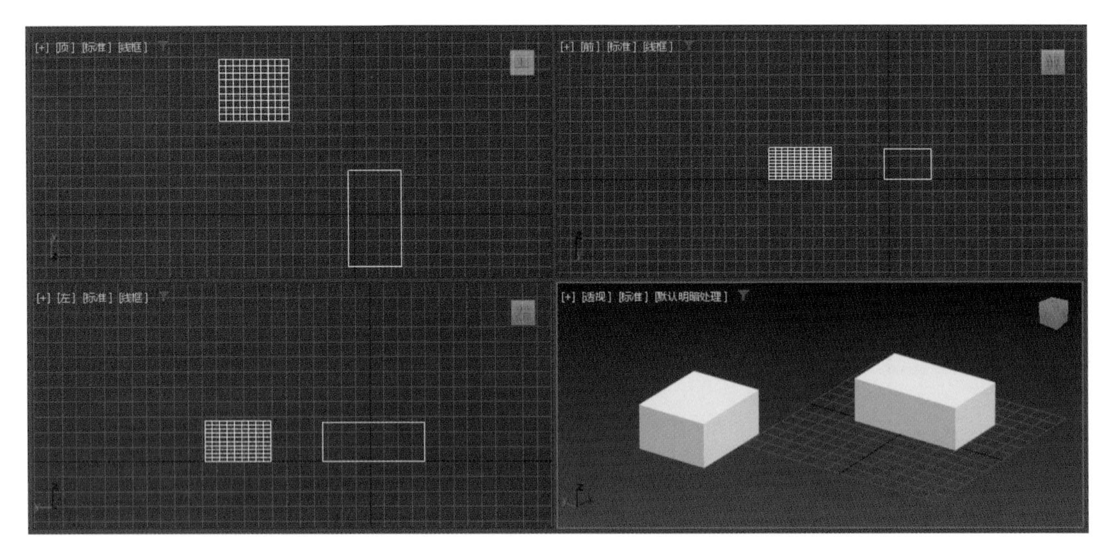

图1.2.26　活动视口

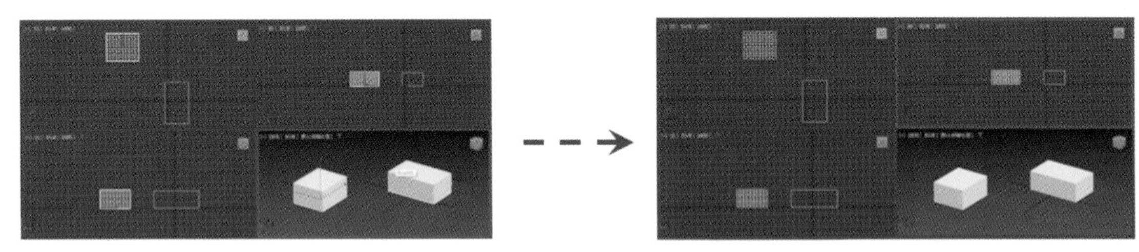

(a) 单击非活动视口，该操作会取消场景中对象的选择状态

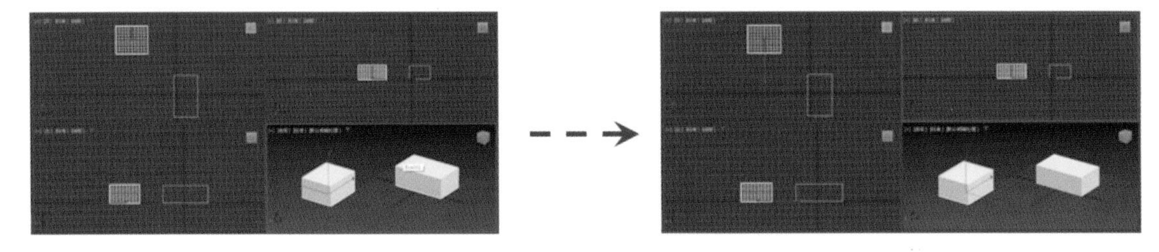

(b) 右击非活动视口，该操作不会影响场景中对象的选择状态

图1.2.27　非活动视口

（3）石墨建模工具栏取消或者隐藏。

（4）以小图标显示工具栏。

通过“自定义”“首选项”“常规”可完成设置。

（5）视口区域的设置。

① 可以切换视图内容。

视口区域是3ds Max非常重要的部分，也是我们工作中操作非常频繁的一个功能区域。当窗口周围出现黄色线条时，表示该窗口为当前视口。在默认情况，3ds Max的视图结构是四视图，也可以切换成其他视图方式，如可单击每个视图区左上方的此视图名称，在下拉选项中选择要切换的视图，如图1.2.28所示；也可以单击键盘上的快捷键进行视图切换，如图1.2.29、图1.2.30所示。

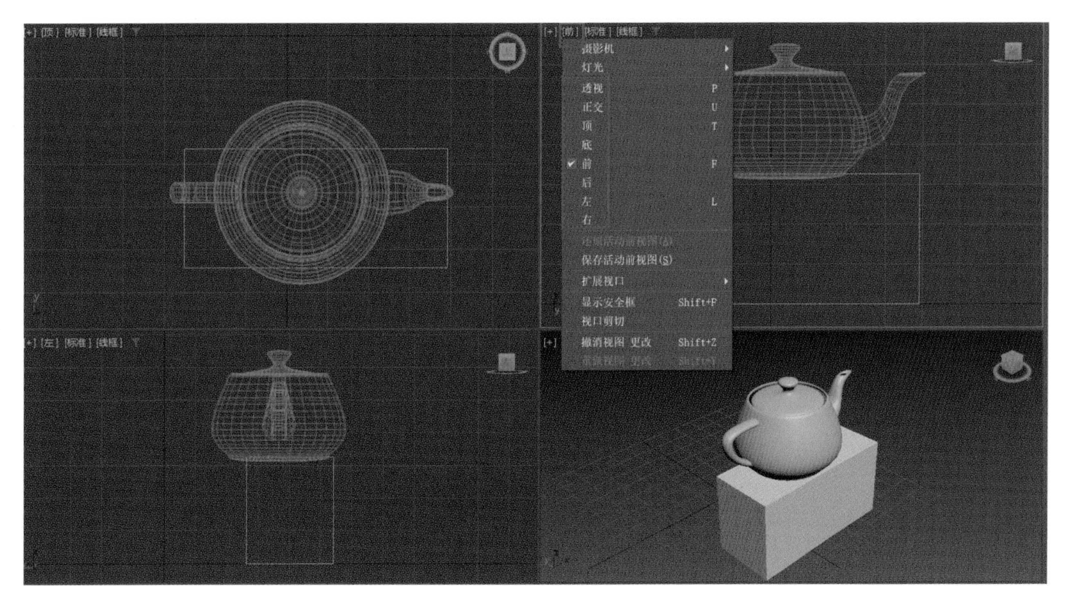

图1.2.28　切换的视图

还可以单击每个视图区右上方的导航器周围的小图标进行视图切换。例如，单击左视图导航器左侧的小图标，模型就会转到后侧，并且左上方变成正交视图，若想再次切换回左视图，只需按快捷键“L”即可，如图1.2.31～图1.2.33所示。

顶视图	T	(Top)
前视图	F	(Front)
左视图	L	(Left)
透视图	P	(Perspective)
正交图	U	(quadrature)

图1.2.29　视图切换的快捷键

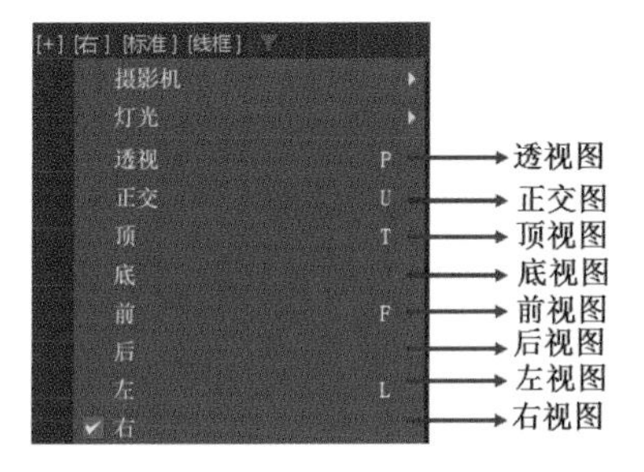

图1.2.30　不同视图

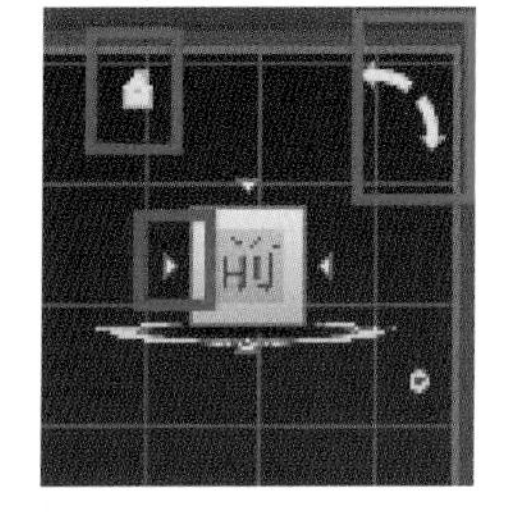

图1.2.31　导航器图标

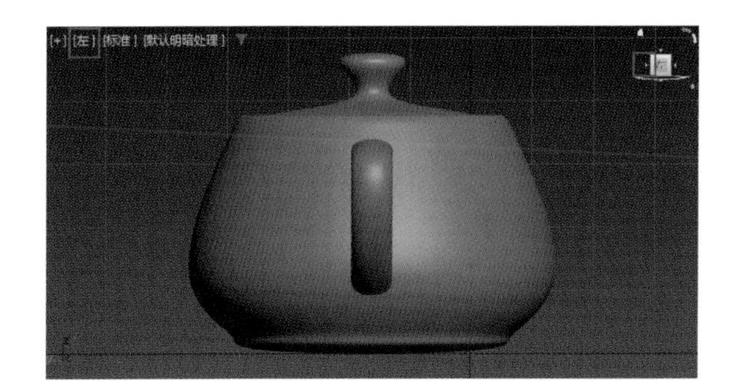

图1.2.32　单击左视图导航器左侧的小图标

图1.2.33　快捷键“L”

② 可以改变视口区域大小及布置。

可以把鼠标放置在四个视口中间的位置进行拖拉来改变视口大小，也可以采取以下方式：在3ds Max的当前视图中单击视图左上方的“+”，从弹出的快捷菜单中选择“配置视口”菜单项，再在弹出的视图类型中任选一种；在右下角空白的地方单击右键，会弹出视口配置选项卡；按键盘上的快捷键“Alt+B”，如图1.2.34、图1.2.35所示。

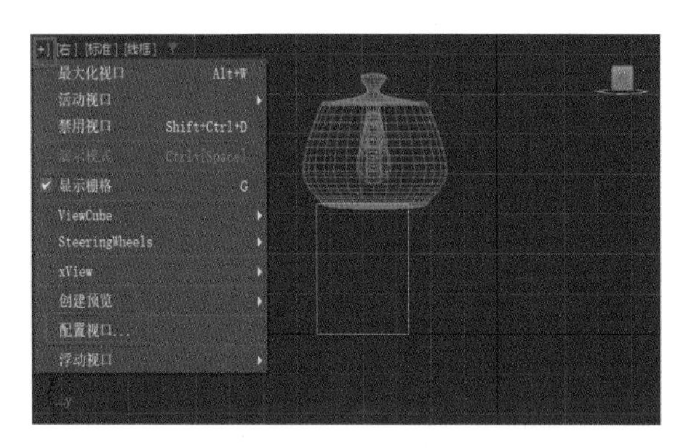

图1.2.34　选择“配置视口”菜单项

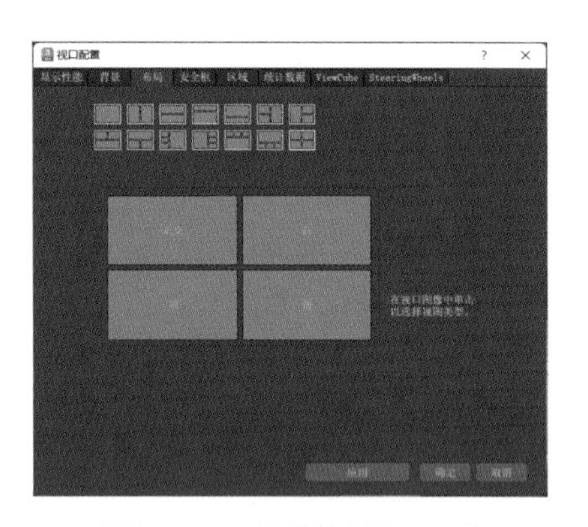

图1.2.35　按快捷键“Alt+B”

在3ds Max视图区中把鼠标停放在4个视图的交接线上，此时鼠标会变成双箭头状，可以通过拖动鼠标来缩放视图，如图1.2.36所示。

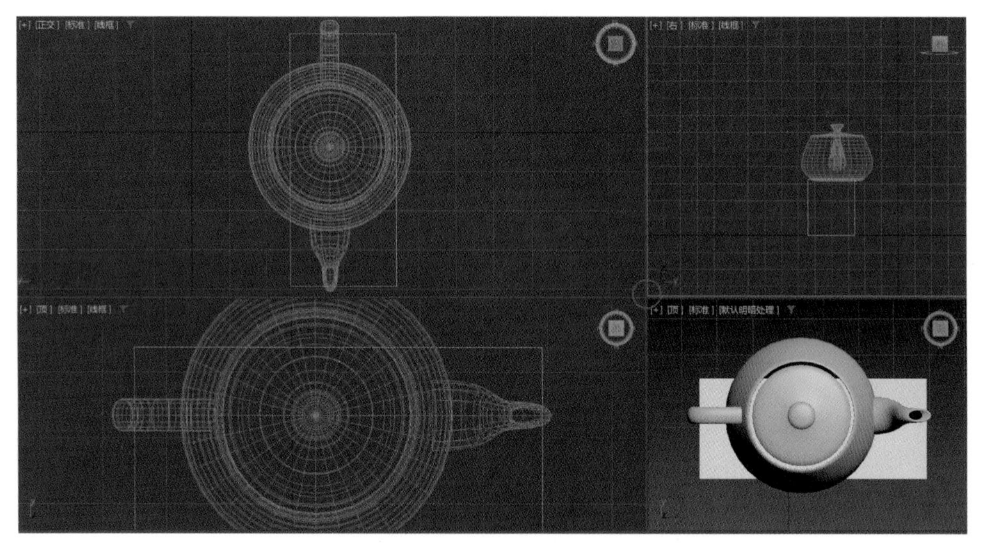

图1.2.36　通过拖动鼠标来缩放视图

另外，在3ds Max视图区中单击导航区的“最大/最小化视口”按钮，就可以在单个视图和多个视图之间进行切换，如图1.2.37所示。

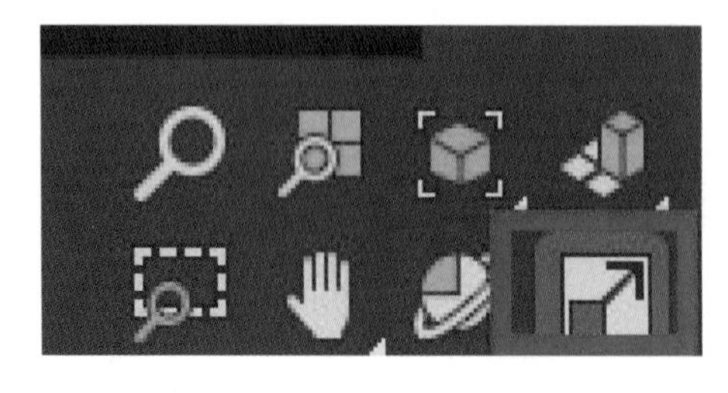

图1.2.37　视图的切换

③ 可以设置是否显示栅格，设置照明和阴影，设置模型显示模式等，如图1.2.38所示。

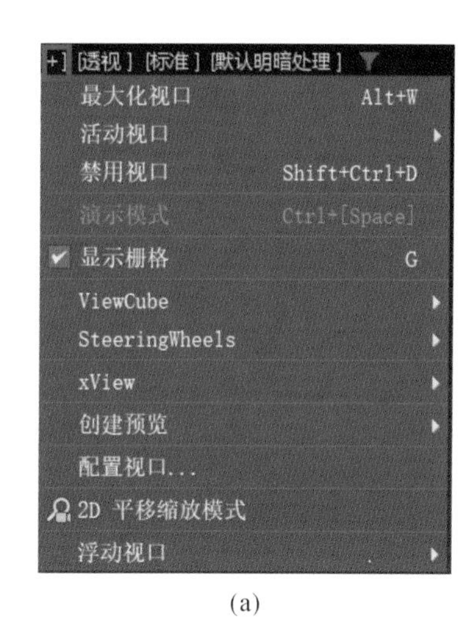

(a)

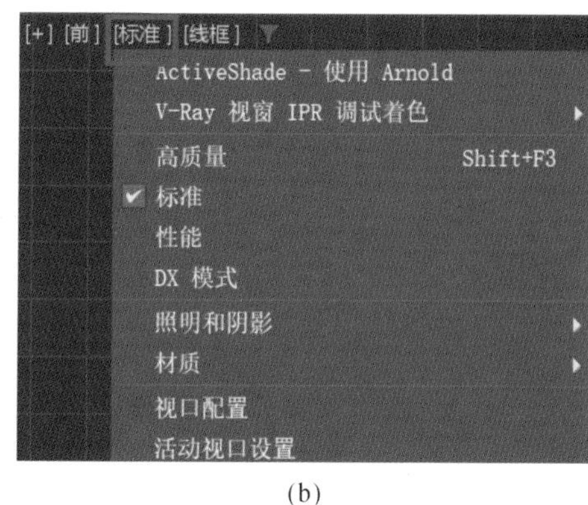

(b)

(c)

图1.2.38 设置显示栅格、照明和阴影、模型显示模式

右击视图的名称，在弹出的快捷菜单中选择“视口首选项”，即可调整视图的显示方式，如图1.2.39、图1.2.40所示。

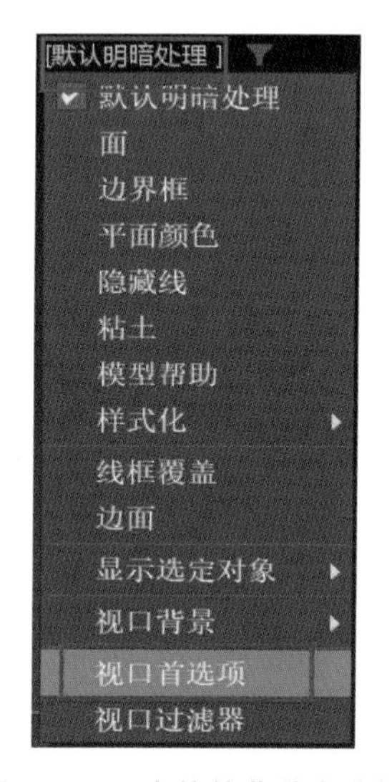

图1.2.39 在快捷菜单中选择“视口首选项”

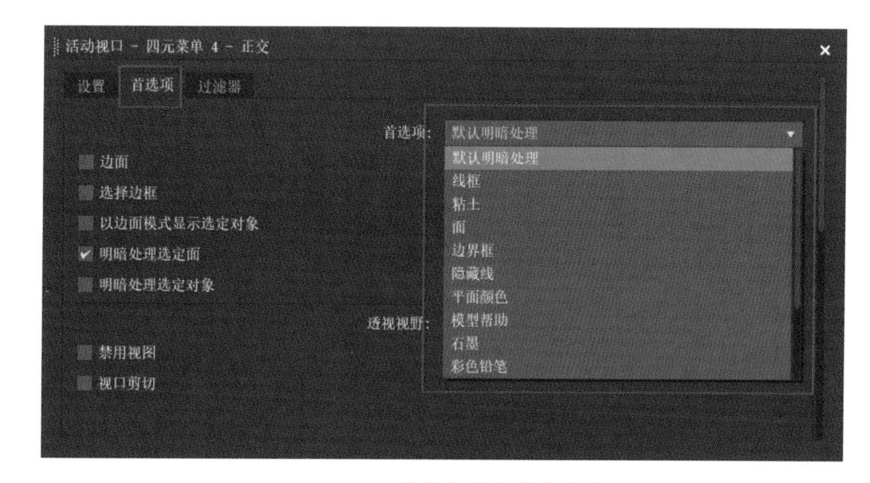

图1.2.40 调整视图的显示方式

—— 本阶段学习的主要思考 ——

（1）学生间可相互讨论与学习，但每位同学应能独自思考问题及动手操作和解决界面设置问题。

（2）熟悉并设置适合自己绘图习惯的常用界面。

学习情境1.3　文件及视图控制基本操作

学习目标

知识要点	知识目标	能力目标
文件基本操作认识	掌握文件的基本打开、导入、保存、合并等技巧	通过练习文件的基本操作掌握视图控制技巧，能够更便捷、快速、高效地使用软件
视图控制基本操作	体会3ds Max视图控制的展现技巧，并辨析它们之间的区别	

学习任务

（1）文件基本操作的认识。

（2）视图控制基本操作的认识。

学习方法

对重点内容，以课堂讲授、实操为主。对一般内容，以自学为主，并在实际操作中加以深化和巩固。教学过程中宜采用多媒体教学或其他数字化教学手段以提高教学效果。

内容分析

1.文件的基本操作

单击标题栏中的图标按钮，可以打开下拉菜单。通过下拉菜单，我们可以完成文件的常规操作，如新建、重置、保存文件等。

（1）新建文件（Ctrl+N）。

创建场景文件的方法有多种，启动3ds Max 2023后，系统会自动为我们创建一个全新的、名为“无标题”的场景文件。我们也可以通过选择“文件”“新建”“新建全部”新建场景文件，通过新场景刷新3ds Max，并保留会话设置。还可以通过选择“文件”“新建”“从模板创建”使用模板配置新建场景文件，通过新场景刷新3ds Max。新建场景如图1.3.1所示。

（2）重置文件（Ctrl+R）。

我们可以通过选择“文件”“重置”菜单创建场景文件，此时创建的场景文件与启动3ds Max时创建的场景文件完全相同。例如，在选择模板新建一个场景，但又想改回默认模板时，可以使用“重置”，重置场景的步骤如图1.3.2所示。

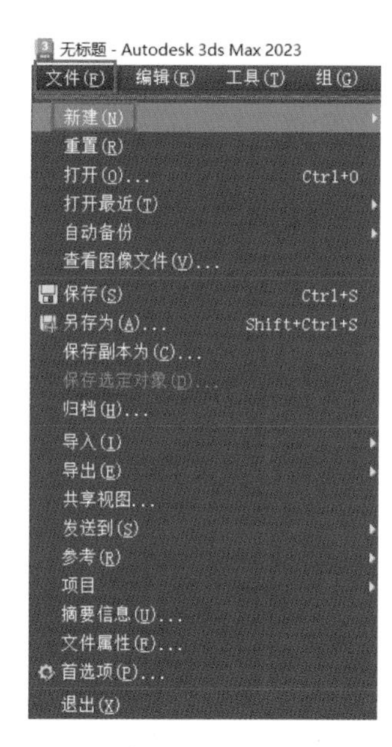

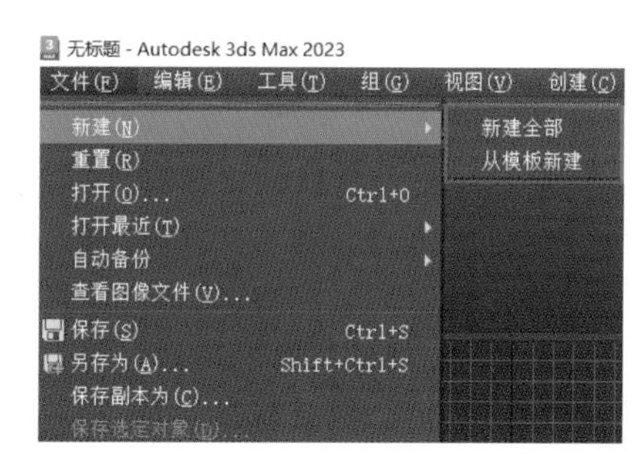

图 1.3.1 新建场景

(a)

(b)

(c)

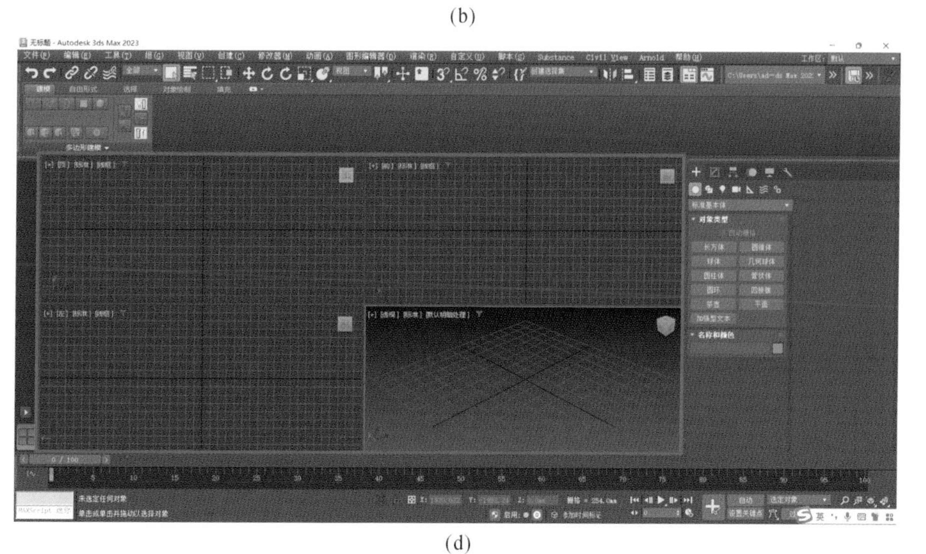

(d)

图 1.3.2 重置场景的步骤

（3）保存文件（Ctrl+S）。

保存场景文件的操作非常简单，对已保存过的场景，只需选择“文件”“保存”菜单，系统就会将其保存到以前的文件中。如果场景未保存过，则会弹出图1.3.3(a)所示的“文件另存为”对话框，从对话框的“保存在”下拉列表框中选择文件保存的位置，并在“文件名”文本框中输入文件的名称，然后单击“保存”按钮就完成了场景的保存，如图1.3.3(b)所示。

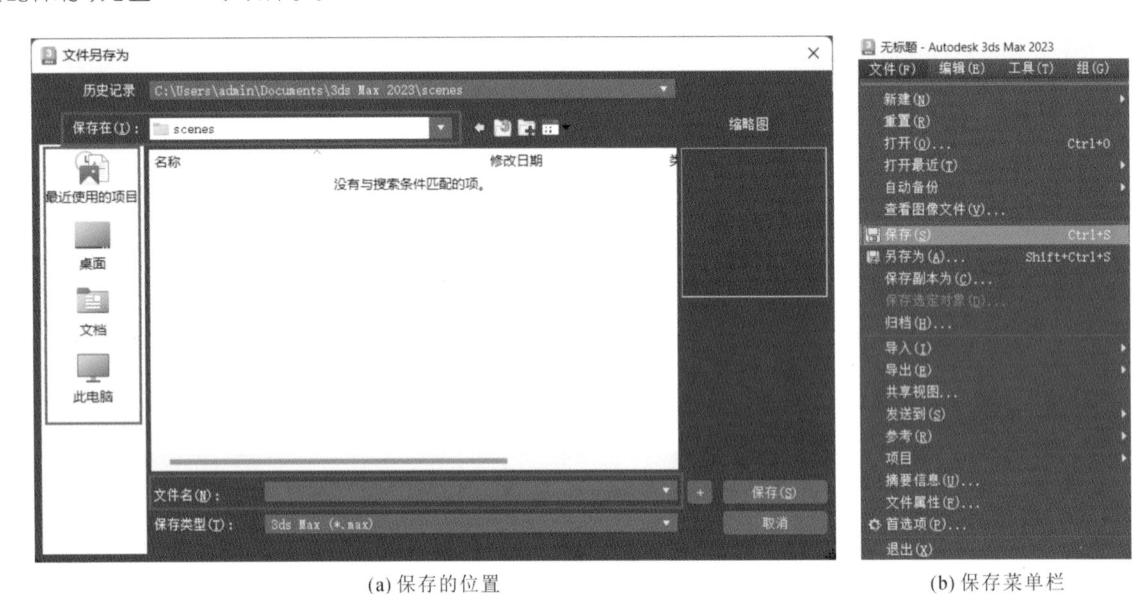

(a) 保存的位置　　(b) 保存菜单栏

图1.3.3　保存文件

在选择保存类型时需注意，高版本软件可以打开较低版本的文件，低版本软件打不开高版本文件。因此，可在如图1.3.4所示的文件保存类型中选择需保存的版本类型。

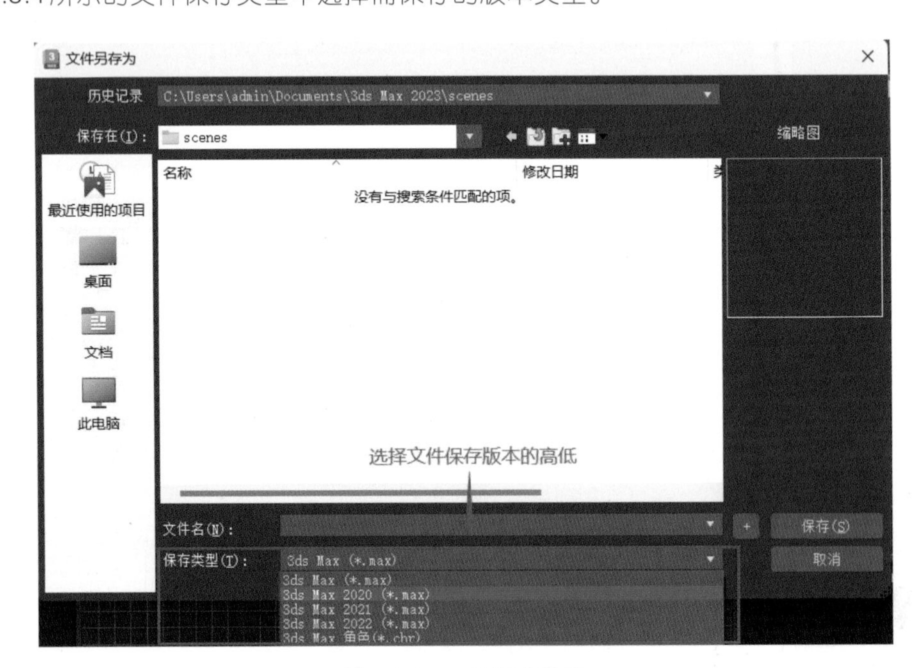

图1.3.4　文件保存类型

（4）另存为文件（Shift+Ctrl+S）。

选择“文件”“另存为”菜单，可以将场景换名保存，如图1.3.5所示。

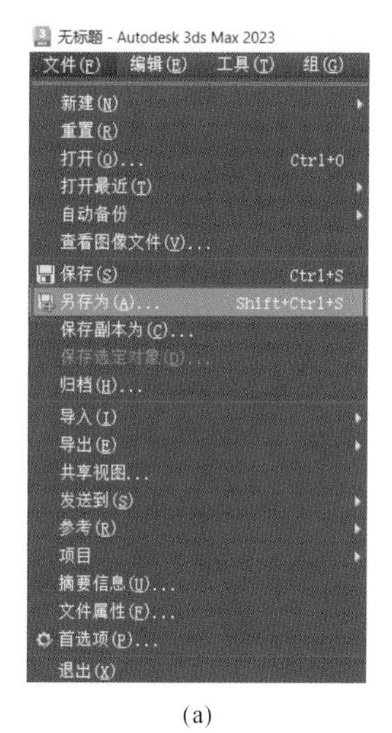

(a)

(b)

图1.3.5　另存为版本类型操作

为了防止因意外事故导致大的损失，3ds Max 2023会每隔15分钟对当前设计的场景文件进行自动保存，该文件默认存放在“我的文档\3dsmax\autoback”文件夹中。可在菜单栏选择自定义中的首选项，在文件区的“备份间隔(分钟)”调整自动保存文件的时间，如图1.3.6所示。

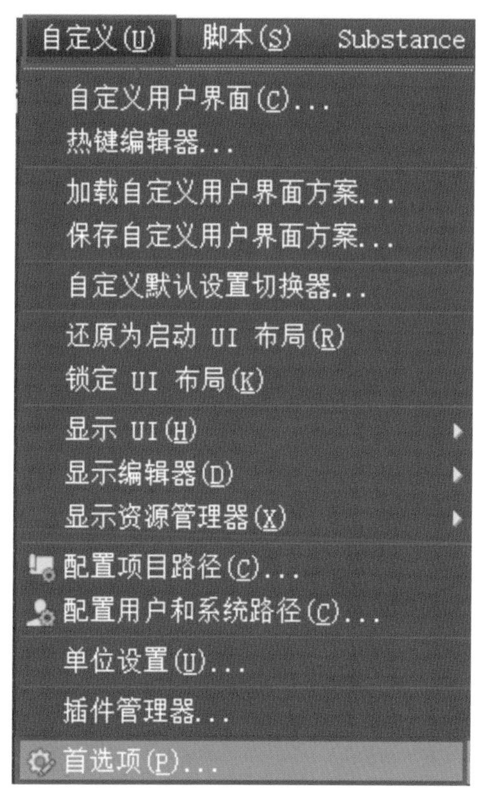

(a) 选择自定义中的首选项

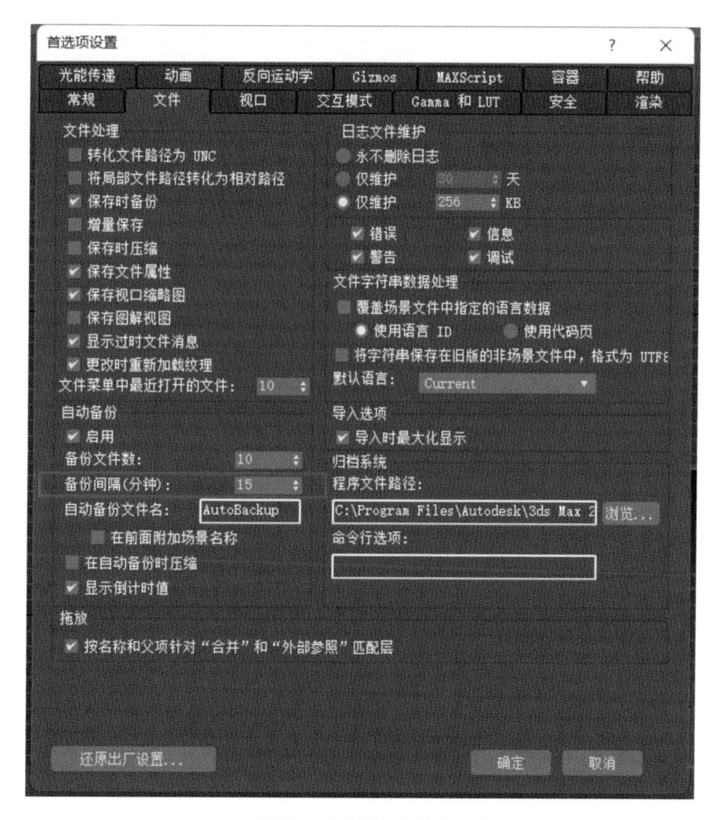

(b) 调整自动保存文件的时间

图1.3.6　另存为文件

（5）保存副本。

在已保存文件的基础上，以增量名称保存当前的3ds Max文件，如图1.3.7所示。

(a) 选择保存副本　　　(b) 保存当前的3ds Max文件

图1.3.7　保存副本

（6）保存选定对象。

仅以新名称保存当前3ds Max文件中的选定对象，如图1.3.8所示。

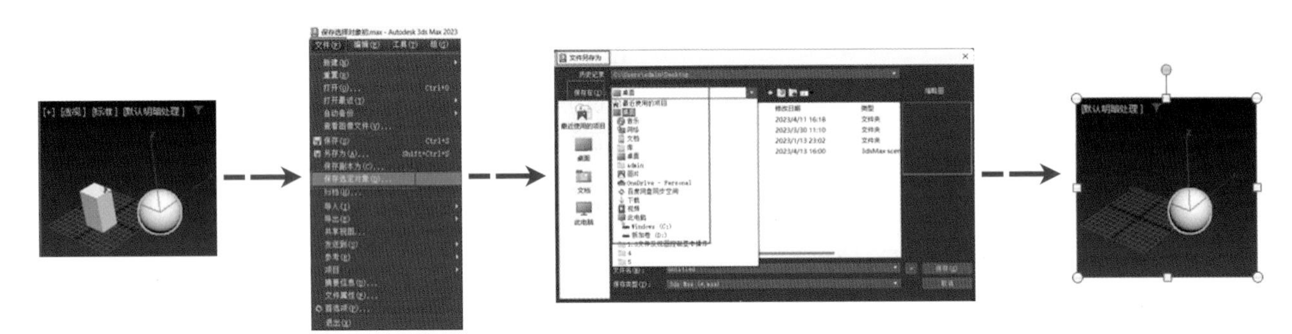

图1.3.8　保存选定对象

（7）打开文件(Ctrl+O)。

通过选择“文件”“打开”“打开最近”菜单打开已创建的场景文件或最近打开的场景，如图1.3.9所示。

（8）导入文件。

在文件的导入对话框中选择“导入”，从导入文件对话框中选择所需文件，然后单击“确定”按钮，将外部文件格式导入3ds Max中，如图1.3.10所示。

（9）合并文件：在文件的导入对话框中选择“合并”，从合并对话框左侧的对象名列表中选中要合并到场景中的对象(按住“Ctrl”键可以选择多个)，然后单击“确定”按钮，完成场景合并，如图1.3.11所示。

（10）替换文件：在文件的导入对话框中选择“替换”，从替换文件对话框中选择所需替换的文件，然后单击“确定”按钮，将外部文件格式导入3ds Max中（只能替换具有相同名称的对象），如图1.3.12所示。

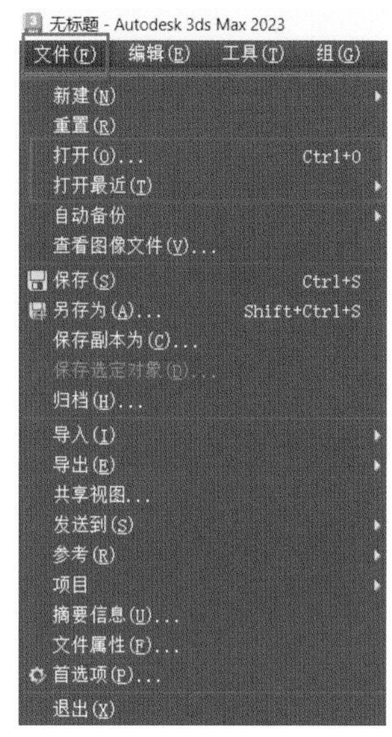

(a) 选择打开文件

(b) 打开最近的场景

图 1.3.9　打开文件

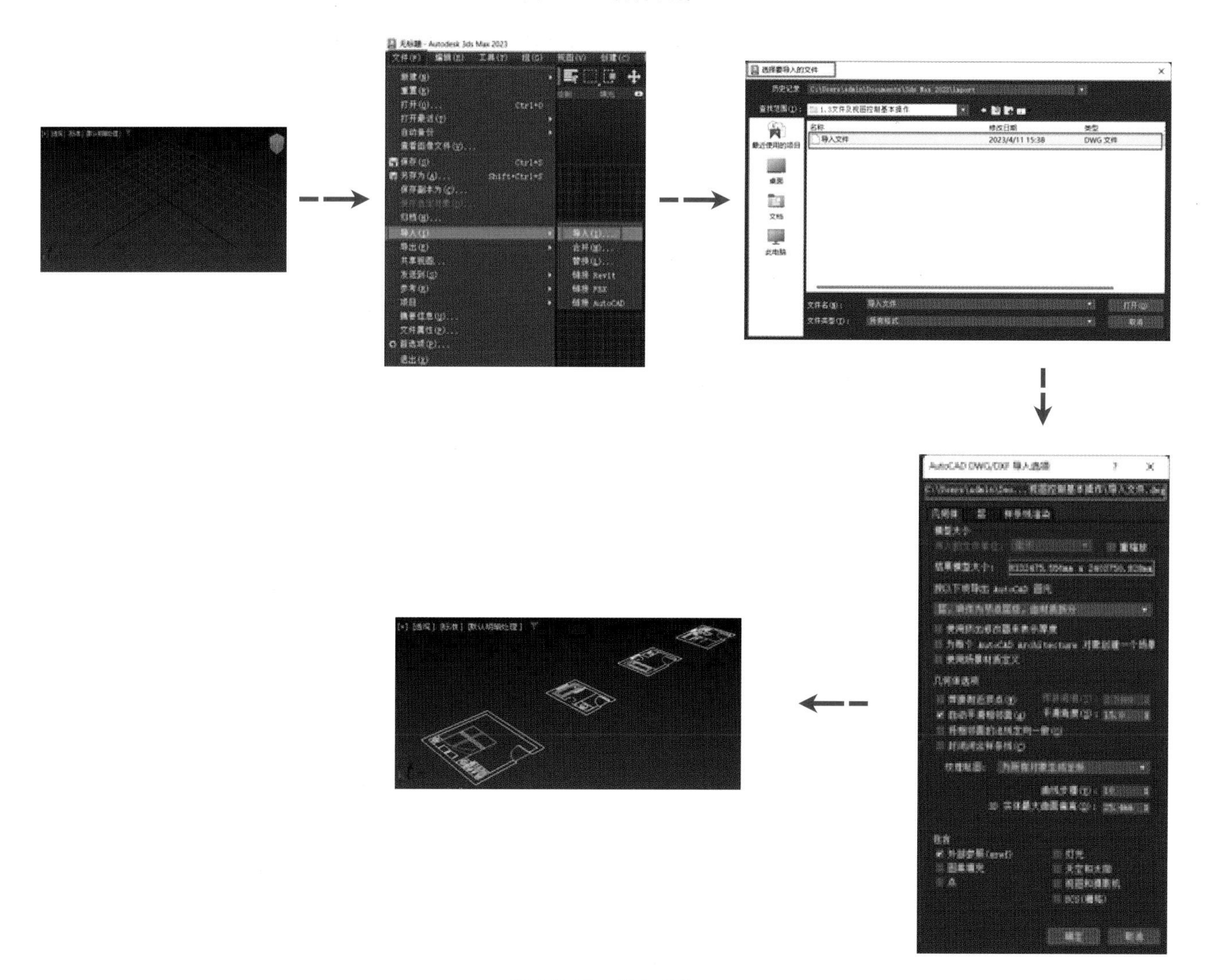

图 1.3.10　导入文件

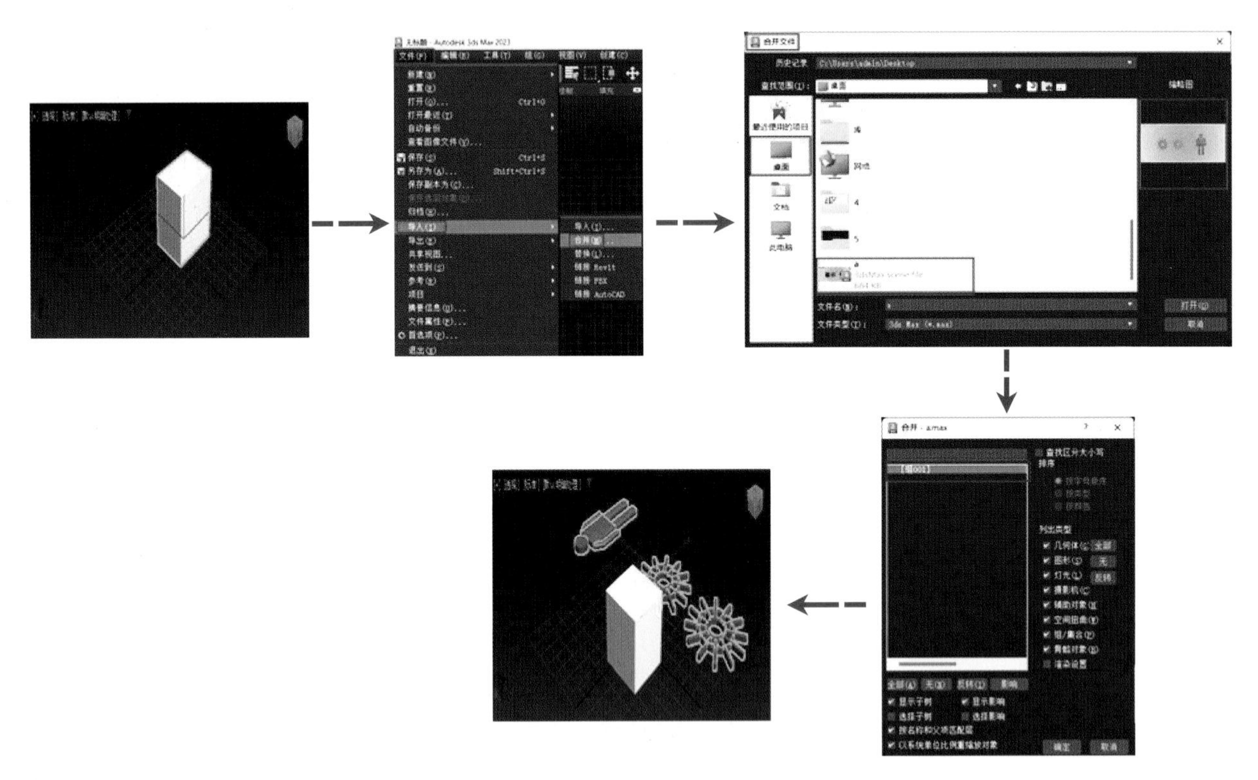

图 1.3.11　合并文件

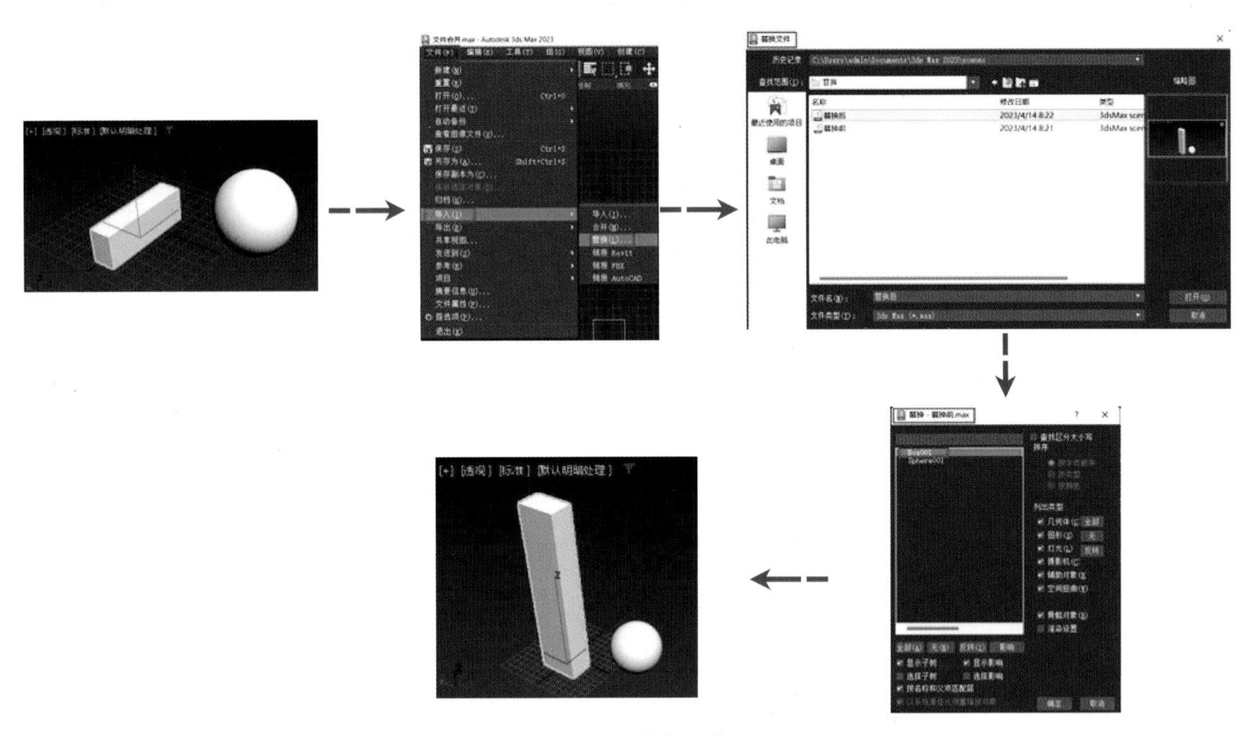

图 1.3.12　替换文件

2. 视图控制的基本操作

1）视图控制区

视图控制工具改变的是观察视角，并不改变物体在空间上的状态。主要视图控制工具有平移、缩放、旋转。可以通过菜单栏或工具栏中的功能或鼠标进行视图观看操作。

（1）平移：当鼠标指针变成手掌形状时，在视图中按住鼠标左键并拖动鼠标即可将视图平移到任何位置。

（2）缩放：当鼠标指针变为放大镜形状时，在视图中按住鼠标左键并拖动鼠标即可缩放视图。

（3）环绕子对象：当鼠标变成旋转形状时，选择视图，会出现一个黄色的圆圈，按住鼠标左键并拖动鼠标会产生环绕旋转的效果。

（4）旋转：按住Alt和鼠标滚轮可进行视口旋转。

平移、旋转快捷键如图1.3.13所示，缩放快捷键如图1.3.14所示。

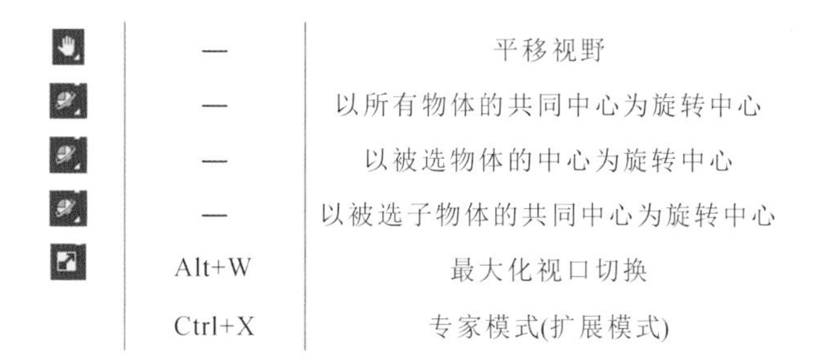

图标	快捷键	功能
	—	平移视野
	—	以所有物体的共同中心为旋转中心
	—	以被选物体的中心为旋转中心
	—	以被选子物体的共同中心为旋转中心
	Alt+W	最大化视口切换
	Ctrl+X	专家模式(扩展模式)

图1.3.13　平移、旋转快捷键

图标	快捷键	功能
	Alt+Z	自由缩放
	—	全部视图自由缩放
	Ctrl+Atl+Z	单视图最大化显示所有物体
	Z	单视图最大化显示被选物体
	Ctrl+Shift+Z	所有视图最大化显示所有物体(未选择任意一个物体时)
	—	所有视图最大化显示被选物体
	Ctrl+W	区域缩放(视野，选择一个物体后缩放只作用在此物体上，另一个物体不受缩放的影响)

图1.3.14　缩放快捷键

2）通过摄影机和灯光不同形式进行视图观看

摄影机视图用于观察和调整摄影机的拍摄范围和拍摄视角；聚光灯视图用于观察和调整聚光灯的照射情况，并设置高光点。摄影机视图和聚光灯视图的打开方式与实时渲染视图类似（只有为场景添加了摄影机和聚光灯后才能打开摄影机视图和聚光灯视图），摄影机视图和聚光灯视图如图1.3.15所示。

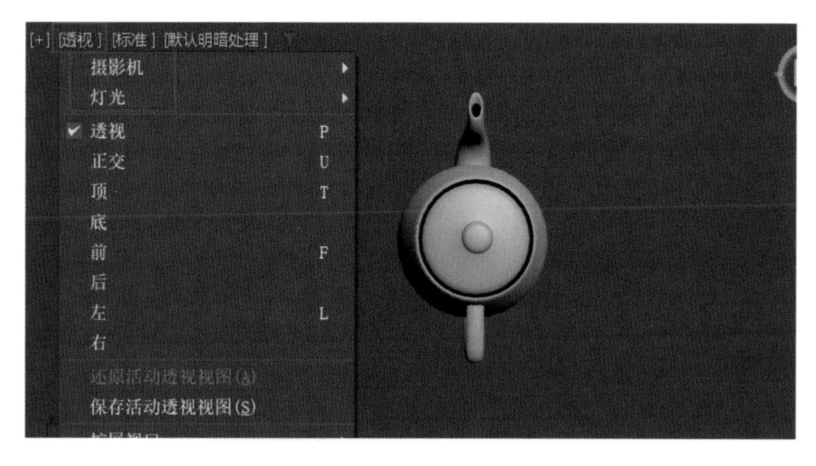

图1.3.15　摄影机视图和聚光灯视图

图解视图：主工具栏中选择“图解视图”，在该视图中所有对象都以节点方式显示，各对象之间的关系都用箭头标记，通过此视图可以非常方便地进行对象选定、组织和链接等操作。图解视图如图1.3.16所示，不同视图渲染后的效果如图1.3.17所示。

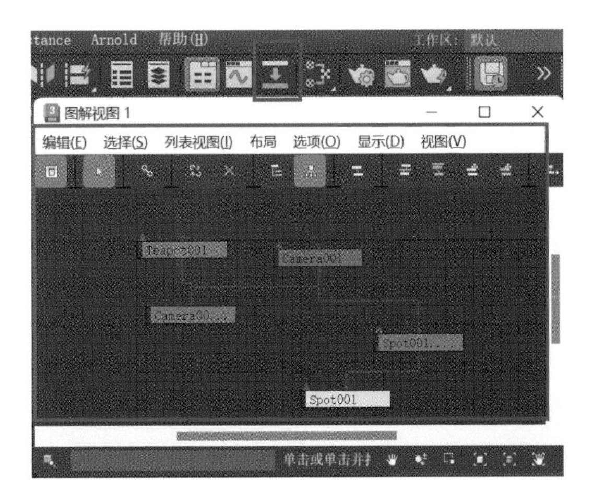

图 1.3.16　图解视图

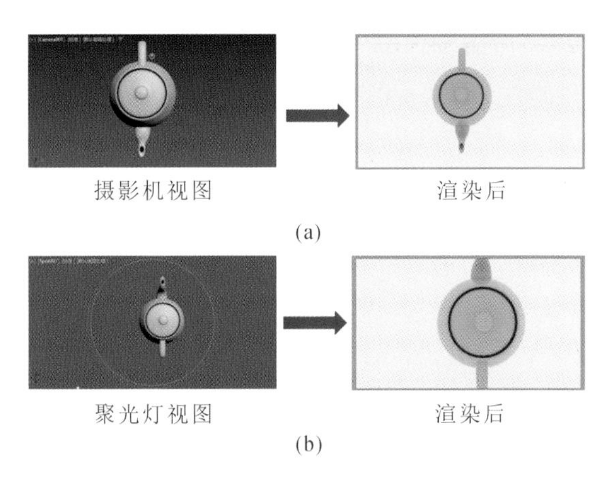

图 1.3.17　不同视图渲染后的效果

3. 视图控制操作演示

在标准视图模式下，比较常用的视图控制按钮如下。

(1) 缩放：选中按钮“ ”后，鼠标指针将变为放大镜形状，此时在视图中按住鼠标中间的滚轮，滑动滚轮即可进行缩放，如图1.3.18所示。

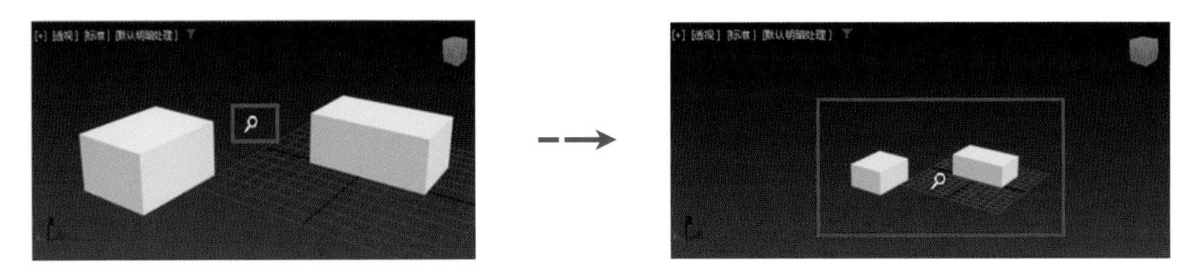

图 1.3.18　缩放后的效果

最大化显示对象：选中对象后，按住Ctrl+Alt+Z，单击按钮“ ”，系统会在当前视图中最大化显示所有对象，长方体在透视图中最大化显示的效果，如图1.3.19所示。

区域缩放：选择除透视图之外的其他视图，单击按钮“ ”，然后在视图中框出想观察的选区，系统就会将该选区在当前视图中最大化显示。利用此工具按钮可观察和修改对象的细节，如图1.3.20所示。

提示：没有选择透视图的原因是，在透视图情况下区域缩放图标为“ ”，没有框选作用。

视口最大化：选择一个视图，单击按钮“ ”，该视图将最大化显示，如图1.3.21所示。

(2)平移视图：单击按钮“ ”，鼠标指针在视图中将变成白色的小手，单击并拖动小手就可以平移视图，如图1.3.22所示。

(3)旋转：单击按钮“ ”，在当前视图中就会出现调整视图观察角度的线圈，将鼠标指针放到线圈的四个操作点上或其他位置，然后按住鼠标左键并拖动鼠标，就可以绕视图的中心旋转视图，如图1.3.23所示。

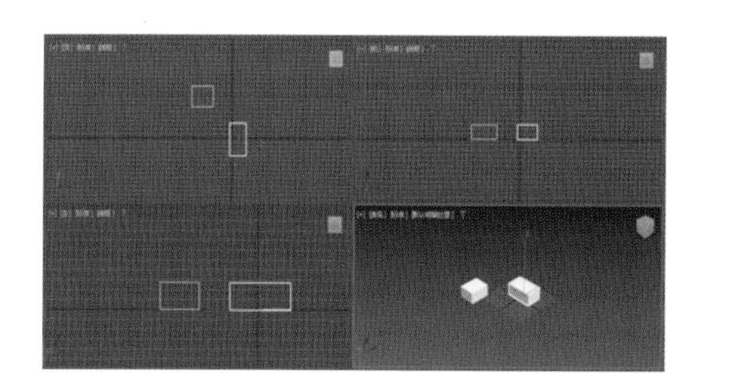

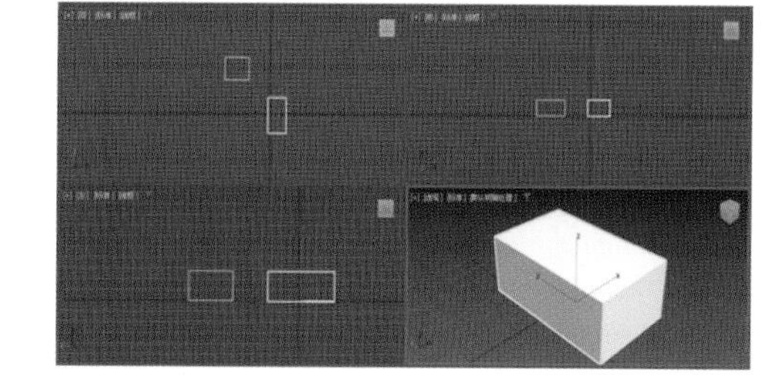

(a) 长方体1

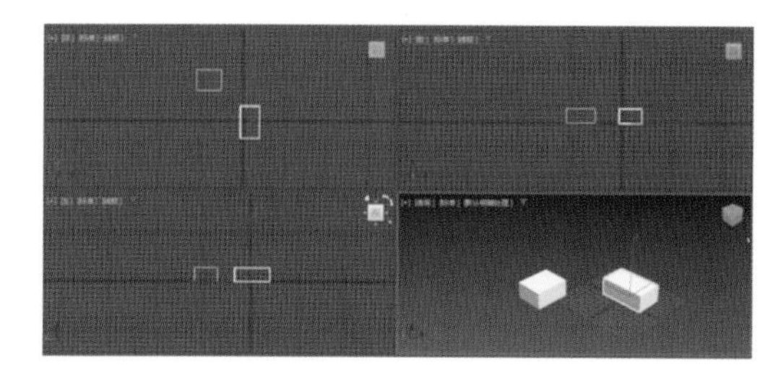

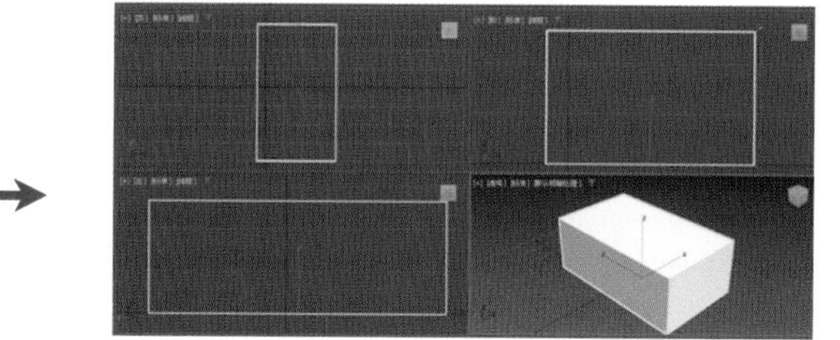

(b) 长方体2

图1.3.19 长方体最大化后的效果

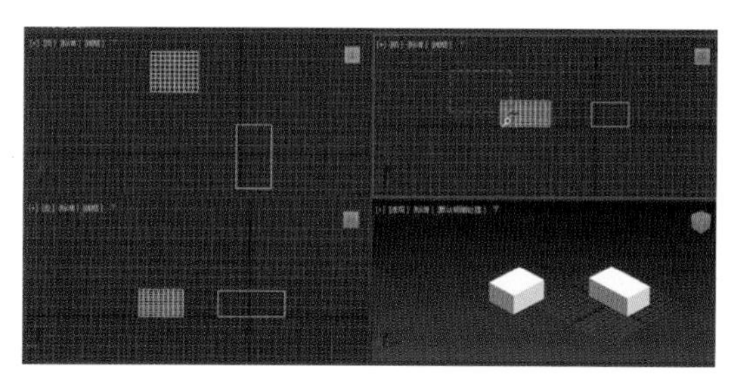

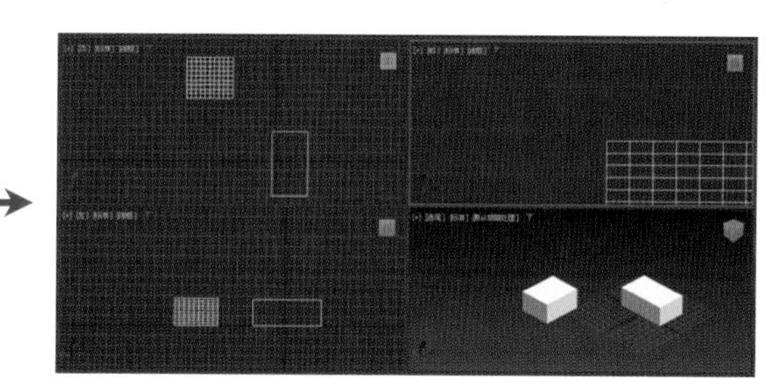

图1.3.20 区域缩放后的效果

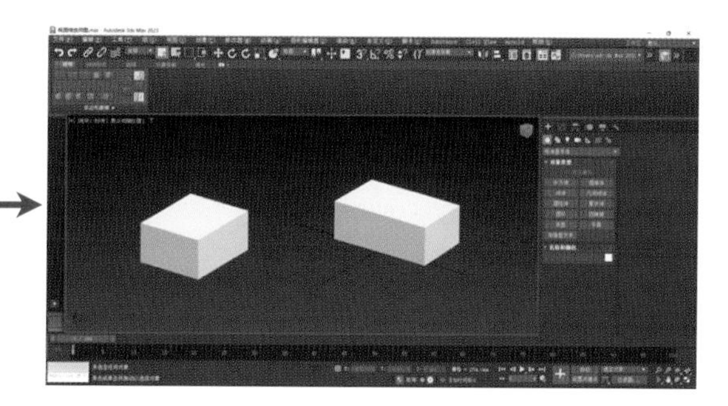

图1.3.21 视口最大化后的效果

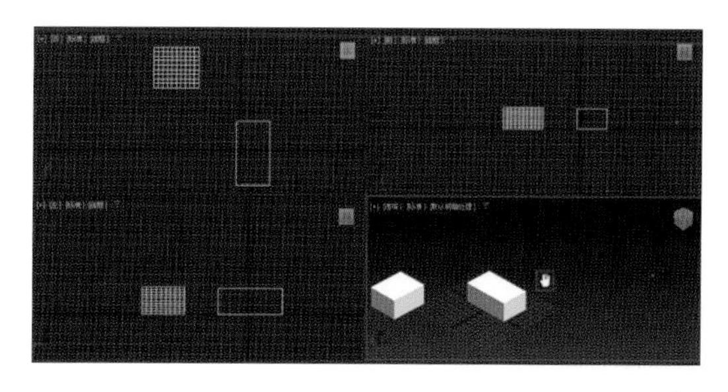

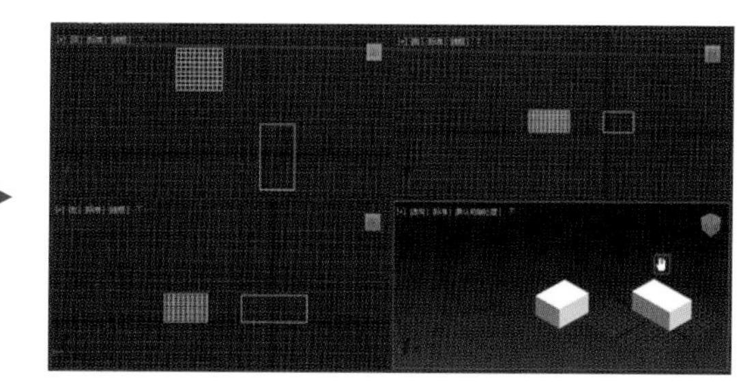

图1.3.22 平移视图

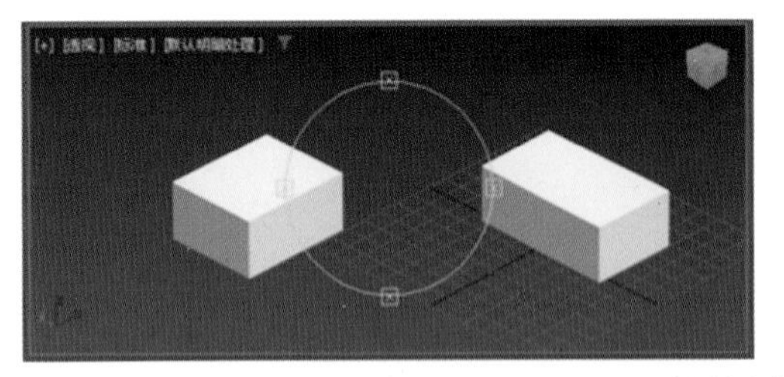

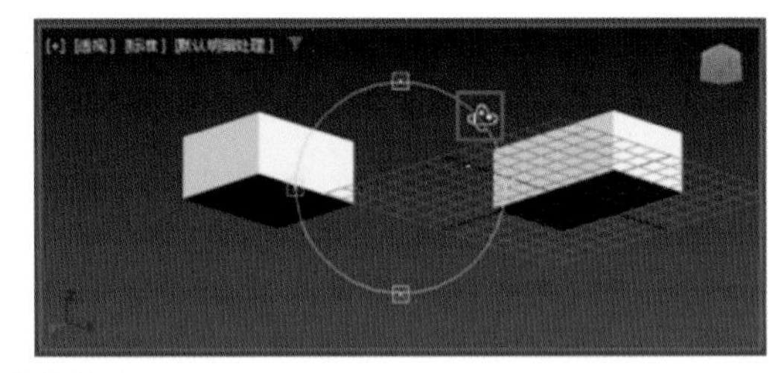

(a) 以所有物体的共同中心为旋转中心

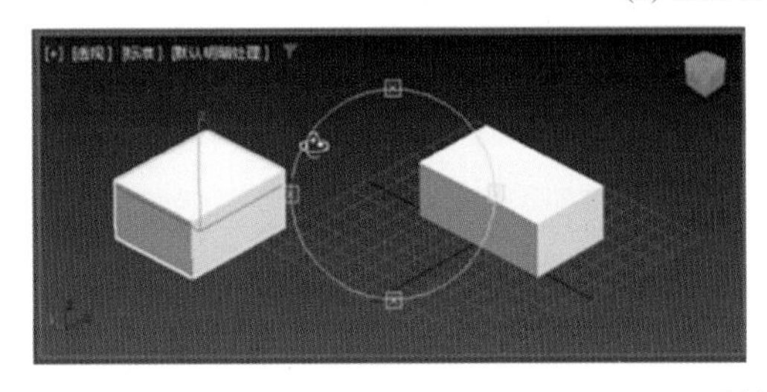

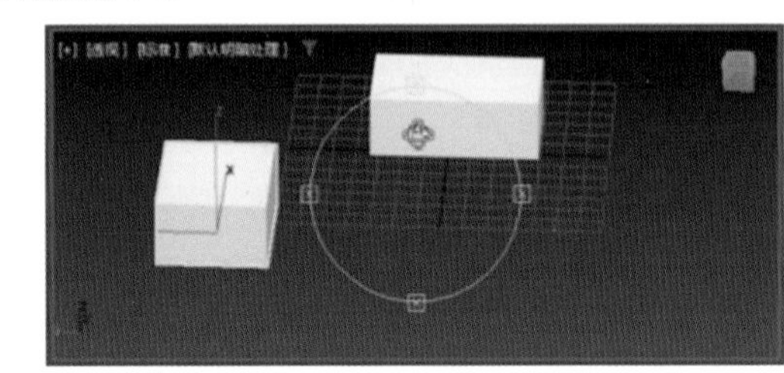

(b) 以被选物体的中心为旋转中心

图 1.3.23　旋转视图

—— 本阶段学习的主要思考 ——

(1) 学会3ds Max的文件操作及视图控制操作。

(2) 掌握文件的基本打开、保存、合并等技巧。

(3) 体会3ds Max视图控制的展现技巧，并辨析它们之间的区别。

学习情境1.4　可能遇到的问题及解决建议

学习目标

知识要点	知识目标	能力目标
可能遇到的问题及解决建议的认识	主要掌握软件安装、CAD与3ds Max区别、单位设置、坐标系认识、命令面板相关问题及解决技巧	问题无处不在、无时都有，关键在于是否善于发现问题、解决问题

学习任务

可能遇到的问题及解决建议的认识。

学习方法

对重点内容，以课堂讲授、实操为主。对一般内容，以自学为主，并在实际操作中加以深化和巩固。教学过程中宜采用多媒体教学或其他数字化教学手段以提高教学效果。

内容分析

1. 可能遇到的问题及解决建议的认识

（1）安装完成后提示缺少某个文件或显示不正常或无法进行渲染等。

① 由于没有安装“Microsoft.Net Framework 2.0”软件，欢迎窗口的弹出出错，下载并安装该软件即可。

② 弹出语法错误或所在行问题，直接按提示点“确定”即可。

（2）CAD与3ds Max的区别。

CAD与3ds Max的区别主要体现在以下两点。

① 功能上：CAD主要用于工程设计，3ds Max主要用于效果图展示。在CAD中画的模型必须特别精确，导入3D后才能正常使用，否则导入后会比较混乱。

② 工具上：3ds Max没有尺寸标注工具，但画出的物体都有相关数据参数，可供修改。物体的相关参数如图1.4.1所示。

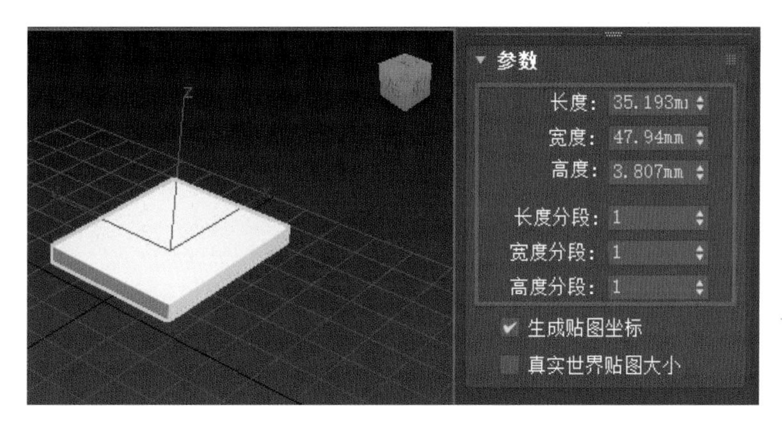

图1.4.1　物体的相关参数

（3）软件默认的单位与需要制作的模型单位不一致。

室内效果图制作时一般以毫米为单位，可以通过以下步骤进行单位设置，如图1.4.2所示。

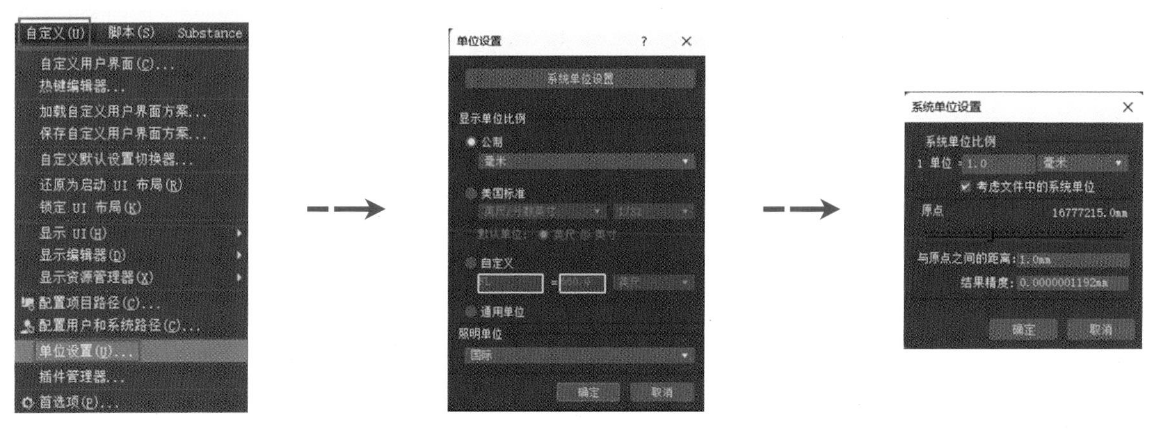

图1.4.2　单位的设置步骤

（4）坐标系认识模糊。

当对对象进行移动、旋转和缩放操作时，参考坐标系用于控制X轴、Y轴和Z轴的方向。单击主工具栏的“参考坐标系”下拉列表框可以设置参考坐标系的类型，常见的参考坐标系如图1.4.3所示。

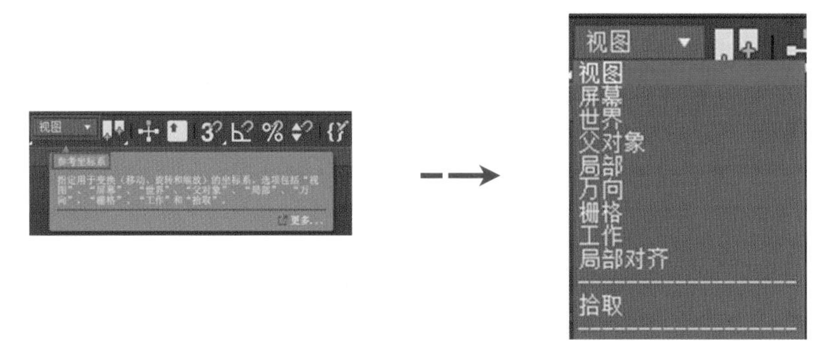

图1.4.3　常见的参考坐标系

① 视图：在前视图、顶视图、左视图等正交视图中，使用的是屏幕参考坐标系；在透视图等非正交视图中，使用的是世界参考坐标系，世界参考坐标系如图1.4.4所示。

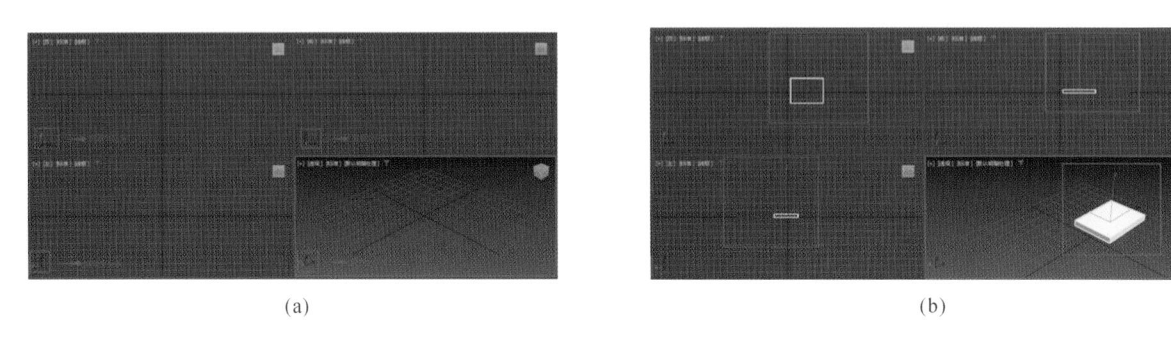

(a)　　(b)

图1.4.4　世界参考坐标系

② 屏幕：选中该选项时，将使用活动视图的屏幕坐标系作为参考坐标系。在活动视图中，X轴始终水平向右，Y轴始终垂直向上，Z轴始终垂直于屏幕并指向用户，原点位于世界参考坐标系的原点处，如图1.4.5所示。

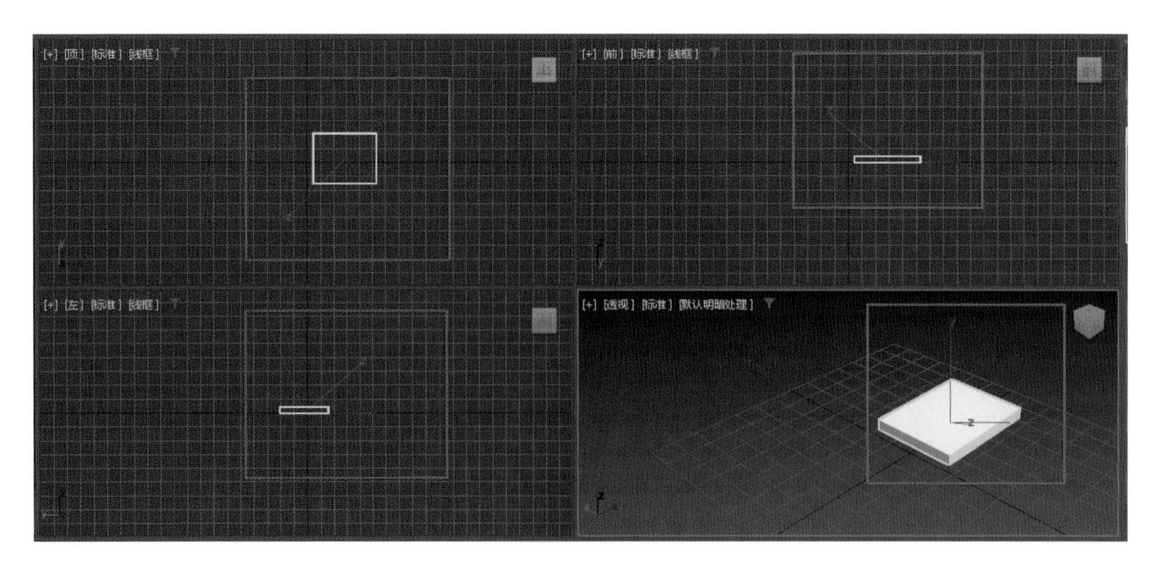

图1.4.5　原点位于世界参考坐标系的原点处

③ 世界:世界参考坐标系用来定位对象的位置。它具有三条互相垂直的坐标轴——*X*轴、*Y*轴和*Z*轴,在各视口的左下角显示了此视口中坐标轴的方向,视图栅格中两条黑粗线的交点即为世界参考坐标系的原点。默认情况下,世界参考坐标系的原点位于各视口的中心,如图1.4.6所示。

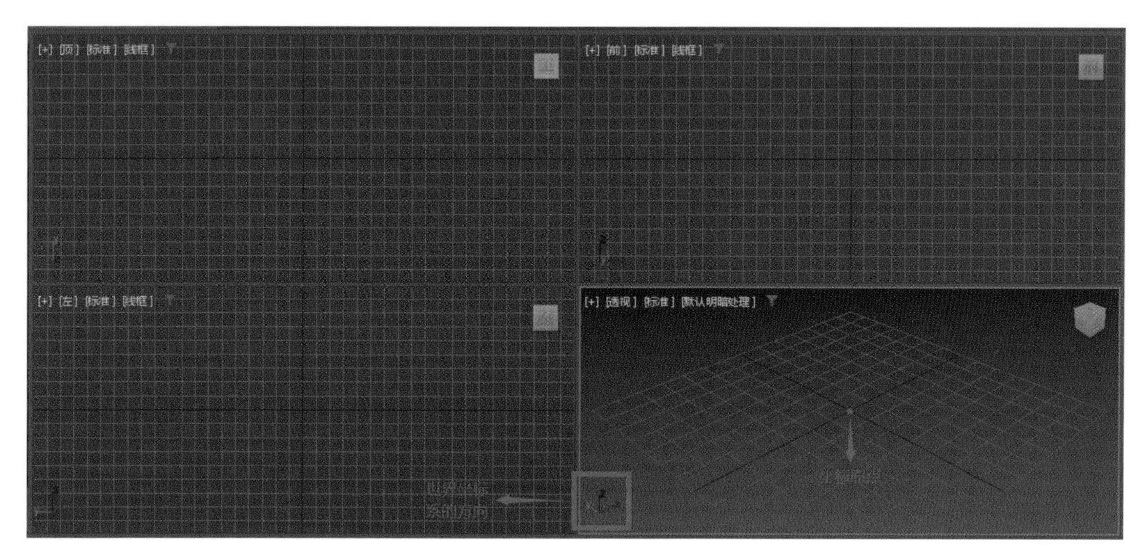

图1.4.6　世界参考坐标系的原点位于各视口的中心

（5）命令面板操作中遇到的问题。

面板卷展栏内容太多,查看不方便。

① 滚动条的奇妙运用:3ds Max 的命令面板往往是很长的,有时需要用鼠标反复上下拖动。3ds Max命令面板右边有很窄的指示条,像拖动 Windows 的滚动条一样用鼠标拖动它,命令面板就会随着拖动而轻松滚动,如图1.4.7所示。

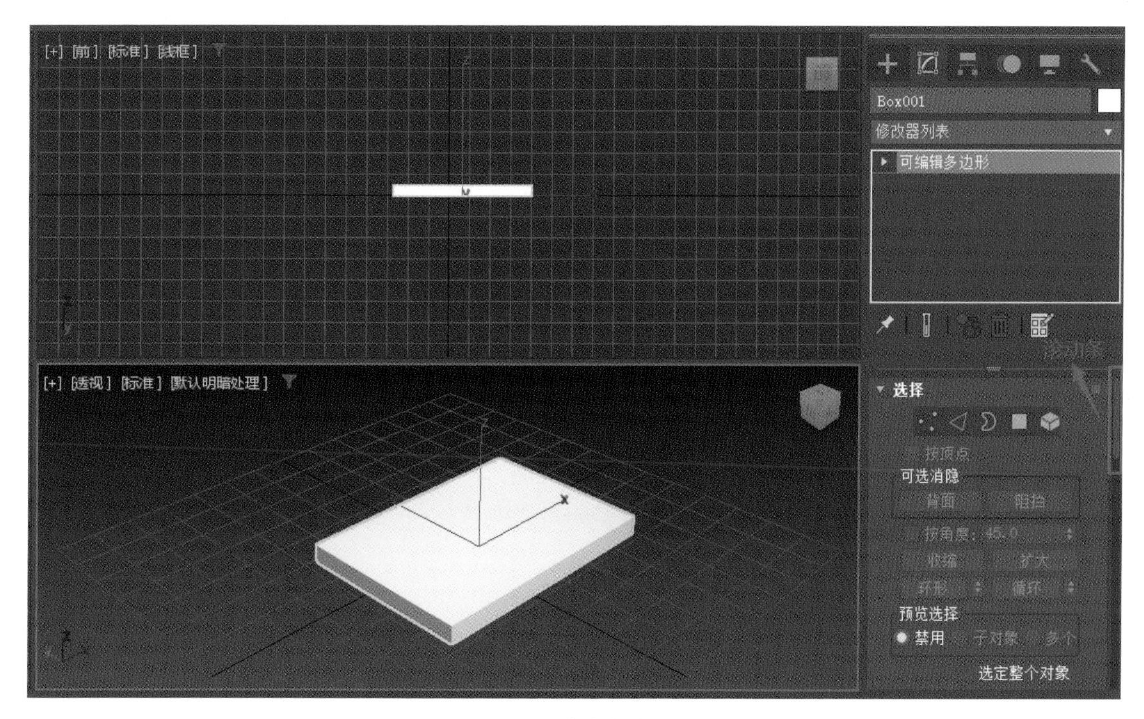

图1.4.7　滚动条的运用

② 左右拉伸:3ds Max的命令面板中包含的命令很多,但只有右侧一条显示区可以滑动,比较费时。将鼠标放在视图与命令面板中间的缝隙,鼠标将变为如图1.4.8(a)所示的拉伸工具,此时向左拉伸命令面板,可扩大命令面板的显示范围,如图1.4.8(b)所示。

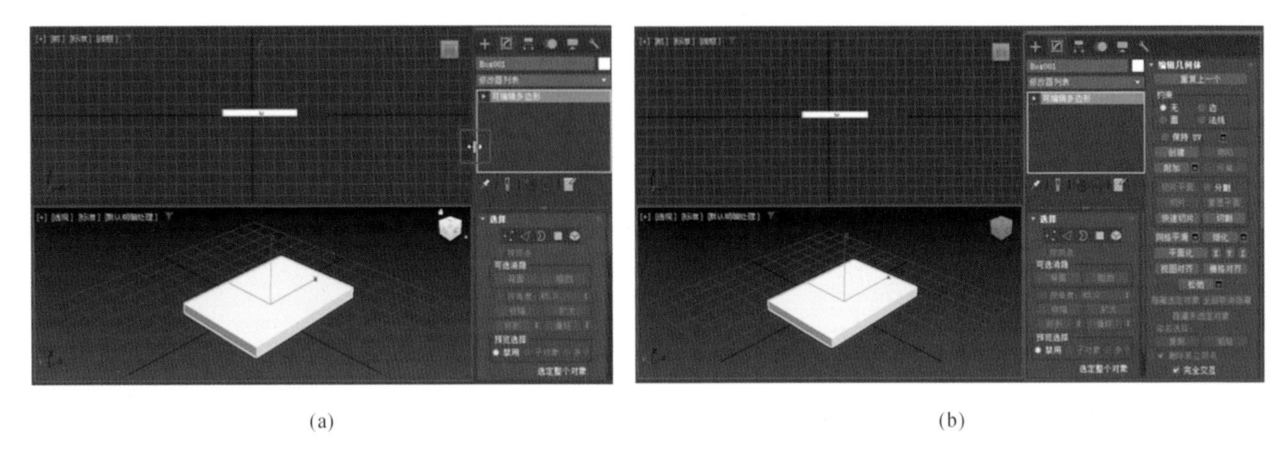

(a) (b)

图1.4.8 左右拉伸的运用

③ 上下拉伸:在3ds Max的命令面板中,将鼠标放在命令面板中间的分界线,鼠标将变为如图1.4.9(a)所示的拉伸工具,此时向上拉伸命令面板,可扩大命令面板的显示范围,如图1.4.9(b)所示。

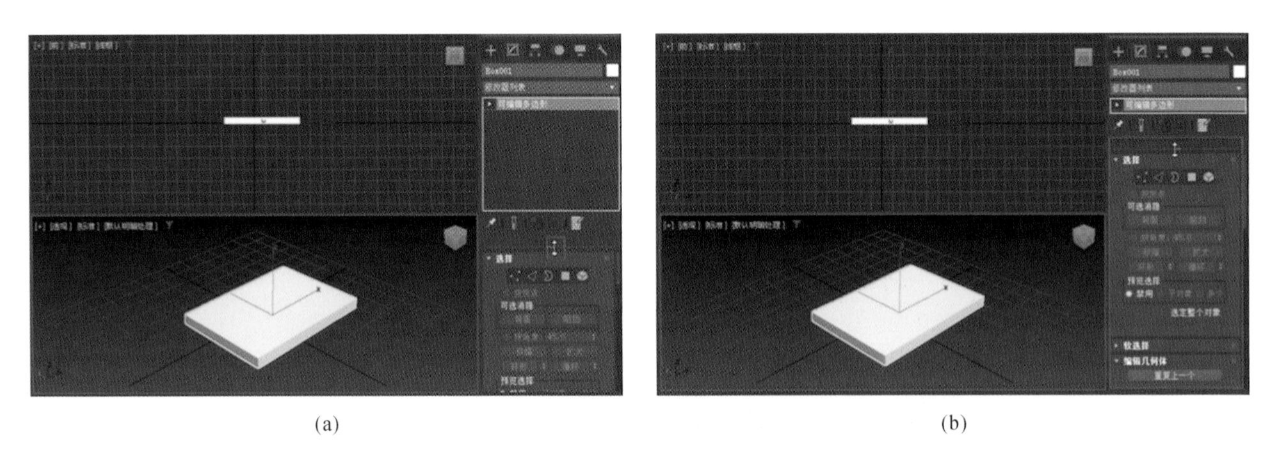

(a) (b)

图1.4.9 上下拉伸的运用

2.坐标认识的操作

(1)局部坐标系。

局部坐标系是对象的专有坐标系,用于定义对象自身的空间。在默认情况下,局部坐标系的轴向与世界坐标系的轴向相同,原点为对象的轴心点。选中"层次"面板、"轴"标签栏、"调整轴"卷展栏中的"仅影响轴",然后通过工具栏中的"选择并移动"按钮或"选择并旋转"按钮,可以调整局部坐标的原点位置和坐标轴轴向,局部坐标系的界面如图1.4.10所示。

(2)精确定位坐标系坐标。

① 在参数修改器中可以更改坐标数据,如图1.4.11所示。

② 在视图区下方的坐标系直接修改坐标数据,如图1.4.12所示。

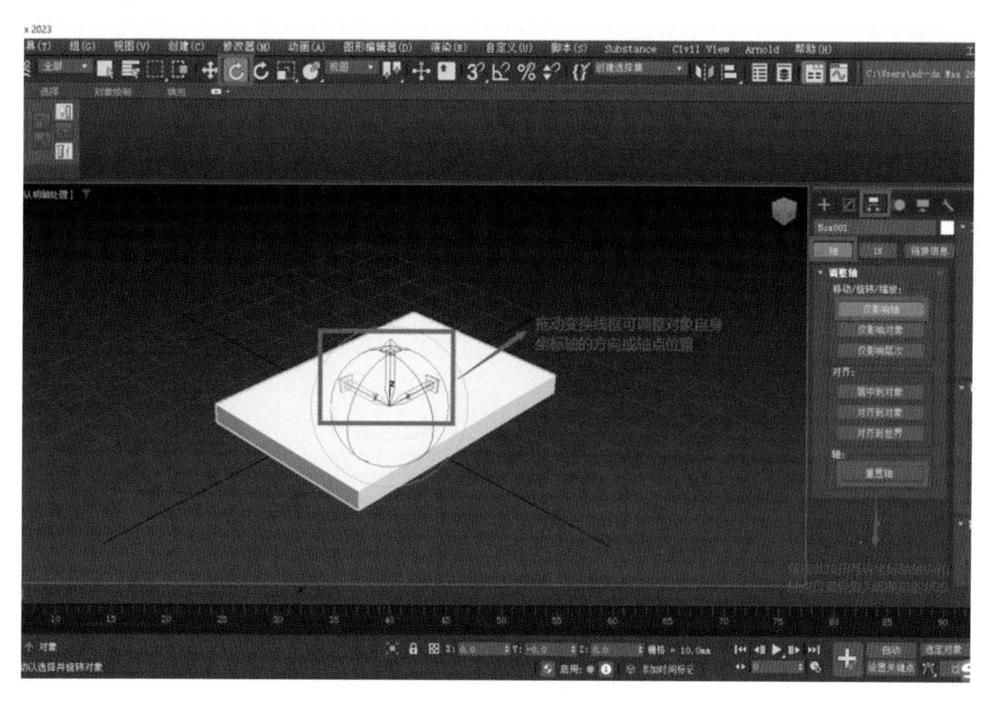

图 1.4.10 局部坐标系的界面

(a) 在右侧键盘输入中可给定数据

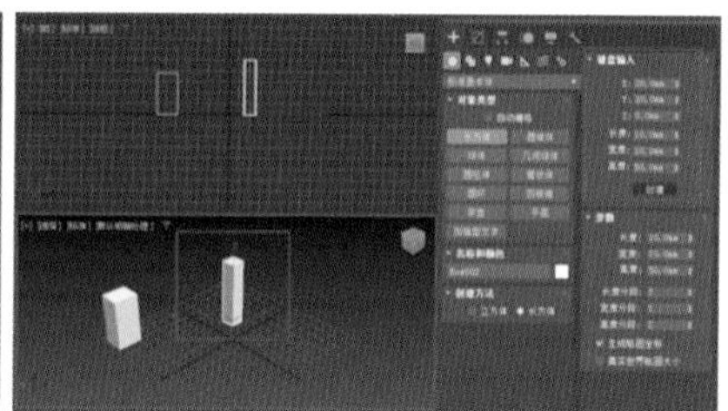

(b) 输入相应的坐标系数值和物体数值

(c) 点击创建，可看到在对应的坐标系出现物体

图 1.4.11 在参数修改器中可以更改坐标数据

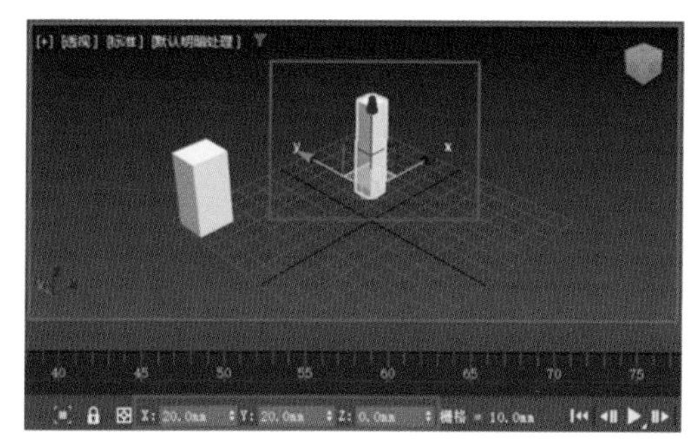

(a) 在视图下方有X、Y、Z轴系数

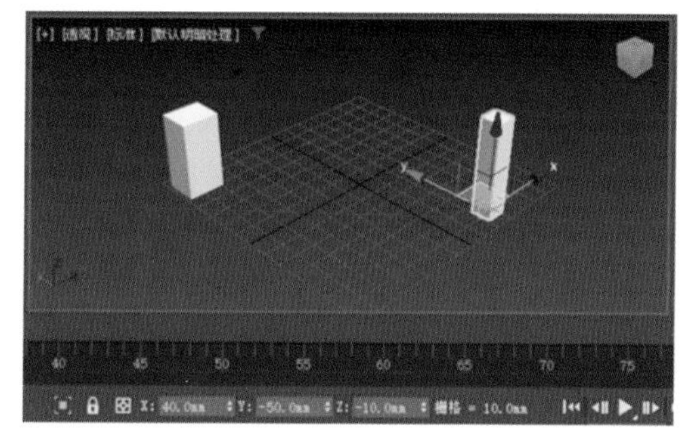

(b) 直接点击X、Y、Z轴可修改坐标参数

图 1.4.12 在视图区下方的坐标系直接修改坐标数据

—— 本阶段学习的主要思考 ——

(1) 解决软件运用中遇到的常见问题，并在操作时对界面上遇到的问题进行解决。

(2) 辨别清楚坐标系的不同并灵活运用。

学习情境1.5　相关考证及比赛要求解析

学习目标

知识要点	知识目标	能力目标
相关考证及比赛要求解析认识	了解学生主要的考证和比赛的内容、参加报考资格及评分标准与绘图要求	了解相关基本技能、团队协作能力，以及应考、应赛的心理素质要求
室内设计大赛		
室内设计师证书		
1+X建筑装饰装修数字化设计		

学习任务

（1）相关考证及比赛要求解析的认识。

（2）基本内容。

（3）评分标准。

学习方法

对重点内容，以课堂讲授、实操为主。对一般内容，以自学为主，并在实际操作中加以深化和巩固。教学过程中宜采用多媒体教学或其他数字化教学手段以提高教学效果。

内容分析

1.相关考证及比赛要求解析认识

（1）普通比赛内容与评分标准如图1.5.1、图1.5.2所示。

1、比赛内容

高职组大赛试题架构图							
（样题主题）/团队双人赛/**4小时**							
具体描述：根据赛题要求，进行主题空间设计，完成相应手绘任务及计算机电脑绘图任务，面积约150平方米。							
模块A：手绘构思设计综合表现（A2幅面） 竞赛时间：**1.5小时** 按50%计入总分				**模块B：**室内计算机效果图设计与制作竞 比赛时间：**2.5小时** 按50%计入总分			
A-1	手绘室内平面布局和顶平面草图各1张。	40	100分	B-1	CAD绘制平面图、顶面图、各1张。	50	100分
A-2	手绘主题装饰元素图并完成装饰元素的推导过程演绎，及不超过200字设计说明	30		B-2	根据设计方案完成重点角度室内效果图1张。	50	
A-3	手绘体现主题装饰元素及构思的彩色立面图1张。	30					
模块内任务连续进行				模块内任务连续进行			
工具自备：除必要绘图笔外不限工具及表现手法，可以任选彩色铅笔、油画棒、水彩、马克笔等工具。				操作软件：AutoCAD、3Dmax或SketchUp以及渲染插件等常用设计软件。（不能使用酷家乐等在线效果图软件。）			
1.提供CAD建筑框架图、基本平面家具图库、基本贴图等必要绘图资料。 2.样题公布后，基本平面家具图库、基本贴图不变；大赛赛题内容变更30%以内。							

图1.5.1　普通比赛内容

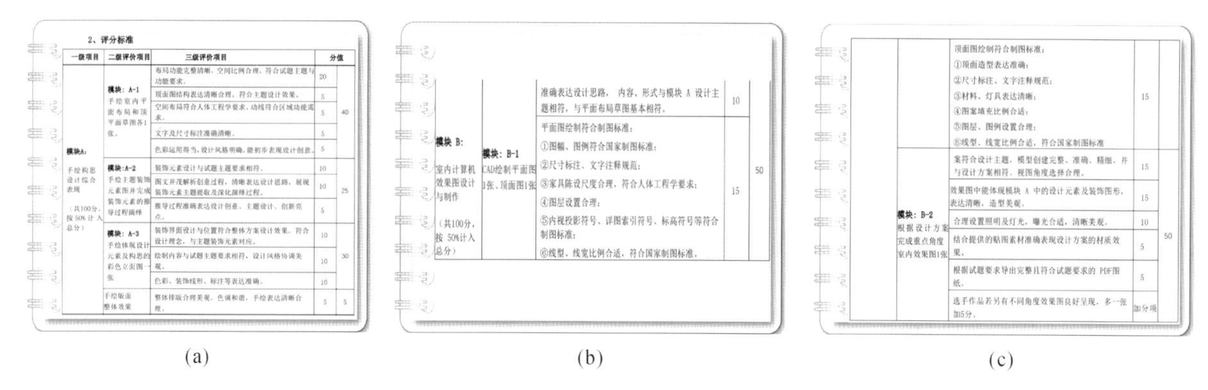

2、评分标准

一级项目	二级评价项目	三级评价项目	分值	
模块A： 手绘构思设计综合表现 （共100分，按50%计入总分）	模块：A-1 手绘室内平面布局和顶平面草图各1张。	布局功能完整清晰，空间比例合理，符合试题主题与功能要求。	20	40
		顶面图结构表达清晰合理，符合主题设计效果。	5	
		空间布局符合人体工程学要求，动线符合区域功能需求。	5	
		文字及尺寸标注准确清晰。	5	
		色彩运用得当，设计风格明确，能初步表现设计创意。	5	
	模块：A-2 手绘主题装饰元素图并完成装饰元素的推导过程演绎	装饰元素设计与试题主题要求相符。	10	25
		图文并茂解析创意过程，清晰表达设计思路，展现装饰元素主题提取及深化演绎过程。	10	
		推导过程准确表达设计创意、主题设计、创新亮点。	5	
	模块：A-3 手绘体现设计元素及构思的彩色立面图一张	装饰界面设计与位置符合整体方案设计效果，符合设计理念，与主题装饰元素对应。	10	30
		绘制内容与试题主题要求相符，设计风格协调美观。	10	
		色彩、装饰线形，标注等表达准确。	10	
	手绘版面整体效果	整体排版合理美观，色调和谐，手绘表达清晰合理。	5	5

(a)

模块B： 室内计算机效果图设计与制作 （共100分，按50%计入总分）	模块：B-1 CAD绘制平面图1张、顶面图1张	准确表达设计思路，内容、形式与模块A设计主题相符，与平面布局草图基本相符。	10	50
		平面图绘制符合制图标准： ①图幅、图例符合国家制图标准； ②尺寸标注、文字注释规范； ③家具陈设尺度合理，符合人体工程学要求； ④图层设置合理； ⑤内视投影符号、详图索引符号、标高符号等符合制图标准； ⑥线型、线宽比例合适，符合国家制图标准。	15	

(b)

		顶面图绘制符合制图标准： ①顶面造型表达准确； ②尺寸标注，文字注释规范； ③材料、灯具表达清晰； ④图案填充比例合适； ⑤图层、图例设置合理； ⑥线型、线宽比例合适，符合国家制图标准	15	
	模块：B-2 根据设计方案完成重点角度室内效果图1张	案符合设计主题，模型创建完整、准确、精细，并与设计方案相符，视图角度选择合理。	15	50
		效果图中能体现模块A中的设计元素及装饰图形，表达清晰，造型美观。	15	
		合理设置照明及灯光，曝光合适，清晰美观。	10	
		结合提供的贴图素材准确表现设计方案的材质效果。	5	
		根据试题要求导出完整且符合试题要求的PDF图纸。	5	
		选手作品若另有不同角度效果图良好呈现，多一张加5分。	加分项	

(c)

图1.5.2　普通比赛评分标准

（2）大学生“筑梦”主题餐吧的比赛内容和评分标准如图1.5.3、图1.5.4所示。

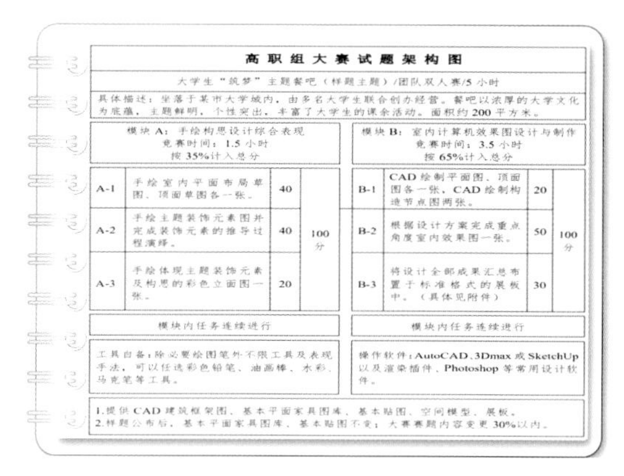

高职组大赛试题架构图

大学生“筑梦”主题餐吧（标题主题）/团队双人赛/5小时

具体描述：坐落于某市大学城内，由多名大学生联合创办经营，餐吧以浓厚的大学文化为底蕴，主题鲜明，个性突出，丰富了大学生的课余活动。面积约200平方米。

模块A：手绘构思设计综合表现 竞赛时间：1.5小时 按35%计入总分				模块B：室内计算机效果图设计与制作 竞赛时间：3.5小时 按65%计入总分			
A-1	手绘室内平面布局草图、顶面草图各一张。	40	100分	B-1	CAD绘制平面图、顶面图各一张，CAD绘制构造节点图两张。	20	100分
A-2	手绘主题装饰元素图并完成装饰元素的推导过程演绎。	40		B-2	根据设计方案完成重点角度室内效果图一张。	50	
A-3	手绘体现主题装饰元素及构思的彩色立面图一张。	20		B-3	将设计全部成果汇总布置于标准格式的展板中。（具体见附件）	30	
模块内任务连续进行				模块内任务连续进行			
工具自备：除必要绘图笔外不限工具及表现手法，可以任选彩色铅笔、油画棒、水彩、马克笔等工具。				操作软件：AutoCAD、3Dmax或SketchUp以及渲染插件、Photoshop等常用设计软件。			

1.提供CAD建筑框架图、基本平面家具图库、基本贴图、空间模型、展板。
2.样题公布后，基本平面家具图库、基本贴图不变；大赛赛题内容变更30%以内。

图1.5.3　大学生“筑梦”主题餐吧的比赛内容

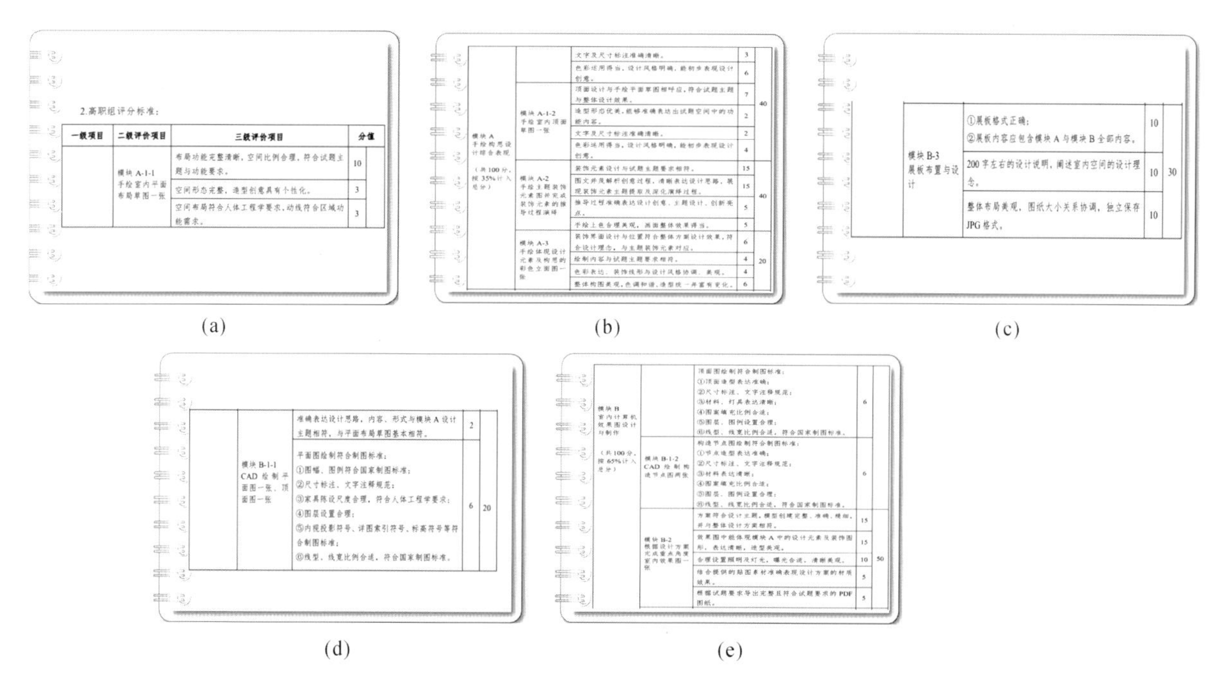

2.高职组评分标准：

一级项目	二级评价项目	三级评价项目	分值	
	模块A-1-1 手绘室内平面布局草图一张	布局功能完整清晰，空间比例合理，符合试题主题与功能要求。	10	
		空间形态完整，造型创意具有个性化。	3	
		空间布局符合人体工程学要求，动线符合区域功能需求。	3	

(a)

模块A 手绘构思设计综合表现 （共100分，按35%计入总分）		文字及尺寸标注准确清晰。	3	40
		色彩运用得当，设计风格明确，能初步表现设计创意。	6	
	模块A-1-2 手绘室内顶面草图一张	顶面设计与手绘平面草图相呼应，符合试题主题与整体设计效果。	7	
		造型形态优美，能够准确表达出试题空间中的功能内容。	2	
		文字及尺寸标注准确清晰。	2	
		色彩运用得当，设计风格明确，能初步表现设计创意。	4	
	模块A-2 手绘主题装饰元素图并完成装饰元素的推导过程演绎	装饰元素设计与试题主题要求相符。	15	40
		图文并茂解析创意过程，清晰表达设计思路，展现装饰元素主题提取及深化演绎过程。	15	
		推导过程准确表达设计创意、主题设计、创新亮点。	5	
		手绘上色合理美观，画面整体效果得当。	5	
	模块A-3 手绘体现设计元素及构思的彩色立面图一张	装饰界面设计与位置符合整体方案设计效果，符合设计理念，与主题装饰元素对应。	6	20
		绘制内容与试题主题要求相符。	4	
		色彩表达、装饰线形与设计风格协调、美观。	4	
		整体构图美观，色调和谐，造型统一并富有变化。	6	

(b)

模块B-3 展板布置与设计	①展板格式正确； ②展板内容应包含模块A与模块B全部内容。	10	30
	200字左右的设计说明，阐述室内空间的设计理念。	10	
	整体布局美观，图纸大小关系协调，独立保存JPG格式。	10	

(c)

	模块B-1-1 CAD绘制平面图一张、顶面图一张	准确表达设计思路，内容、形式与模块A设计主题相符，与平面布局草图基本相符。	2	20
		平面图绘制符合制图标准： ①图幅、图例符合国家制图标准； ②尺寸标注、文字注释规范； ③家具陈设尺度合理，符合人体工程学要求； ④图层设置合理； ⑤内视投影符号、详图索引符号、标高符号等符合制图标准； ⑥线型、线宽比例合适，符合国家制图标准。	6	

(d)

模块B 室内计算机效果图设计与制作 （共100分，按65%计入总分）		顶面图绘制符合制图标准： ①顶面造型表达准确； ②尺寸标注、文字注释规范； ③材料、灯具表达清晰； ④图案填充比例合适； ⑤图层、图例设置合理； ⑥线型、线宽比例合适，符合国家制图标准。	6	
	模块B-1-2 CAD绘制构造节点图两张	构造节点图绘制符合制图标准： ①节点造型表达准确； ②尺寸标注、文字注释规范； ③材料表达清晰； ④图案填充比例合适； ⑤图层、图例设置合理； ⑥线型、线宽比例合适，符合国家制图标准。	6	
	模块B-2 根据设计方案完成重点角度室内效果图一张	方案符合设计主题，模型创建完整、准确、精细，并与整体设计方案相符。	15	50
		效果图中能体现模块A中的设计元素及装饰图形，表达清晰，造型美观。	15	
		合理设置照明及灯光，曝光合适，清晰美观。	10	
		结合提供的贴图素材准确表现设计方案的材质效果。	5	
		根据试题要求导出完整且符合试题要求的PDF图纸。	5	

(e)

图1.5.4　大学生“筑梦”主题餐吧的比赛评分标准

（3）作品欣赏。

① 作品一，如图1.5.5、图1.5.6所示。

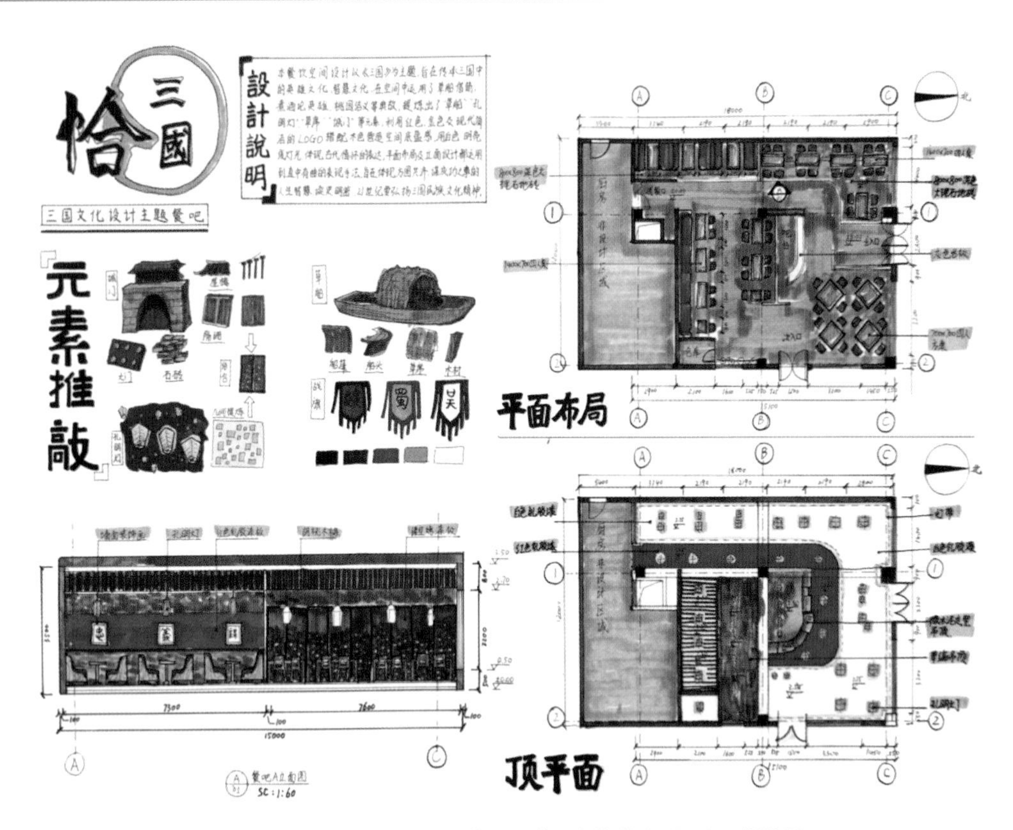

图 1.5.5　优秀获奖作品“恰三国”元素推敲与平、立、顶面图

(a)

(b)

图 1.5.6　优秀获奖作品“恰三国”效果图(王朝/张业天　组)

② 作品二，如图1.5.7、图1.5.8所示。

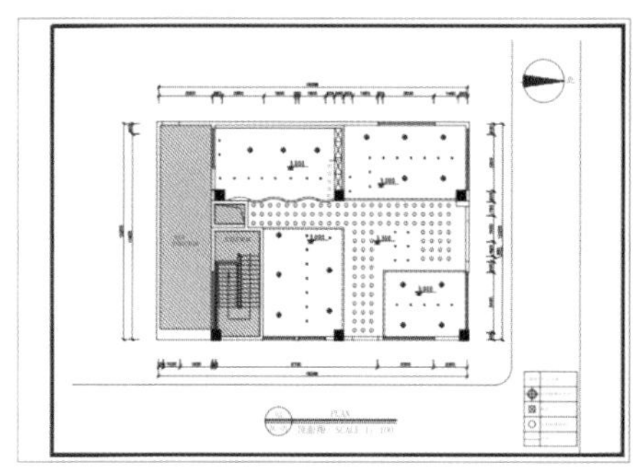

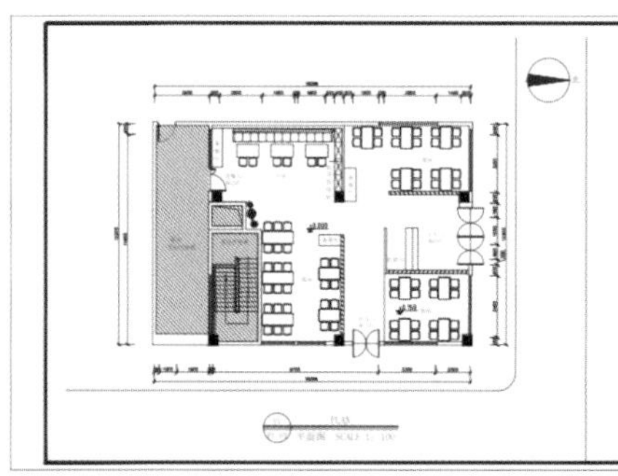

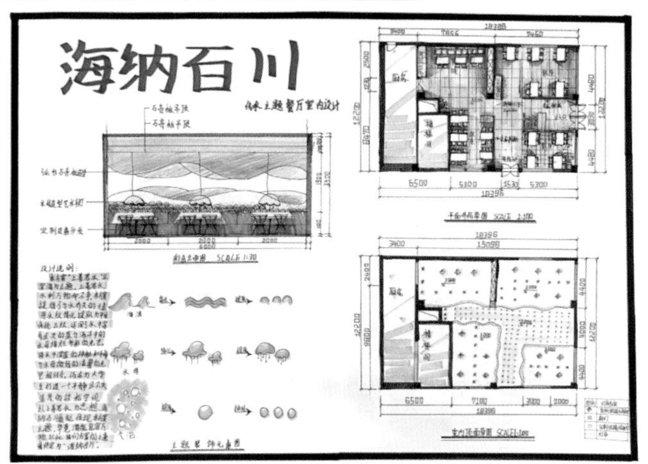

图1.5.7　优秀获奖作品“海纳百川”元素推敲与平、立、顶面图及效果图(张诗涵/何舒菲　组)

图1.5.8　优秀获奖作品“海纳百川”效果图

2.室内设计师证书

1）基本认识

室内设计师：是指运用物质技术和艺术手段，对建筑物及飞机、车、船等内部空间进行室内环境设计的专业人员。受国家人社部门委托，室内装饰设计师国家职业技能标准编制工作由中国室内装饰协会承担。

图1.5.9 室内设计师证书

室内设计师证书等级分为高级、中级、初级三个等级。对考核合格者，分别颁发高级室内设计师、中级室内设计师、初级室内设计师证书。中国室内装饰协会统一颁发证书、出图章、桌牌，实行网上注册统一管理。该证书全国通用，终身有效。室内设计师证书如图1.5.9所示。

2）申报条件

（1）初级室内设计师的申报条件：从事设计等相关工作，就读或毕业于室内设计等相关专业。

（2）报考中级的考生，在满足初级室内设计师申报条件的基础上，必须至少满足一项以下条件。

① 在室内设计等相关领域工作满3年。

② 毕业于室内设计等相关专业。

③ 获得过室内设计相关的省级及以上比赛奖项。

④ 通过室内设计师专业职业人才技能认证初级考试。

（3）报考高级的考生，在满足中级室内设计师申报条件的基础上，必须至少满足一项以下条件。

① 获得室内设计相关专业本科及以上学历。

② 在室内设计等相关领域工作满5年。

③ 获得室内设计相关的全国性比赛奖项。

④ 出版过室内设计相关书籍或发表过室内设计等相关领域高水平学术论文。

⑤ 独立主持过设计项目，或在室内设计等相关领域成绩突出。

⑥ 参加杭州清风设计学院考点考前学习，且以"优秀"成绩通过考试。

3. 1+X建筑装饰装修数字化设计

1）基本认识

2021年6月25—27日，中国室内装饰协会"2021年度第一期室内设计1+X职业技能等级证书师资培训"在上海工艺美术职业学院成功举办。2021年11月，2021年1+X室内设计职业技能等级证书全国首场考试在上海工艺美术职业学院考点圆满完成。上海工艺美院2019级室内设计相关专业79名学生参加了本次考试。

"1"为学历证书，全面反映学校教育人才培养的质量。

"X"为室内设计职业技能等级证书，是室内设计相关专业毕业生以及社会成员职业技能水平的凭证，反映职业活动和个人职业生涯发展所需要的综合能力。

1+X证书面向中、高职院校和应用型本科院校的室内设计相关专业，将大幅提升学生的社会实践能力。证书制度旨在引导应用型本科院校和职业院校培养实用型人才，鼓励学生在获得学历证书的同时，积极取得多类职业技能等级证书，缓解结构性就业矛盾。

中国室内装饰协会标识和职业技能等级证书如图1.5.10所示。

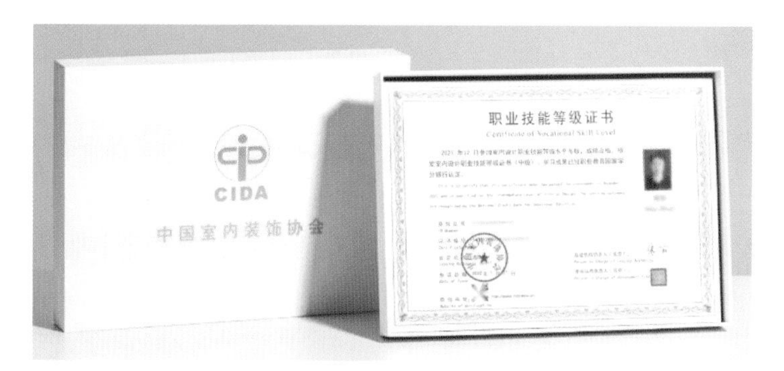

图1.5.10 中国室内装饰协会标识和职业技能等级证书

登录ART1001数字教育云平台(art1001edu.com)即可了解考证信息。

2) 等级证书对应专业

中国室内装饰协会近日发布关于1+X室内设计职业技能等级证书对应专业，具体信息如下。

(1) 中等职业学校：建筑装饰、建筑工程施工、建筑表现、工程造价、建筑与工程材料、园林技术、工艺美术、美术绘画、美术设计与制作、民族美术、民族民居装饰、舞台艺术设计与制作、家具设计与制作、计算机应用、数字媒体技术应用、计算机平面设计等专业。

(2) 高等职业学校：室内艺术设计、环境艺术设计、建筑室内设计、建筑装饰工程技术、建筑设计、风景园林设计、建筑装饰材料技术、建筑工程技术、园林技术、园林工程技术、建筑动画与模型制作、建设工程管理、工程造价、建设工程监理、艺术设计、工业设计、视觉传播设计与制作、广告设计与制作、数字媒体艺术设计、产品艺术设计、家具艺术设计、展示艺术设计、公共艺术设计、工艺美术品设计、动漫设计、美术、舞台艺术设计与制作、民族美术、民族民居装饰、计算机应用技术、数字展示技术、数字媒体应用技术等专业。

(3) 应用型本科学校：环境设计、艺术设计学、视觉传达设计、产品设计、公共艺术、工艺美术、数字媒体艺术、艺术与科技、美术学、绘画、工业设计、工程管理、工程造价、建筑学、风景园林、人居环境科学与技术、智慧建筑与建造等专业。

——本阶段学习的主要思考——

(1) 了解室内设计大赛、室内设计师证书、1+X建筑装饰装修数字化设计的内容及参赛或考试要求。

(2) 学生可以根据评分标准进行组队并进行技能训练，达到自我综合能力提升的目的。

学习领域二

3ds Max软件的基本操作

□　学习领域概述

本部分主要讲解对象选择，对象移动与复制，对象删除、撤销与重做，对象选择并旋转与复制，对象选择并缩放，对象捕捉、对齐与放置，对象镜像与间隔，对象阵列与组的管理。

几乎所有模型的创建都需要先选择，在确定了被操作对象后再进行其他操作。本着从易到难的原则，从基础内容讲起，为后续深入学习奠定基础。

学习情境2.1 对象选择

学习目标

知识要点	知识目标	能力目标
专业技能基本知识	了解选择的主工具栏内容及过滤器约束条件限制	能根据不同的情况灵活地运用选择工具
专业技能案例实践	进行具体的加选、减选、框选、按名称或颜色等方式选择等操作	

学习任务

(1) 一般知识。

(2) 专业技能案例实践。

学习方法

对重点内容,以课堂讲授、实操为主。对一般内容,以自学为主,并在实际操作中加以深化和巩固。教学过程中宜采用多媒体教学或其他数字化教学手段以提高教学效果。

内容分析

1.对象选择基本操作常识

(1) 主工具栏中关于选择的图标如图2.1.1所示。

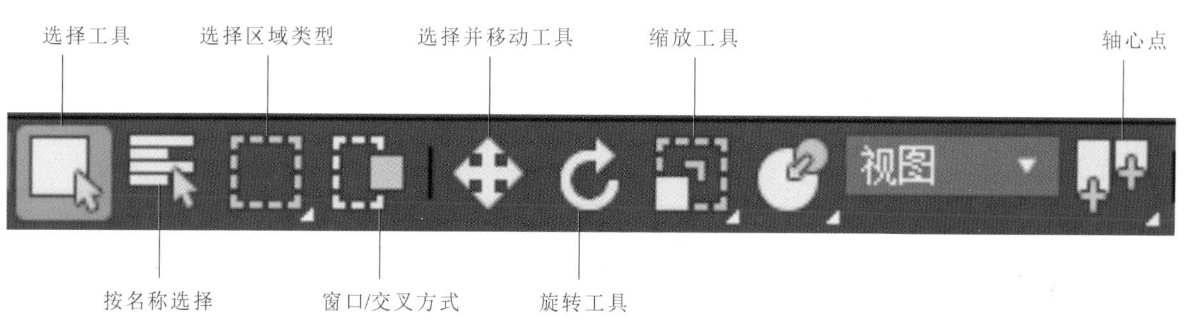

图2.1.1 主工具栏中关于选择的图标

(2) 常使用的区域框的不同类型如图2.1.2所示。

(3) 选择的捕捉约束条件如图2.1.3所示。

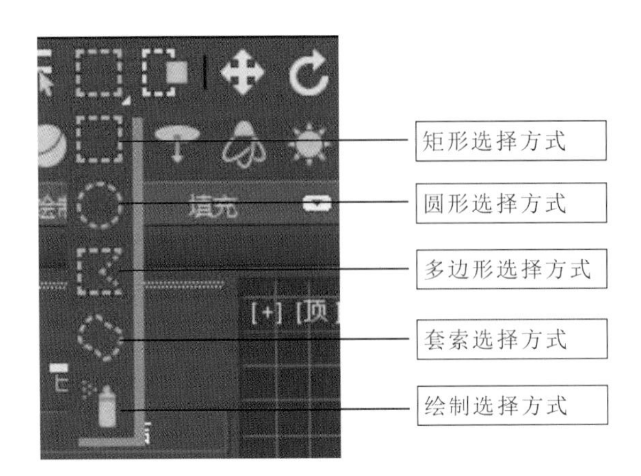

图2.1.2　常使用的区域框的不同类型

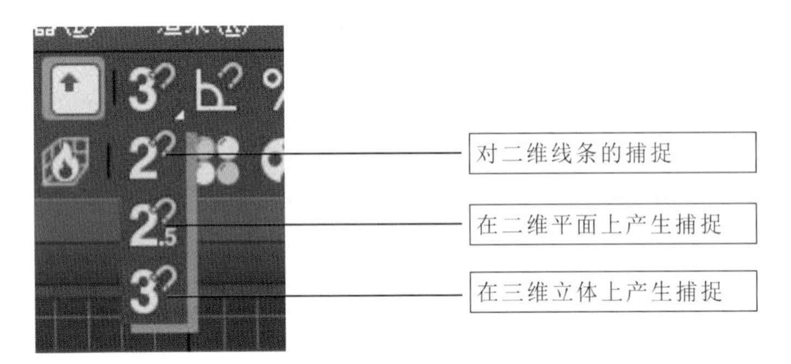

图2.1.3　选择的捕捉约束条件

2.对象选择技能

(1) 选择区域形式:矩形、圆形、围栏、套索、绘制、窗口、交叉。

(2) 选择方式:名称、层、颜色。

(3) 选择方法:全选、全不选、反选。

(4) 加选:按住Ctrl;减选:按住Alt。

3.对象选择专业技能案例练习

1) 案例任务

(1) 任务1,请把平面以下的物体选中(用点选,辅以加选、减选操作),并尝试放置于平面上。

(2) 任务2,除点选外,用其他选择方法进行物体选择练习。

(3) 任务3,选中绿色茶壶,加选紫色球体、黄色圆柱,减选紫色球体,并尝试删除所选物体。

2) 案例操作过程

(1) 任务1,请把平面以下的物体选中(用点选逐个操作),并尝试放置于平面上,如图2.1.4所示。

图2.1.4　将物体放置平面上

（2）任务2，选中物体（除点选外）。

① 使用快捷键选择，如图2.1.5所示。

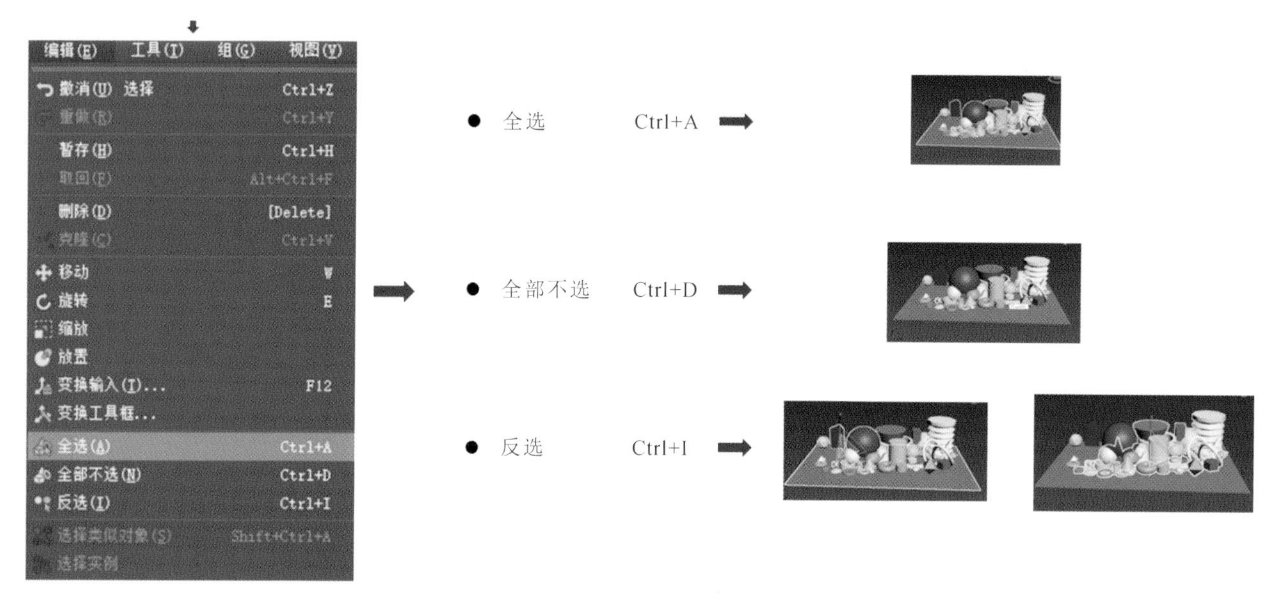

图2.1.5 使用快捷键选择

② 按名称、层和颜色选择，如图2.1.6所示。

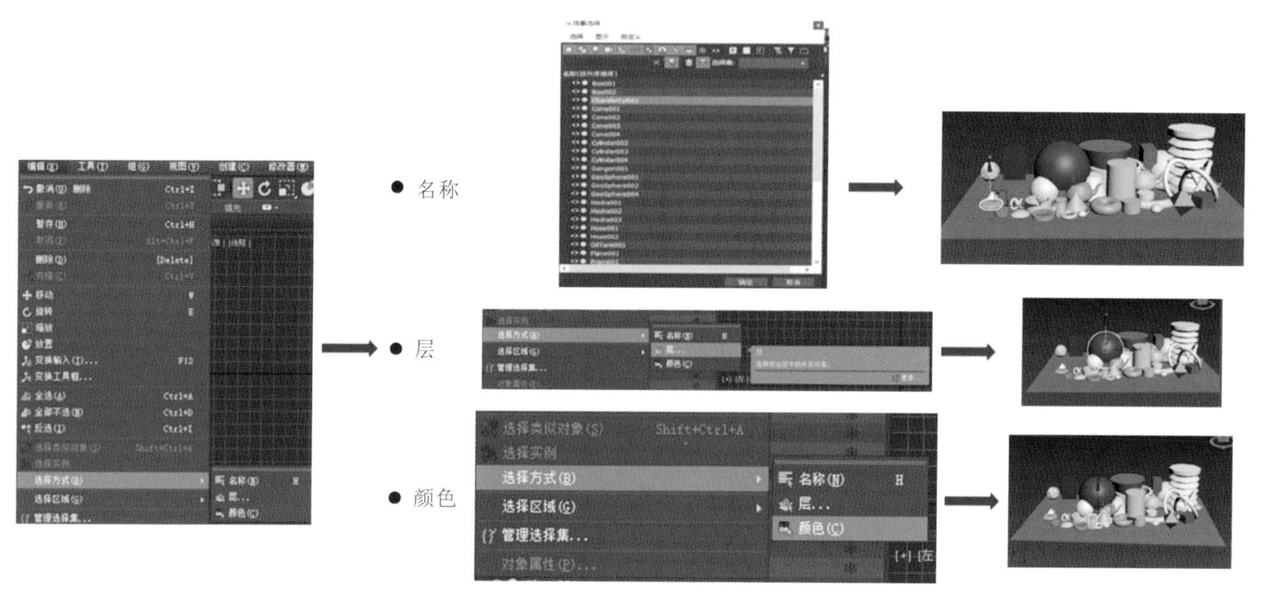

图2.1.6 按名称、层和颜色选择

（3）任务3，选中绿色茶壶，加选紫色球体、黄色圆柱，减选紫色球体，并删除所选物体（辅以加选、减选操作），如图2.1.7所示。

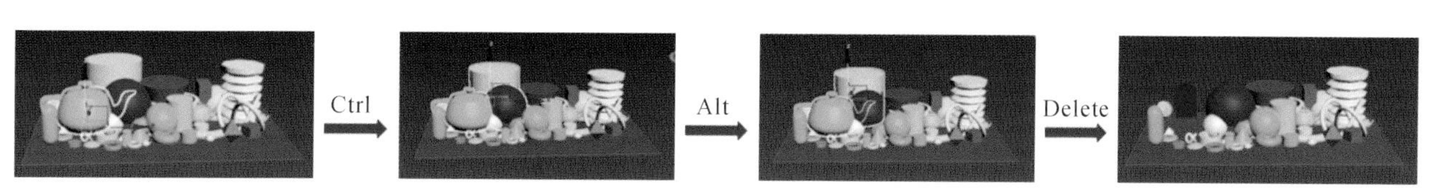

图2.1.7 选中绿色茶壶，加选紫色球体、黄色圆柱，减选紫色球体，并删除所选物体

提示：选不中物体的情况如下，可能的原因（过滤方式选择了其他）及解决措施如图2.1.8所示。

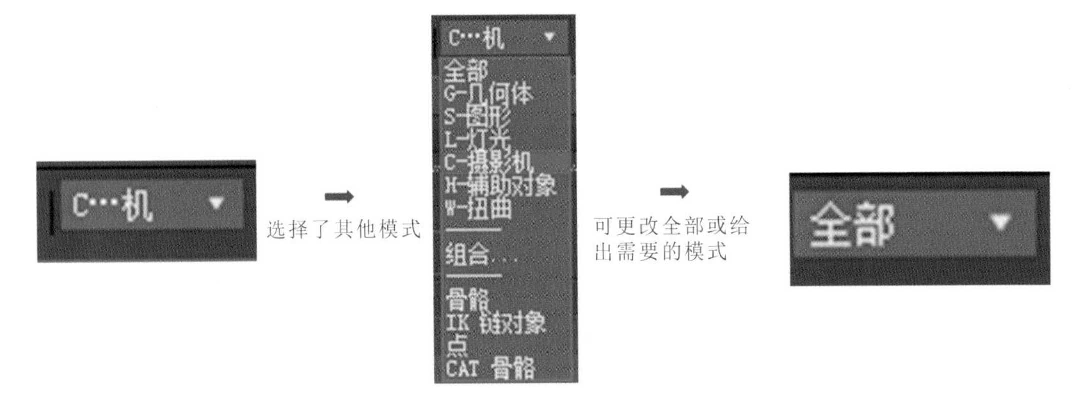

图2.1.8　将过滤器中的摄影机在下拉菜单中改为全部

—— 本阶段学习的主要思考 ——

（1）对象选择的常用方法及步骤。

（2）对象选择的操作注意事项。

学习情境2.2　对象移动与复制

学习目标

知识要点	知识目标	能力目标
移动与复制的基本知识点	在选择的基础上进行移动与复制操作	根据最终达到的效果进行精确移动并复制
专业技能案例实践	通过实例进行选择移动并复制的实践，以对物体产生位置、方向、数量进行改变	

学习任务

（1）对象选择移动与复制一般知识。

（2）专业技能案例实践。

学习方法

对重点内容，以课堂讲授、实操为主。对一般内容，以自学为主，并在实际操作中加以深化和巩固。教学过程中宜采用多媒体教学或其他数字化教学手段以提高教学效果。

内容分析

1.对象选择移动与复制的基本操作常识

（1）对象选择并移动。

可以通过工具中的选择并移动图标进行操作，也能通过W快捷键操作，或鼠标在移动工具图标上右击，弹出移动变换输入对话框进行精确移动操作，还可以在屏幕下方坐标修改参数中完成操作，如图2.2.1所示。

提示：该操作与平移不同之处在于，平移只有观察者本身的位置发生了变化，物体的坐标没有任何变化，但是移动让物体本身的坐标发生了改变。

（2）对象复制。

在工作中，一个场景很有可能出现相同的对象，如果每一个对象都要创建，会增加工作量，降低工作效率，这个时候常使用复制。复制快捷键为Shift+W，也可以通过Shift键+移动工具图标操作弹出克隆对话框。对象复制如图2.2.2所示。

图2.2.1　选择并移动对象

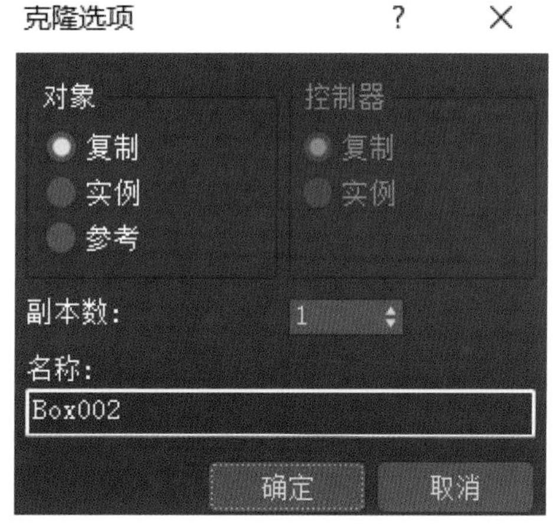

图2.2.2　对象复制

① 复制：复制后的物体，改变其中一个大小，不影响另一个，有参数修改器。

② 实例：实例后的物体，改变其中一个大小，影响另一个，有参数修改器。

③ 参考：参考后的物体，改变原物体大小，影响另一个，直接选择复制品没有参数修改器。

2.对象移动与复制技能操作步骤

（1）复制：复制后的物体，改变一个物体大小，不影响其他物体，有参数修改器，如图2.2.3所示。

（2）实例：实例后的物体，改变一个物体大小，影响其他物体，有参数修改器，如图2.2.4所示。

（3）参考：参考后的物体，改动复制前原物体的大小，会影响其他，但直接选择复制品没有参数修改器，如图2.2.5所示。

提示：参考复制后的物体，如直接选择复制品时无修改器面板，如果要修改复制品的尺寸，则在控制面板中点击一下物体名称就会弹出修改参数内容。

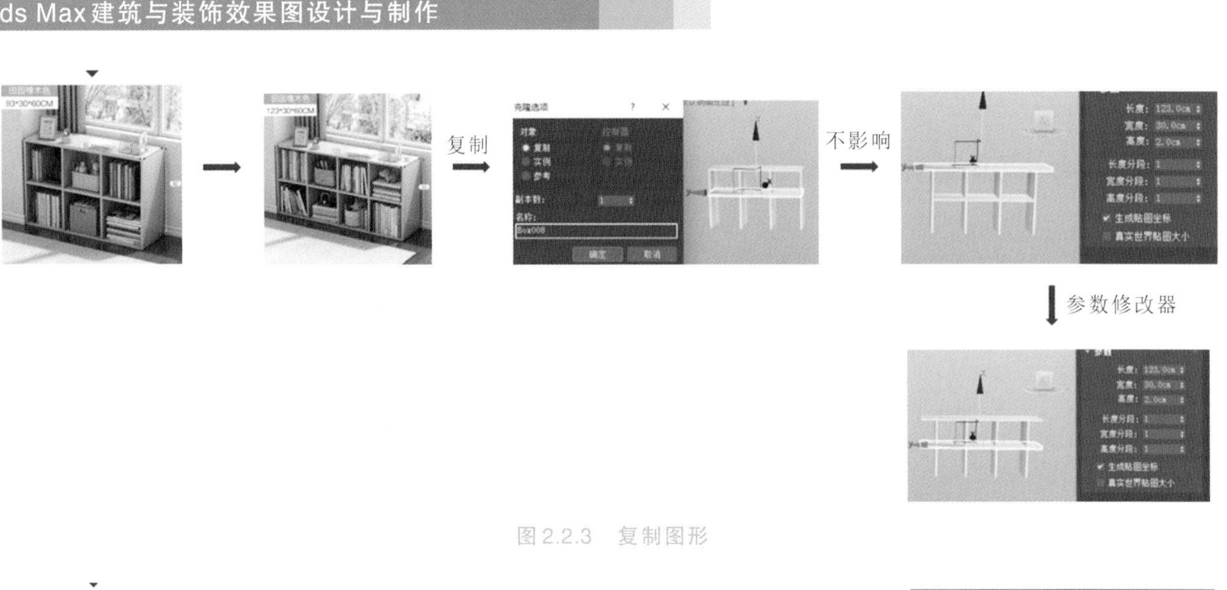

图 2.2.3　复制图形

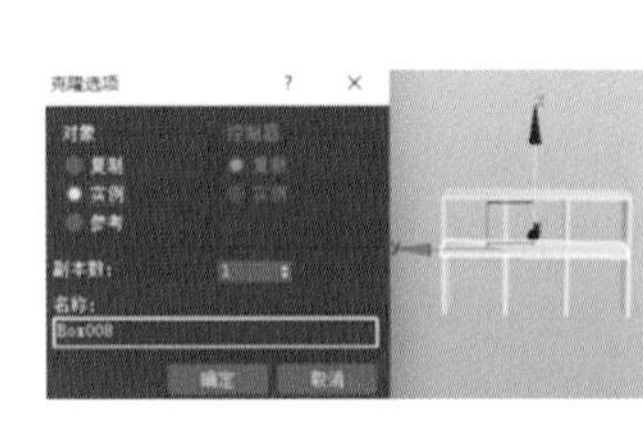
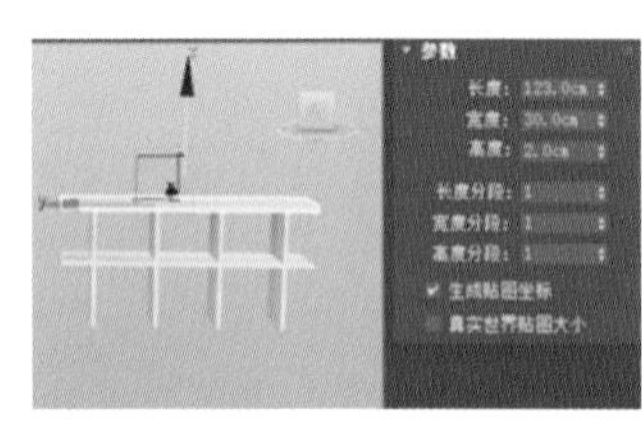

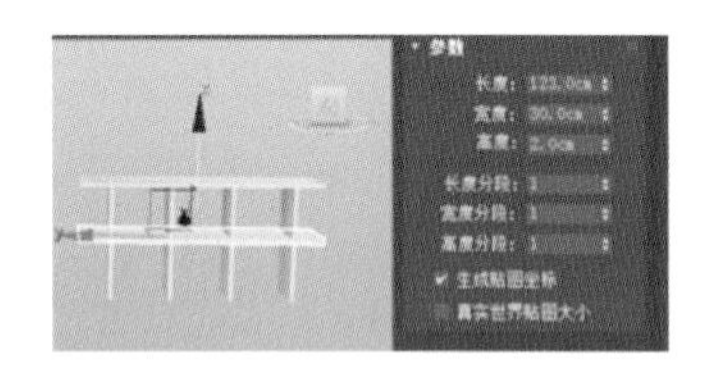

图 2.2.4　实例图形

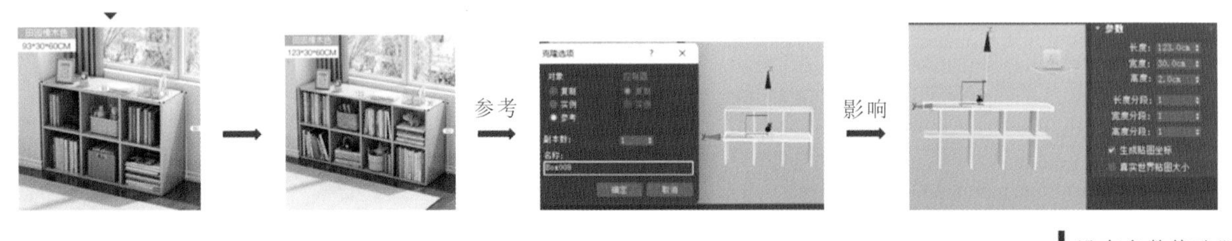

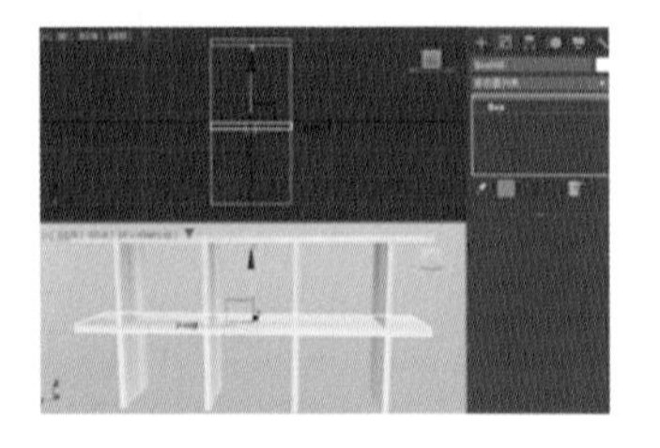

图 2.2.5　参考图形

3. 对象移动与复制专业技能案例练习

对象移动与复制如图 2.2.6 所示。

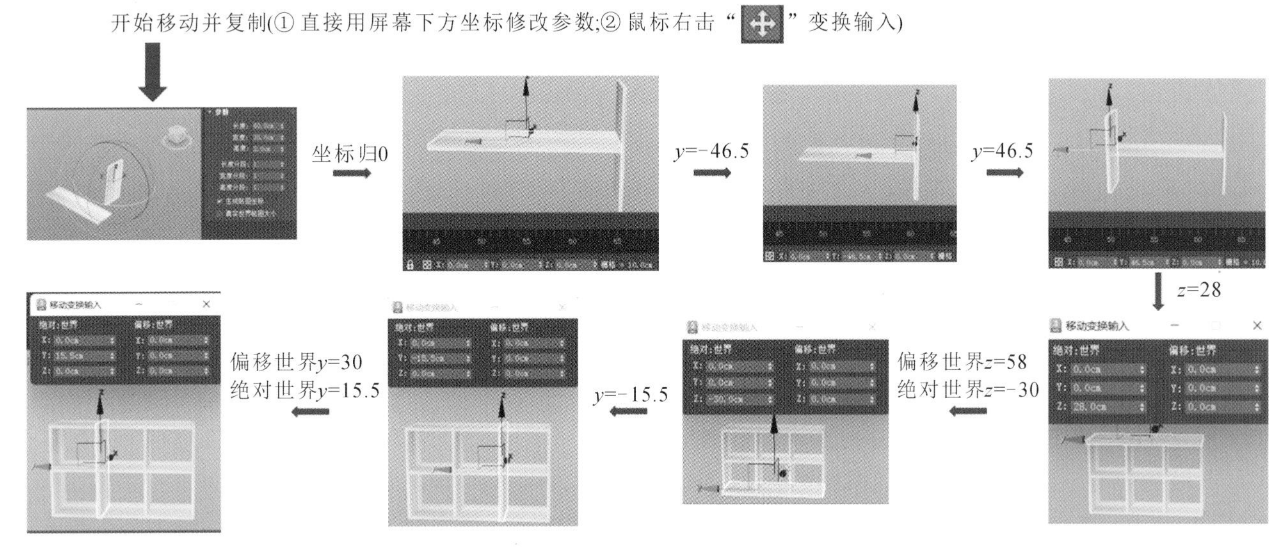

图 2.2.6　对象移动与复制

— 本阶段学习的主要思考 —

(1) 了解可区别平移与移动的不同。

(2) 熟知对象复制的三种类型。

学习情境2.3　对象删除、撤销与重做

学习目标

知识要点	知识目标	能力目标
对象删除、撤销与重做基本知识	在模型创建操作中进行对象修正	在空间模型创建中利用删除、撤销与重做命令进行物体选用与去除
专业技能案例实践	熟练进行案例操作	

学习任务

(1) 对象删除、撤销与重做的一般知识。

(2) 专业技能案例实践。

学习方法

对重点内容，以课堂讲授、实操为主。对一般内容，以自学为主，并在实际操作中加以深化和巩固。教学过程中宜采用多媒体教学或其他数字化教学手段以提高教学效果。

内容分析

1. 对象删除、撤销与重做的基本操作常识

(1) 对象删除。

删除最常用的方式是使用快捷键Delete。

(2) 对象撤销。

撤销最常用的方式是使用快捷键Ctrl+Z;还可以单击主工具栏中的撤销按钮。

(3) 对象重做。

重做使用主工具栏中的重做按钮。

2. 对象删除、撤销与重做技能案例练习

案例任务:① 根据上节课学习的选择方法,进行多个物体或单个物体的删除;② 操作错误或与期待效果不一致时,进行返回上一步操作;③ 假如我们不想执行刚才返回的操作,练习重做。

删除及撤销练习如图2.3.1所示。

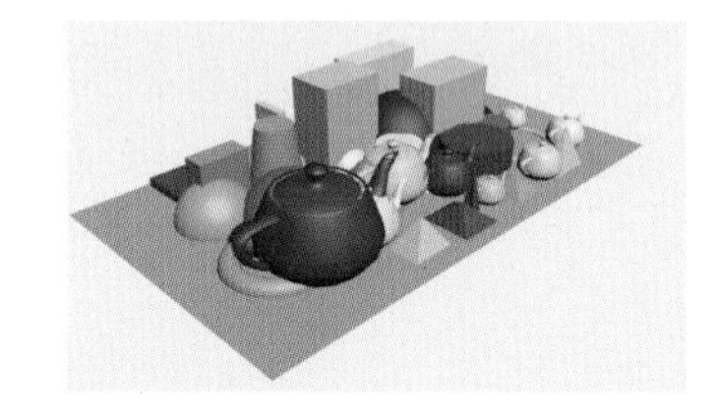

图2.3.1　删除及撤销练习

根据以上引入的类似项目,进行实际操作练习。

—— 本阶段学习的主要思考 ——

如何对模型中多余的物体进行删除和将错误删除后撤销,以及撤销后重做。

学习情境2.4　对象选择并旋转与复制

学习目标

知识要点	知识目标	能力目标
对象选择并旋转与复制的基本知识	可利用捕捉点捕捉和利用角度捕捉进行复制	旋转,并利用捕捉通过轴约束复制物体
专业技能案例实践		

学习任务

（1）对象选择并旋转与复制的一般知识。

（2）专业技能案例实践。

学习方法

对重点内容，以课堂讲授、实操为主。对一般内容，以自学为主，并在实际操作中加以深化和巩固。教学过程中宜采用多媒体教学或其他数字化教学手段以提高教学效果。

内容分析

1.对象选择并旋转与复制的基本操作常识

单击主工具栏中的“选择并旋转”图标（见图2.4.1），或按下键盘的E键，移动鼠标，即可对物体执行旋转操作；还可以通过Shift键+旋转进行旋转操作。

图2.4.1 选择并旋转

提示：轴约束功能一般配合“捕捉”功能一起使用。如果需要精确旋转，可以按下键盘的A键，或在移动并旋转图标上右击，打开“角度捕捉”进行角度数值输入。

F5：约束 *X* 轴。F6：约束 *Y* 轴。F7：约束 *Z* 轴。F8：没有约束。约束功能的设置如图2.4.2所示。

更改物体的轴心点：选择“层次面板”“仅影响轴”，也可以使用对齐命令，使轴心与物体对齐，如图2.4.3所示。

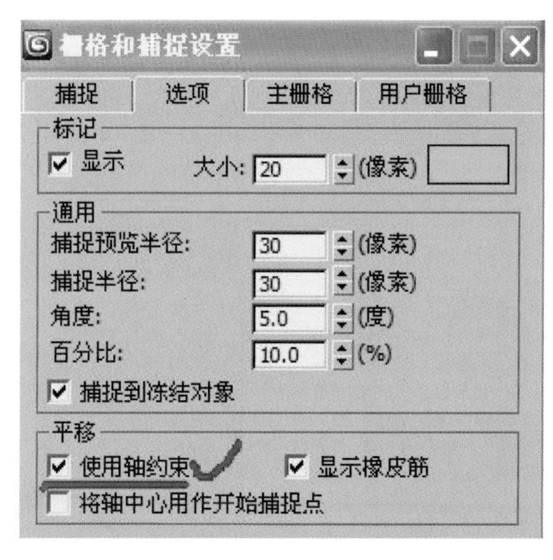

图2.4.2 约束功能的设置

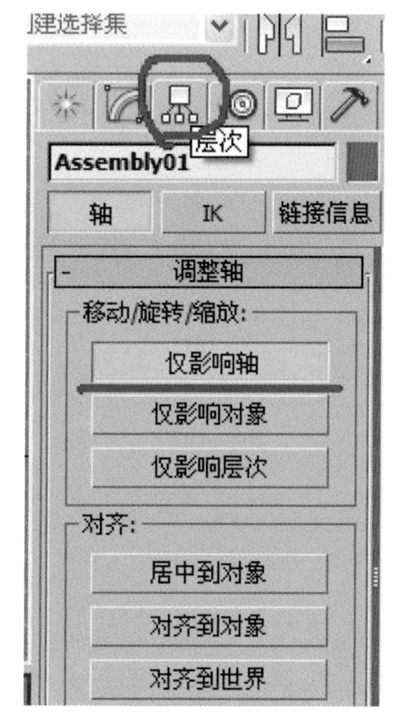

图2.4.3 更改物体的轴心点

2.对象选择并旋转与复制专业技能案例练习

案例实践——吊扇练习。吊扇如图2.4.4所示。

步骤1：先创建切角长方体，赋予环境并弯曲，接着创建圆柱体复制，并修改大小、设为组，如图2.4.5所示。

图2.4.4　吊扇

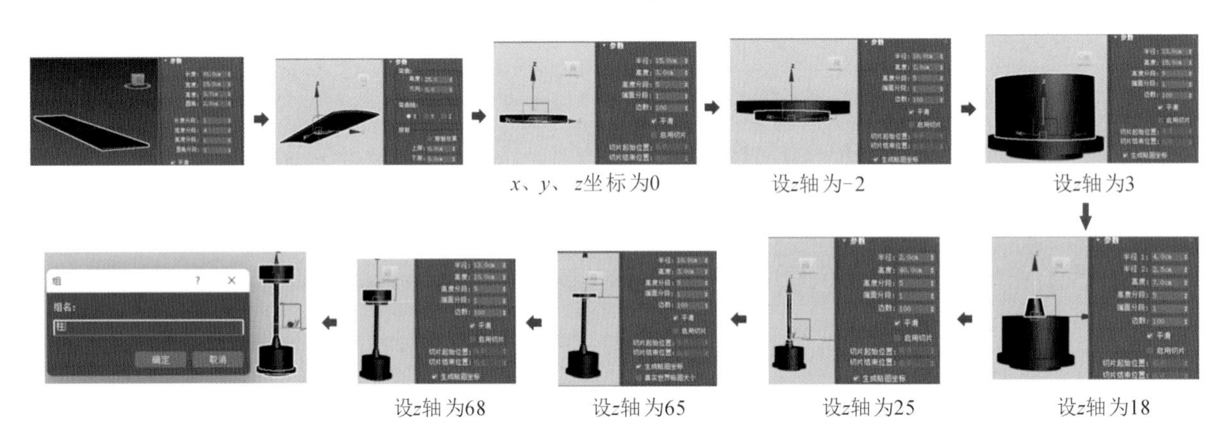

图2.4.5　吊扇实践操作步骤1

步骤2：开始旋转扇叶长方体，如图2.4.6所示。

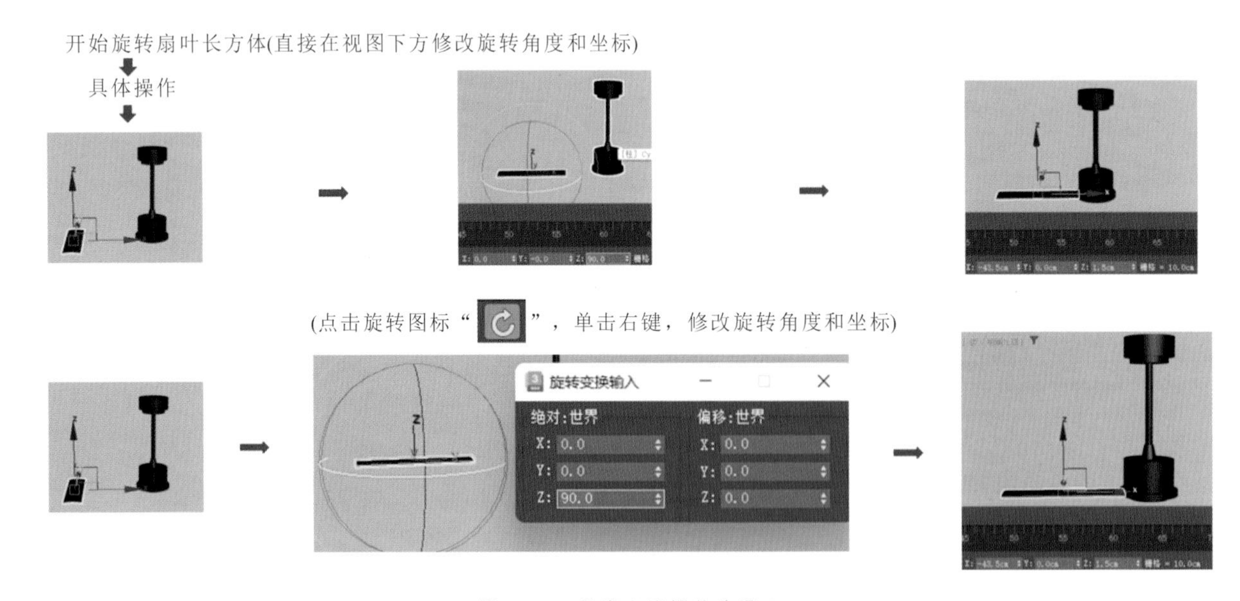

图2.4.6　吊扇实践操作步骤2

步骤3：① 旋转与复制，先选择层次""的"仅影响轴"，打开捕捉开关""和角度捕捉""，按住Shift键进行复制，如图2.4.7所示。

② 复制克隆(实例后的物体，改变一个物体大小，影响其他物体，有参数修改器)如图2.4.8所示。

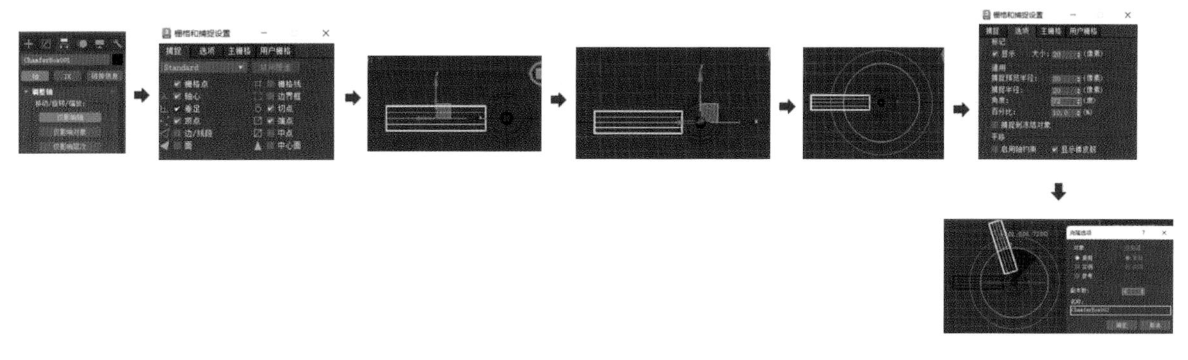

图2.4.7　吊扇实践操作步骤3

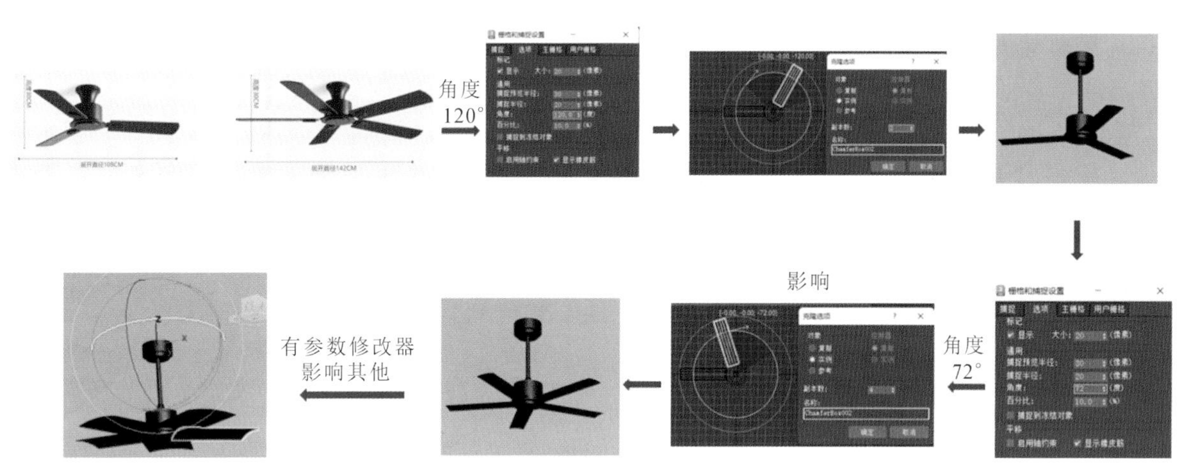

图2.4.8　吊扇练习复制克隆

—— 本阶段学习的主要思考 ——

(1) 对象选择旋转并复制的常用方法及步骤。

(2) 掌握操作中精确旋转及轴约束的技巧。

学习情境2.5　对象选择并缩放

学习目标

<table>
<tr><th>知识要点</th><th>知识目标</th><th>能力目标</th></tr>
<tr><td>对象选择并缩放的基本知识</td><td>掌握选择并缩放的基本操作技巧</td><td rowspan="2">在创建常用物体的基础上，可以通过选择并缩放工具修改其形体、造型</td></tr>
<tr><td>专业技能案例实践</td><td>掌握选择并均匀缩放、选择并非均匀缩放、选择并挤压的实际操作技能，以达到可以根据需要变换物体大小、高低、宽窄的目标</td></tr>
</table>

学习任务

（1）对象选择并缩放的一般知识。

（2）专业技能案例实践。

学习方法

对重点内容，以课堂讲授、实操为主。对一般内容，以自学为主，并在实际操作中加以深化和巩固。教学过程中宜采用多媒体教学或其他数字化教学手段以提高教学效果。

内容分析

1. 对象选择并缩放的基本操作常识

单击主工具栏中的选择并缩放图标（见图 2.5.1），或按快捷键 R 并移动鼠标对物体执行缩放操作。

提示：缩放有三种方式。

① 选择并均匀缩放：有整体缩放、两轴缩放、单轴缩放，体积会变。

② 选择并非均匀缩放：有整体缩放、两轴缩放、单轴缩放，体积会变。

③ 选择并挤压：没有整体缩放，有两轴缩放和单轴缩放，体积不会变。

2. 对象选择并缩放的专业技能案例实践

案例实践——高脚杯练习。高脚杯如图 2.5.2 所示。

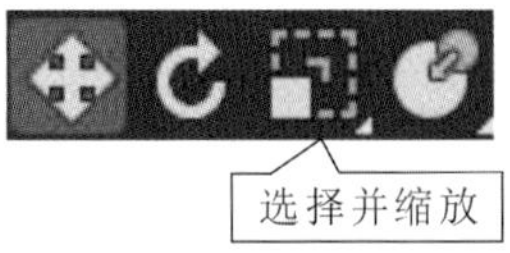

选择并缩放

图 2.5.1　对象选择并缩放

图 2.5.2　高脚杯

步骤 1：先创建 box，选择立方体，进行两次涡轮平滑，选择轴居中，对物体面+边面选择 FFD4*4*4 修改物体，点击旋转图标“”进行整体拉伸，转化为可编辑多边形，选择多边形并删掉，点击旋转，放置在 Z 轴，将波浪口改平，如图 2.5.3 所示。

步骤 2：选择点中的约束边，选择边中的连接进行加线，打开流连接，点击旋转图标“”进行整体拉伸，选择底部五个点进行连接，将底部点切角，将底部切角挤出并分离，点击移动，向下拉出杯柱，按 R 缩小底端杯柱，如图 2.5.4 所示。

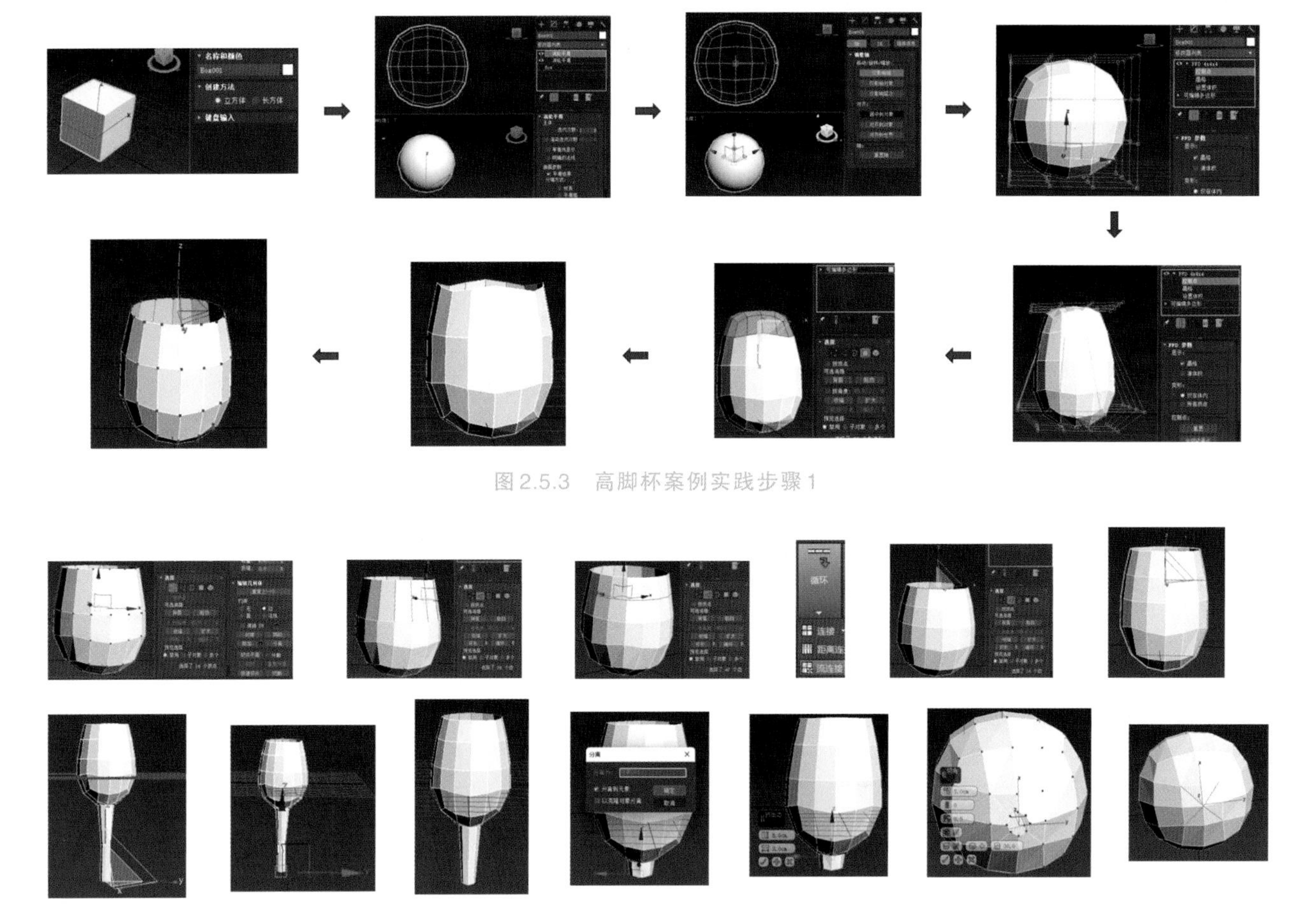

图2.5.3 高脚杯案例实践步骤1

图2.5.4 高脚杯案例实践步骤2

步骤3:按住Shift键依次下拉,按R键将底端放大,按住Ctrl键并转换为点,按R键拉齐底端,缩小柱中部并封口,整体调整大小,进行涡轮平滑,赋予材质和环境,如图2.5.5所示。

图2.5.5 高脚杯案例实践步骤3

步骤4:点击选择并均匀缩放图标“ ”(体积会变),如图2.5.6所示。也可以单击鼠标右键,在弹出的对话框中输入数值进行缩放,如图2.5.7所示。

步骤5:点击选择并非均匀缩放图标“ ”(它与整体缩放、两轴缩放、单体缩放与均匀缩放方法效果一样,体积会变),如图2.5.8所示。

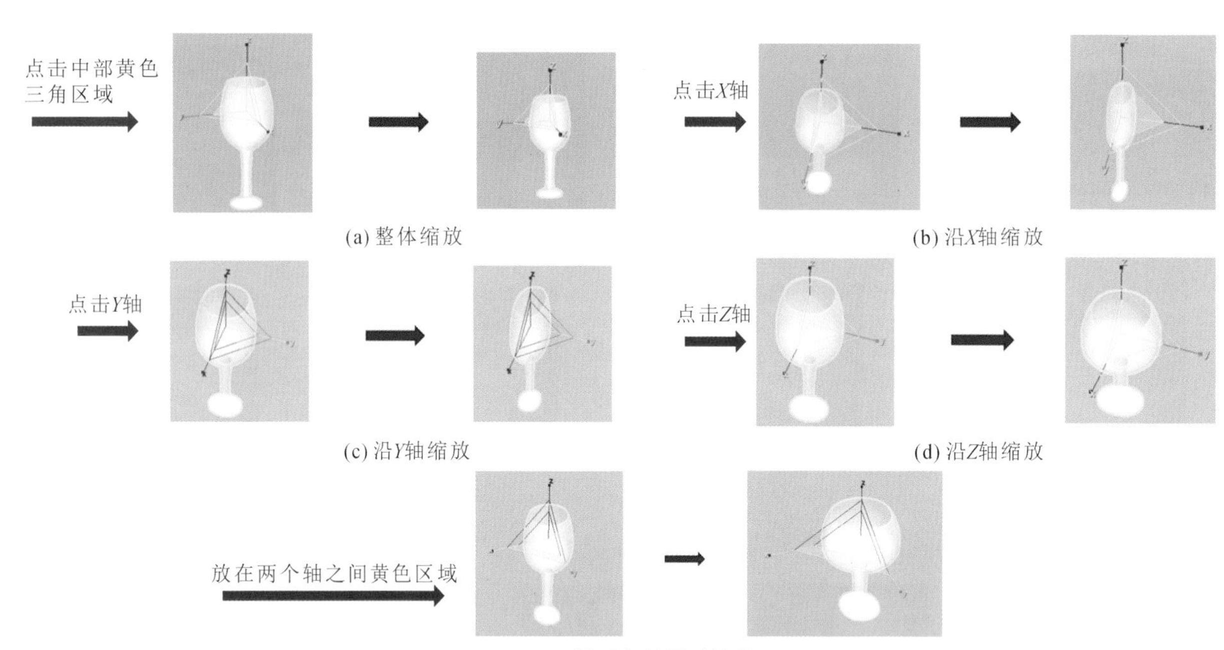

图2.5.6　高脚杯案例实践步骤4(点击选择并均匀缩放)

图2.5.7　高脚杯案例实践步骤4(通过输入数值进行精确缩放)

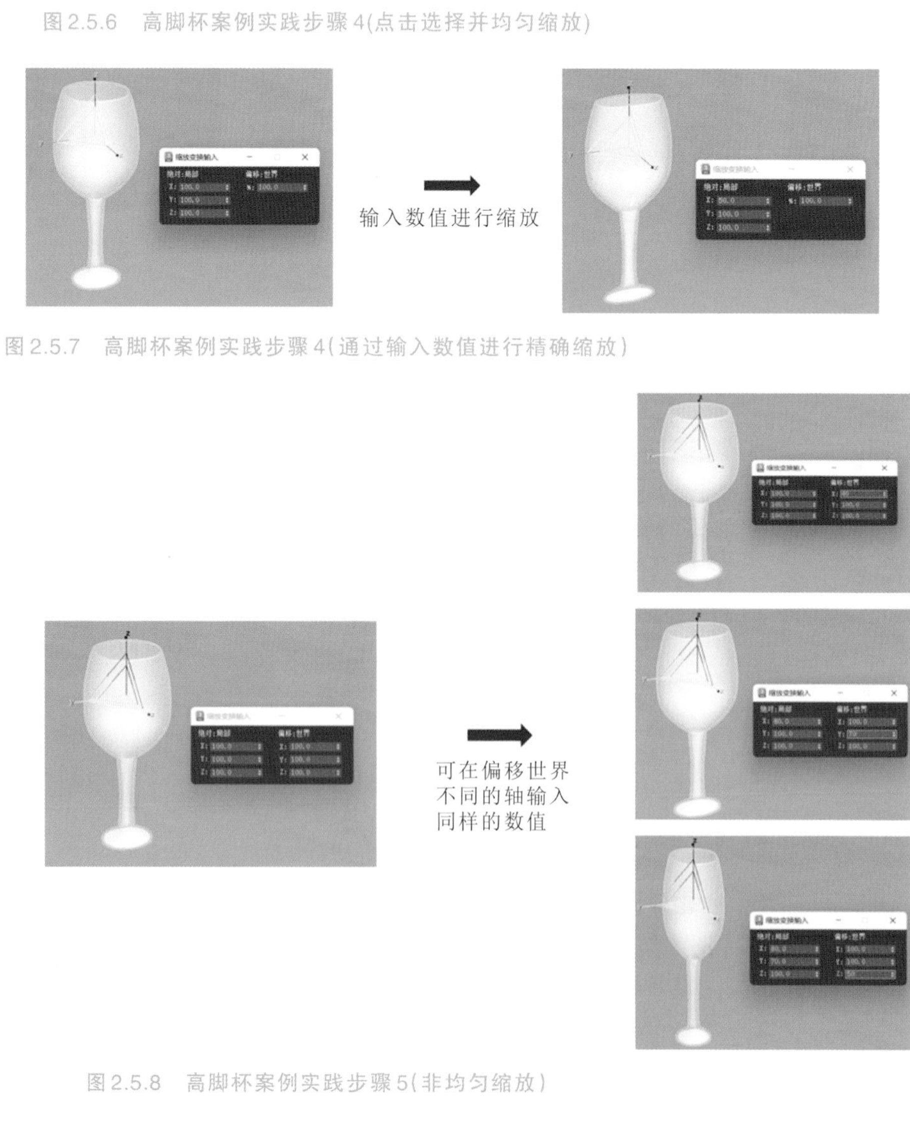
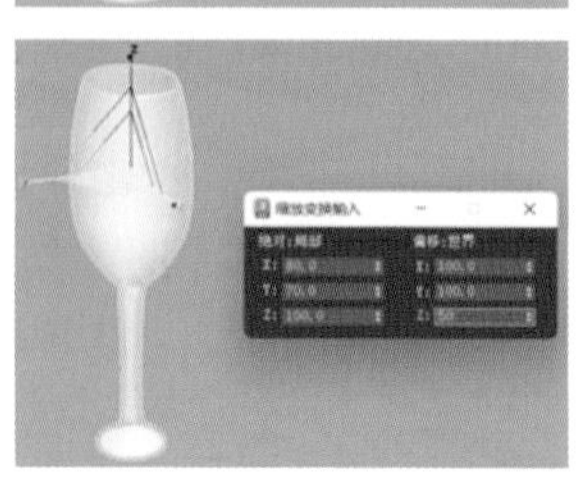

图2.5.8　高脚杯案例实践步骤5(非均匀缩放)

步骤6:点击选择并挤压图标“ ”(体积不变),如图2.5.9所示。

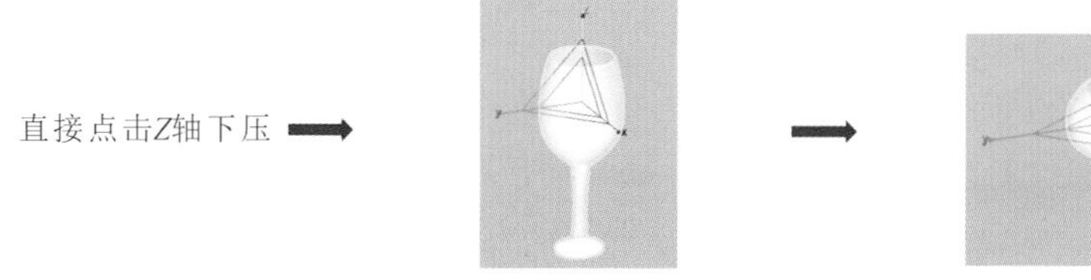

图2.5.9　高脚杯案例实践步骤5(选择并挤压)

—— 本阶段学习的主要思考 ——

(1) 掌握选择并缩放的常用方法及步骤。

(2) 理解三种不同类型的缩放方式可以制作出不同的效果。

学习情境2.6　对象捕捉、对齐与放置

学习目标

知识要点	知识目标	能力目标
对象捕捉、对齐与放置的基本知识	掌握基本操作方法与技巧	在改变轴心点位置的过程中运用捕捉工具
专业技能操作基础与案例实践	了解智能捕捉、对齐、放置物体平面和改变轴心点位置的方法	

学习任务

(1) 对象捕捉、对齐与放置的一般知识。

(2) 专业技能操作基础与案例实践。

学习方法

对重点内容,以课堂讲授、实操为主。对一般内容,以自学为主,并在实际操作中加以深化和巩固。教学过程中宜采用多媒体教学或其他数字化教学手段以提高教学效果。

内容分析

1.对象捕捉、对齐与放置的基本操作常识

(1) 对象捕捉。

对象捕捉设置如图2.6.1所示。

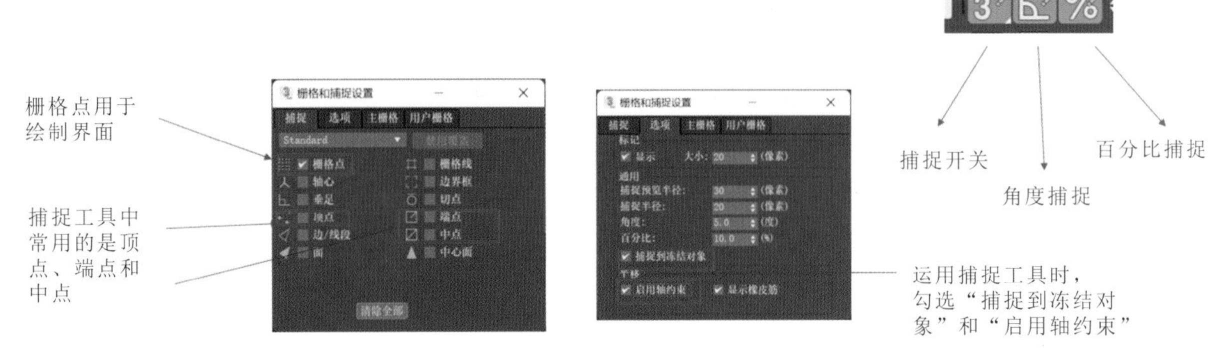

图2.6.1 对象捕捉设置

（2）对象对齐。

在对对象进行位置操作时，要制作一个教室桌椅，如何将座椅对齐是一个比较麻烦的工作，不可能仅仅通过目测就能将桌椅排放在一条直线上，这时我们可以使用主工具栏的“对齐”来对齐对象，对象对齐对话框如图2.6.2所示。

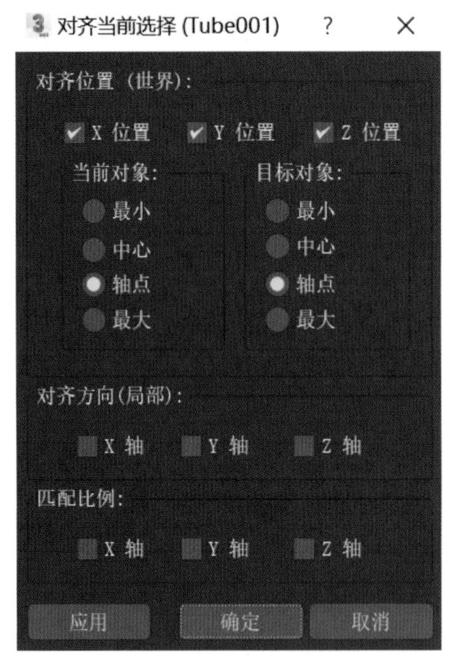

图2.6.2 对象对齐对话框

（3）对象放置。

提示：对挤出边的操作，有兴趣的同学可以提前了解、尝试布尔运算。

2.对象捕捉、对齐与放置技能操作基础与案例操作实践

（1）对象捕捉技能操作基础。

操作1：随机创建两个矩形，在右边显示栏中点击图形，在样条线中选择矩形，然后在绘图区随意绘制。在菜单栏中点击捕捉工具，鼠标右击捕捉开关，在捕捉中勾选“顶点”“端点”和“中心”；在选项中勾选“捕捉

到冻结对象"和"启用轴约束"，在绘图区移动小矩形，会发现小矩形精准捕捉在大矩形一边，如图2.6.3所示。

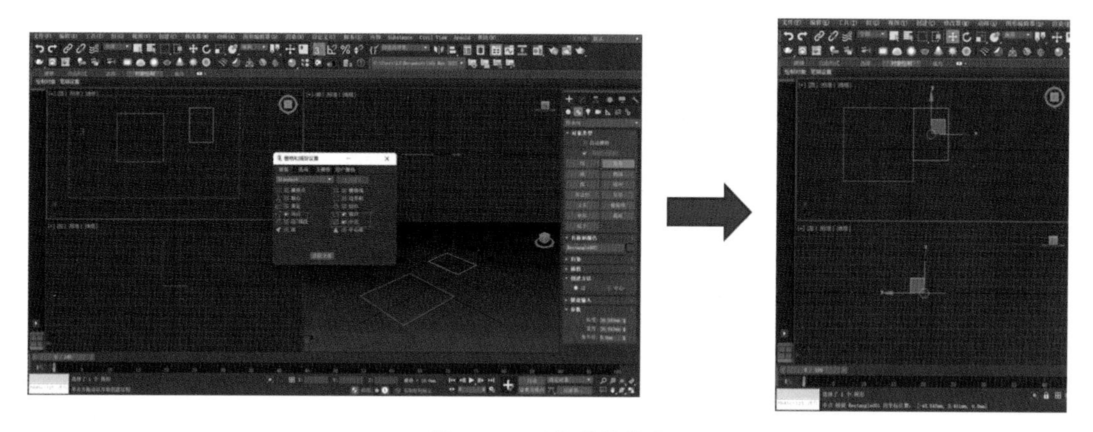

图2.6.3　对象捕捉操作

操作2：随机绘制三个矩形，运用角度捕捉；在绘图区域绘制三个矩形，点击菜单栏捕捉角度按钮会出现对话框，进行角度捕捉，鼠标右击捕捉工具，在选项中规定角度为10°，点击"选择并旋转工具"，对第一个矩形进行旋转，如图2.6.4所示。

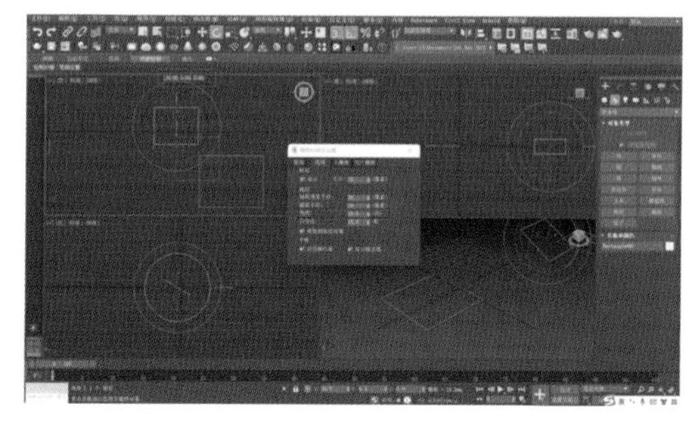

(a) 第一种方法

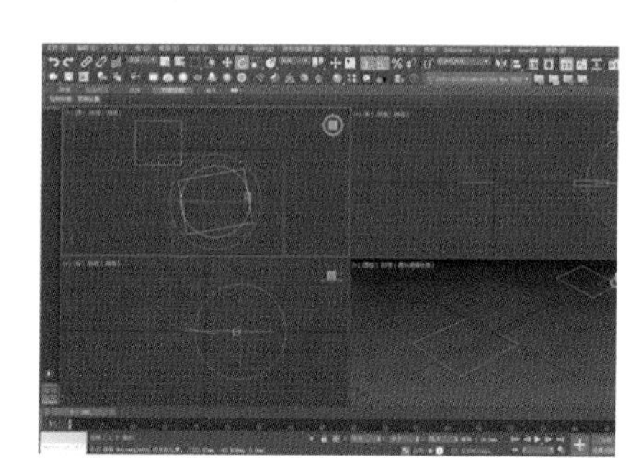

(b) 第二种方法

图2.6.4　绘制三个矩形，运用角度捕捉

操作3：绘制圆形，运用百分比捕捉。随意绘制出两个圆形，在菜单栏中点击"百分比"，鼠标右击，在选项中规定百分比为20%，在菜单栏中点击"选择并均匀缩放"，对其中一个圆形进行操作，会发现这个圆形有一定的变化，如图2.6.5所示。

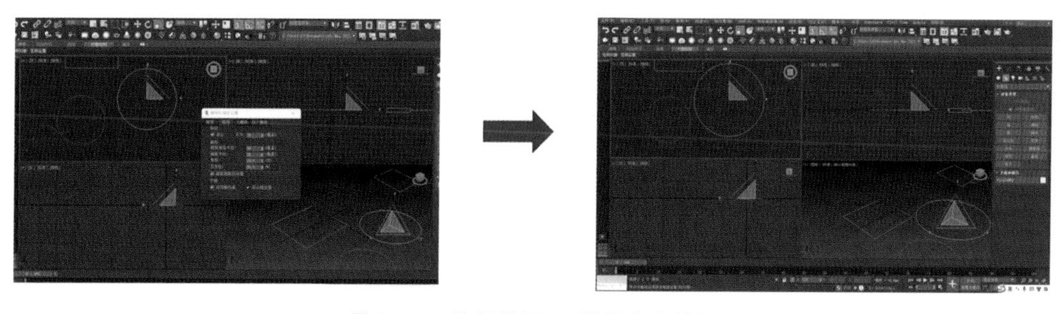

图2.6.5　绘制圆形，运用百分比捕捉

（2）对齐专业技能案例实践。

对齐专业技能案例实践示例图如图2.6.6所示。

图2.6.6　对齐专业技能案例实践示例图

① 创建圆锥体，绘制出垃圾桶外筒和内胆，运用对齐工具；创建一个圆锥体并在复制后更改大小，选择对齐并改动Z轴坐标，运用布尔挖空，如图2.6.7所示。

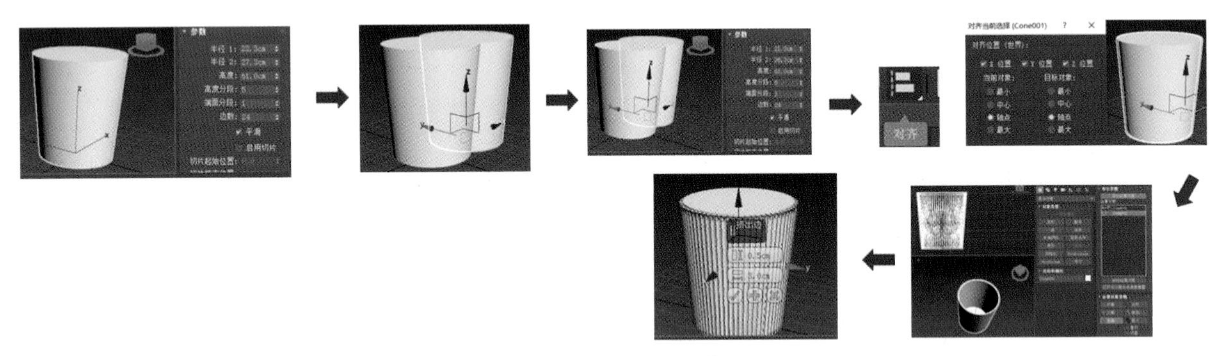

图2.6.7　绘制垃圾桶的步骤1

② 创建一个管状体，绘制出垃圾桶上框，运用对齐工具；创建管状体，赋予颜色，运用对齐，再改动Z轴坐标，渲染环境，如图2.6.8所示。

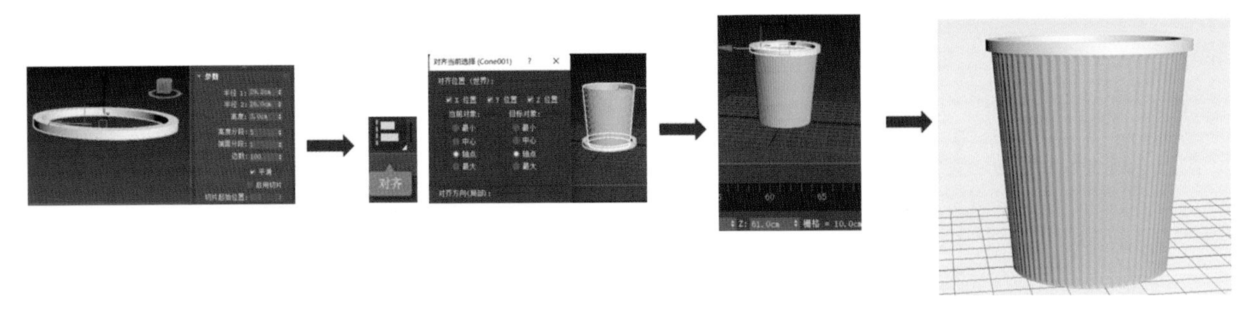

图2.6.8　绘制垃圾桶的步骤2

（3）放置专业技能案例练习。

操作1：首先随机创建一个长方体和一个茶壶，将茶壶放置在长方体上（智能对齐物体平面）；随机创建两个物体，选中茶壶，在工具栏中点击“”（选择并放置），把茶壶放在长方体上，如图2.6.9所示。

操作2：随机创建一个球体，改变轴心位置，把球体放在长方体上（改变轴心点的位置：层次—轴—仅影响轴）。

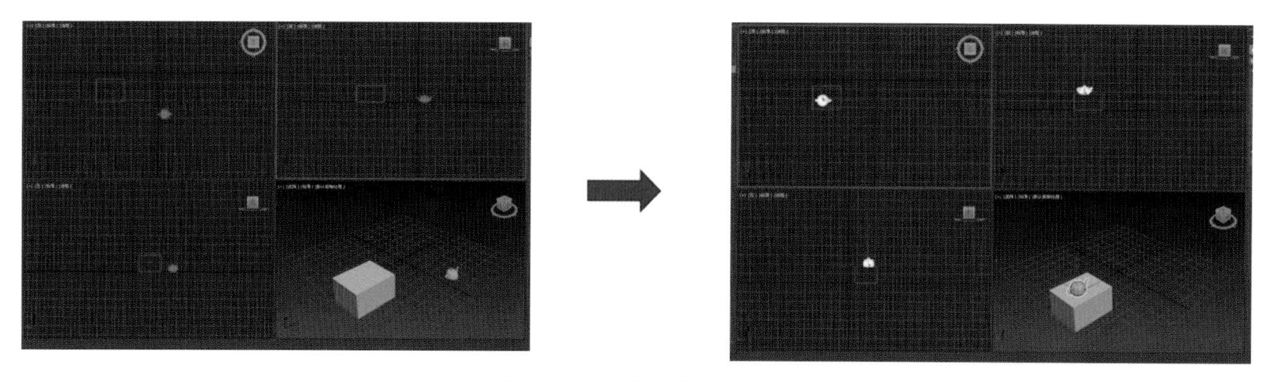

图2.6.9 放置的操作步骤1

随机创建球体，在右边显示栏的层次“ ”中点击轴和调整轴中的仅影响轴。移动球体的轴心，长按鼠标左键选择2.5捕捉“ ”，在捕捉中检查是否选中中点、顶点、端点，选项中启用轴约束，改变轴心后，取消仅影响轴，关闭捕捉，点击“ ”，把物体放置在长方体上，如图2.6.10～图2.6.12所示。

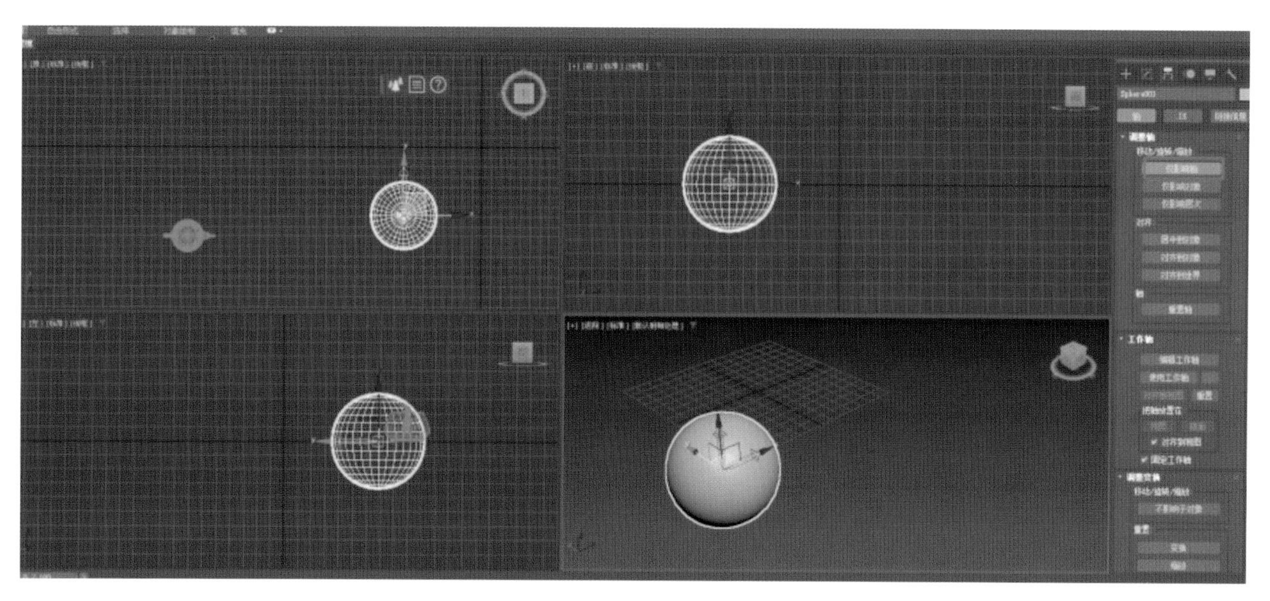

图2.6.10 放置的操作步骤2(对轴约束操作)

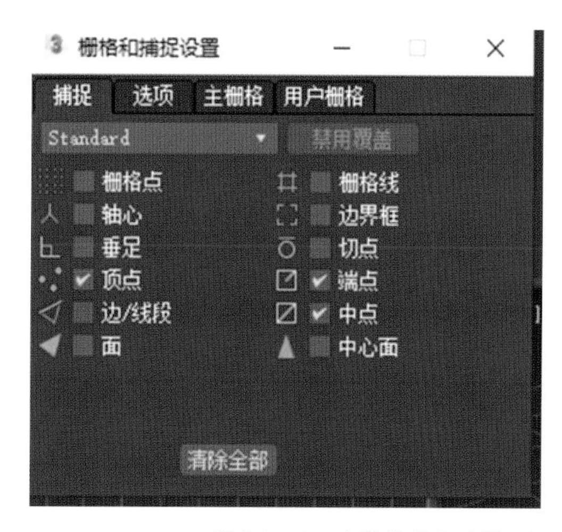

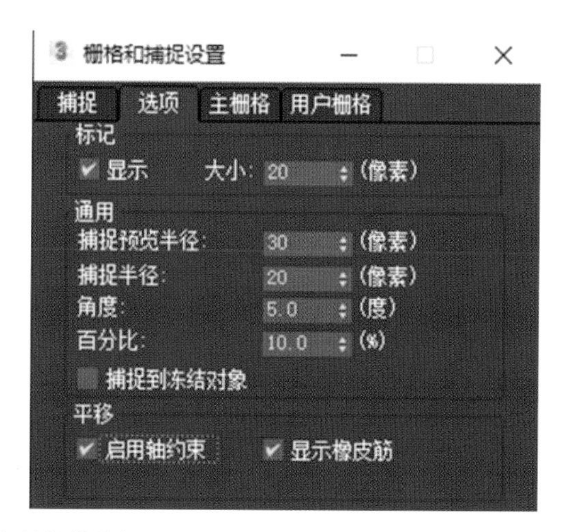

图2.6.11 放置的操作步骤2(对点捕捉操作)

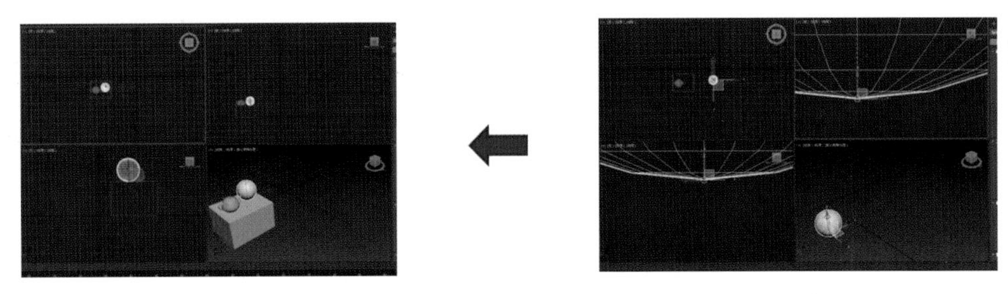

图2.6.12 放置操作实践的最终效果

—— 本阶段学习的主要思考 ——

(1) 对象捕捉、对齐与放置的常用方法及步骤。

(2) 对象捕捉、对齐与放置操作的注意事项。

学习情境2.7 对象镜像与间隔

学习目标

知识要点	知识目标	能力目标
对象镜像与间隔基本知识	镜像:沿不同轴线对称的物体创建方法与技巧。 间隔:通过拾取点或拾取路径均匀分布计数出的对象	首先通过间隔工具对多个茶壶有序、有变化地复制,再将茶壶均匀且有变化地复制、旋转,观察壶嘴的变化
专业技能案例实践	熟练创建对称和有规律的模型	

学习任务

(1) 对象镜像与间隔的一般知识。

(2) 专业技能案例实践。

学习方法

对重点内容,以课堂讲授、实操为主。对一般内容,以自学为主,并在实际操作中加以深化和巩固。教学过程中宜采用多媒体教学或其他数字化教学手段以提高教学效果。

内容分析

1.对象镜像与间隔的基本操作常识

1) 对象镜像

通过操作界面可知有两种镜像模式,图2.7.1可看出两者区别:几何体模式中无实例、无IK限制。

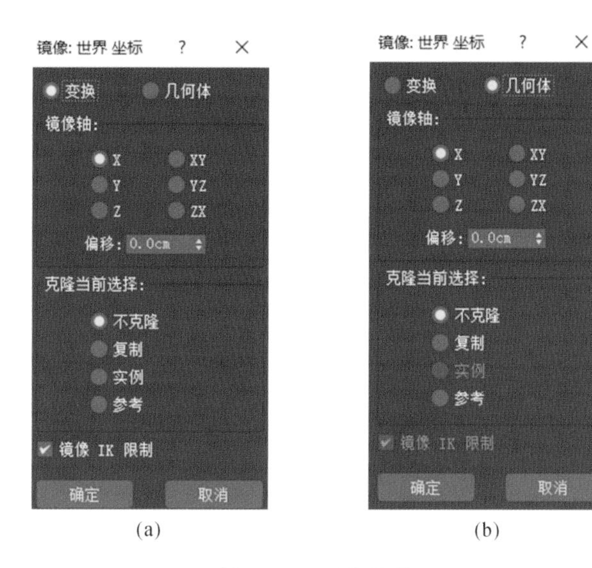

(a)　　(b)

图 2.7.1　对象镜像

2）对象间隔

在菜单栏“工具”下拉菜单中选择“对齐”，选择“间隔工具”（快捷键 Shift+I）。

对象间隔的作用：可以使对象沿一条线或两点产生阵列。对象间隔如图 2.7.2 所示。

（1）在上方菜单栏中选择“工具”，点击下方的“对齐”，选择“间隔工具”，或使用 Shift+I 快捷键弹出间隔工具对话框。

（2）在间隔工具栏中，可以选择“拾取路径”和“拾取点”两种拾取方式。

（3）在参数中可以设置计数和间距，以及始端偏移和末端偏移的数量。

（4）在前后关系中可以设置边、中心和跟随，在对象类型中可以设置复制、实例和参考。

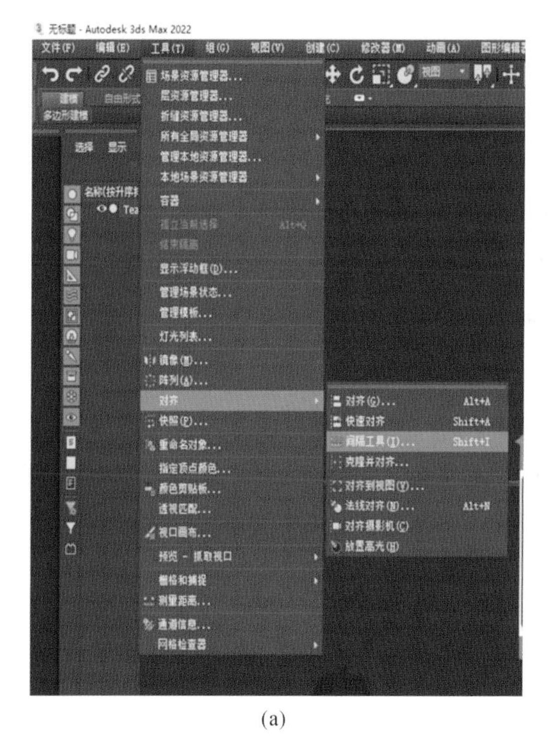

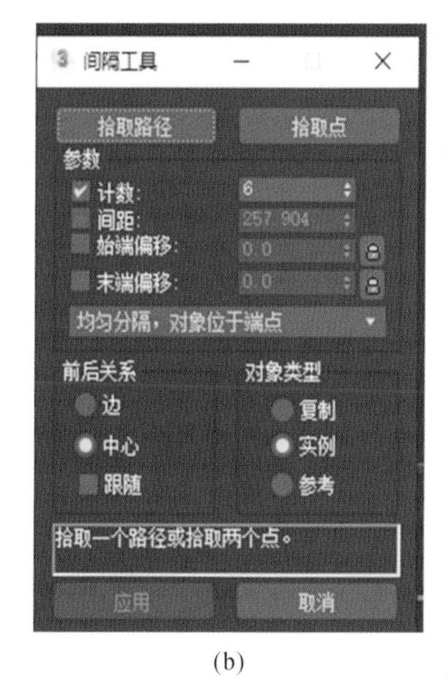

(a)　　(b)

图 2.7.2　对象间隔

2.对象镜像与间隔专业技能案例练习

1）对象镜像案例练习

镜像操作案例示例图如图2.7.3所示。

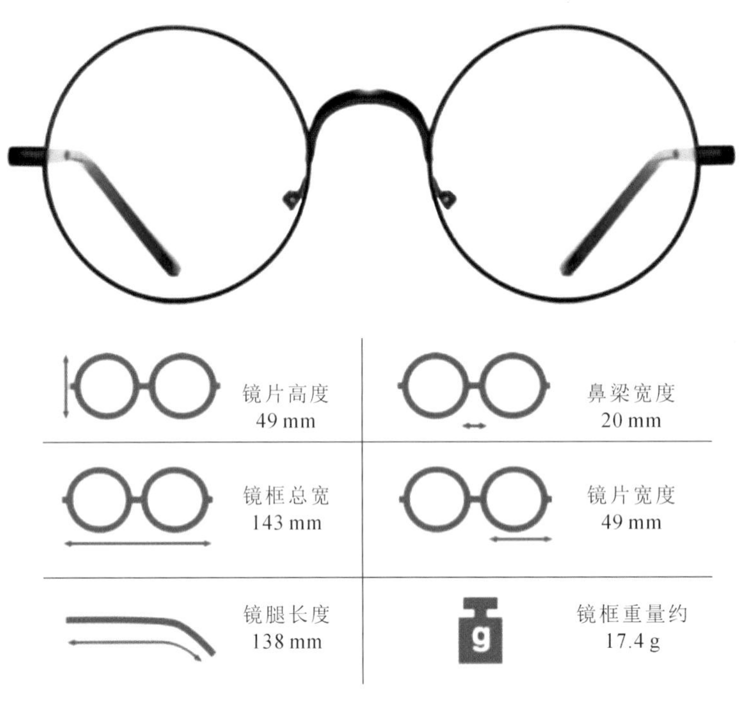

图2.7.3 镜像操作案例示例图

步骤1：先创建圆柱体并赋予材质、环境，再创建切角圆柱体（布尔挖空）、切角长方体（可编辑多边形、涡轮平滑），然后创建圆环（启用切片），创建组，如图2.7.4所示。

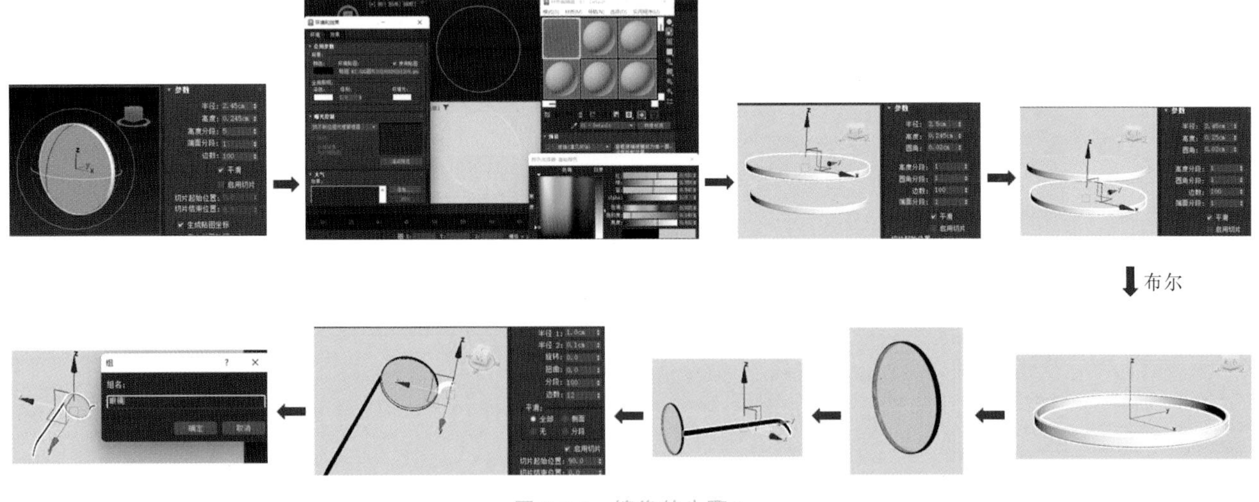

图2.7.4 镜像的步骤1

步骤2：开始镜像。

三个三个地组合轴像需要选择正确，不同的轴的镜像效果如图2.7.5所示。

步骤3：镜像不克隆、复制、实例、参考的区别与选择，如图2.7.6所示。

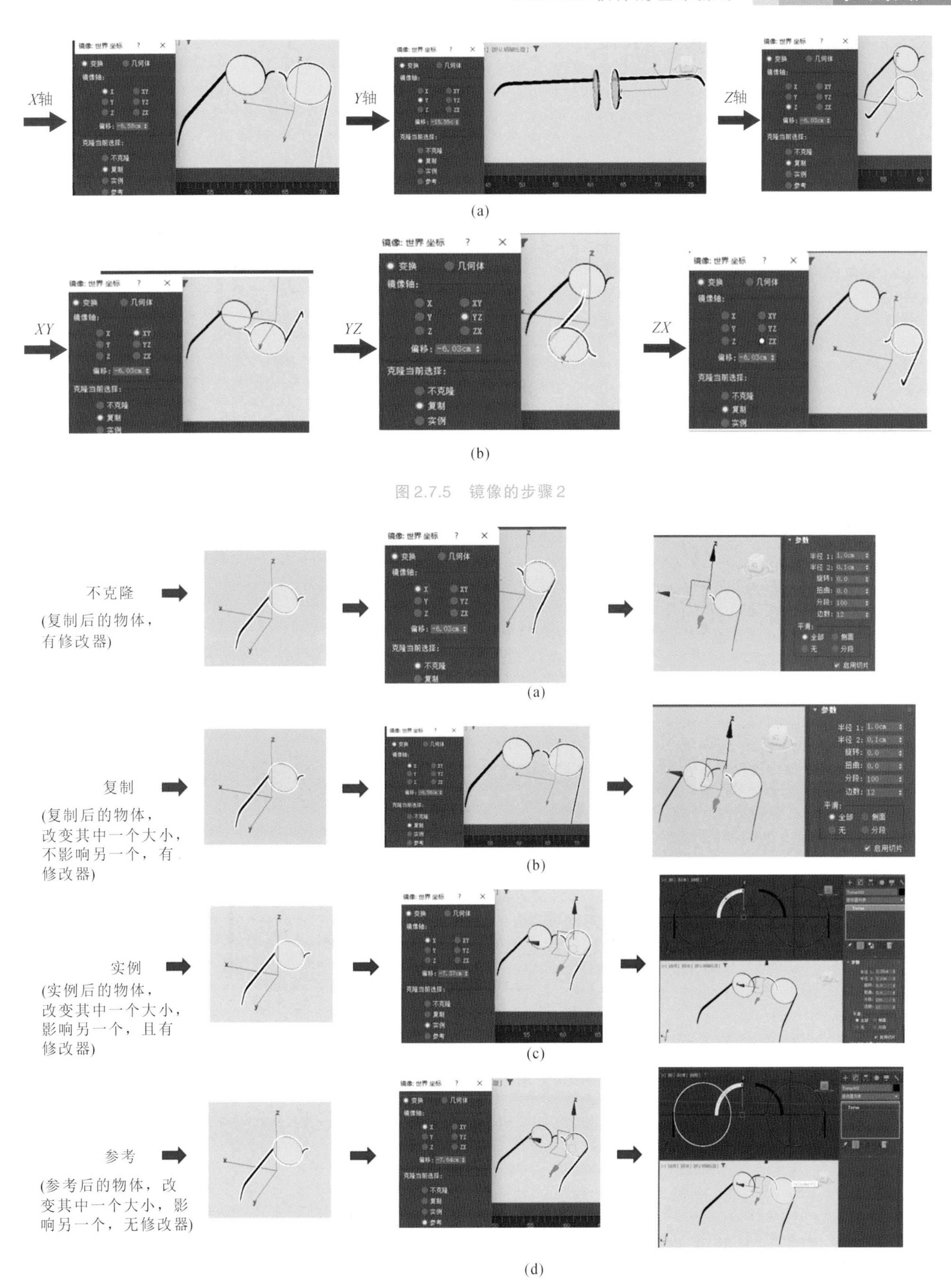

图2.7.5 镜像的步骤2

图2.7.6 镜像的步骤3

2）对象间隔专业技能案例练习

（1）使用拾取点创建。

① 在菜单栏中找到工具—对齐—间隔工具，点击拾取点，选择要间隔的对象，设置计数为5，如图2.7.7（a）所示。

② 再次点击拾取点，在茶壶前拉出一条线，茶壶就均匀分布为5个，点击应用，如图2.7.7（b）所示。

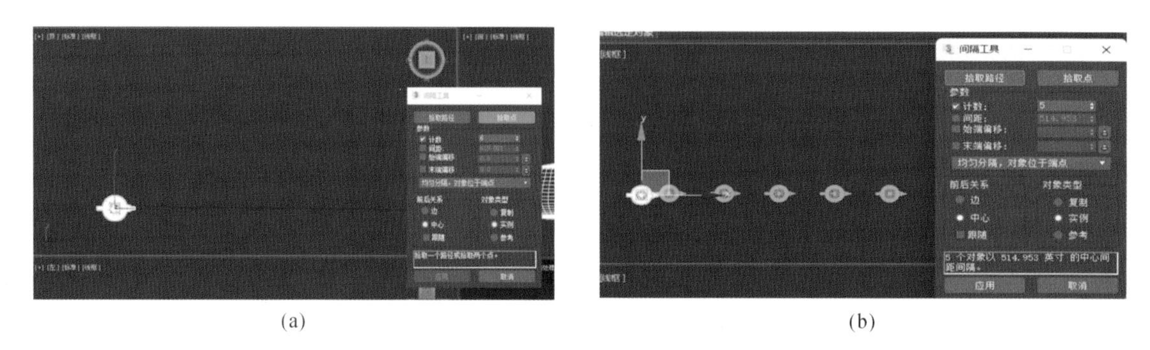

(a)　　(b)

图2.7.7　对象间隔的步骤1

（2）使用拾取路径创建，如图2.7.8所示。

① 使用二维线型，点击圆，拉出一个圆形，再在标准基本体中选择球体，在圆上拉出小球。

② 在菜单栏中找到工具—对齐—间隔工具，点击拾取路径，选择小球，设置计数为30。

③ 再次点击拾取路径，拾取圆为路径，球体就均匀地分布在圆上了，再次点击应用。

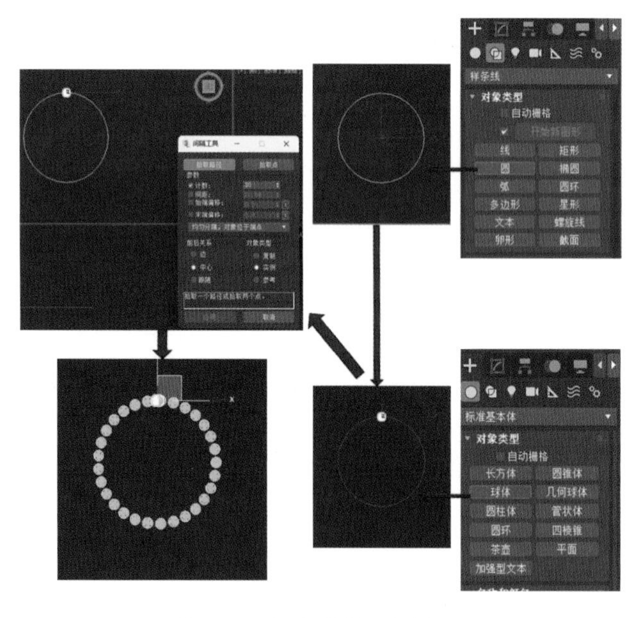

图2.7.8　对象间隔的步骤2

—— 本阶段学习的主要思考 ——

（1）对象镜像与间隔常用方法及步骤。

（2）如果模型可以达到此效果，可以灵活使用本操作。

学习情境2.8 对象阵列与组的管理

学习目标

知识要点	知识目标	能力目标
对象阵列与组的管理的基本知识	掌握对象阵列与组的管理的基本方法和技巧	能分析出模型可以运用阵列与组的管理的情况，并可以进行操作实现
专业技能案例实践自主拓展与步骤提示	能够熟练运用对象阵列与组的管理进行模型造型创建	

学习任务

（1）对象阵列与组的管理的一般知识。

（2）专业技能案例实践自主拓展与步骤提示。

学习方法

对重点内容，以课堂讲授、实操为主。对一般内容，以自学为主，并在实际操作中加以深化和巩固。教学过程中宜采用多媒体教学或其他数字化教学手段以提高教学效果。

内容分析

1.对象阵列与组的管理的基本操作常识

1）对象阵列

阵列可以协助快速创建控制于一维、二维、三维空间上的复制对象，如图2.8.1、图2.8.2所示。

图2.8.1 对象阵列的对话框获取方式

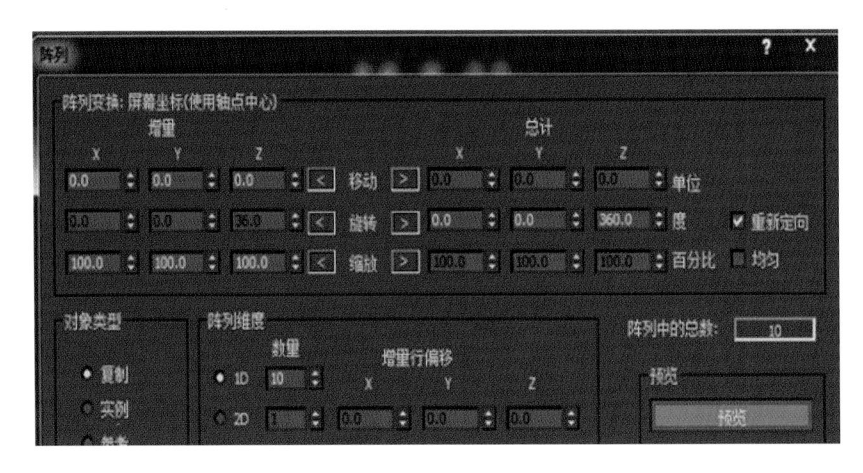

图2.8.2　对象阵列的对话框

2）组的管理

3ds Max中的物体多了之后就需要设置组命令，以方便对物体进行管理，这对绘图速度有很大的改进。组的各种常规操作有成组、解组、打开、关闭、附加、分离、炸开等，如图2.8.3所示。

2. 对象阵列与组的管理的技能操作实践自主拓展与步骤提示

1）多维度球体的阵列

对象阵列与组的管理的多维球体创建示例图如图2.8.4所示。

图2.8.3　菜单栏中组的操作

图2.8.4　对象阵列与组的管理的多维球体创建示例图

步骤1：创建一个球体。修改到合适的尺寸，将球体修改成恰当的颜色后点击Esc键退回。

步骤2：在菜单栏的工具栏中找到“阵列”后，分别在*X*、*Y*、*Z*轴上进行阵列的选择。点击预览，可以观察到球体阵列后的形状。

步骤3：将阵列中任何一个球体的颜色改变。点击改变颜色的球体，然后点击Ctrl+I键，反选其他球体。在菜单栏的组中创建组。点击组中的任一球体进行移动，可以发现，同组的其他球体会集体移动，其他没有成组的球体不受影响。

步骤4：点击菜单栏中的组进行解组，每个球体就成独立体了。

步骤5：可以对单个物体进行修改颜色或其他操作。

提示：

① 如果物体是创建状态而不是被选择状态，则不点击Esc键退回，选择物体无法进行阵列；

② 改变处于组中一个球体的大小，其他球体的大小也会被改变。

2）人物队列的阵列

对象阵列与组的管理的人物队列参考示例图如图2.8.5所示。

步骤1：创建蓝色人物。

步骤2：创建橘色人物。

步骤3：通过移动、缩放进行阵列。

步骤4：首个人物位置调整。

步骤5：两组人物各自成组。

步骤6：镜像出倒影效果。

3）图标的阵列

对象阵列与组的管理的图标制作参考示例图如图2.8.6所示。

图2.8.5 对象阵列与组的管理的人物队列参考示例图

图2.8.6 对象阵列与组的管理的图标制作参考示例图

步骤1：创建管状体。

步骤2：阵列管状体（通过移动、缩放阵列）。

步骤3：创建长方体并通过旋转工具调整其角度位置。

步骤4：阵列长方体（通过旋转阵列）。

—— 本阶段学习的主要思考 ——

（1）对象选择的常用方法及步骤。

（2）对象选择的操作注意事项。

学习领域三

常用三维建模

□　学习领域概述

三维建模是最直接、最初级、最简单、最主要、最常用、最容易操作的建模方法，不仅可以创建最基础的造型，还可以通过强大的编辑、修改功能进行相对复杂的形体调整。

学习情境3.1　标准基本体的创建

学习目标

知识要点	知识目标	能力目标
标准基本体的创建的基本知识	掌握标准基本体的常用命令使用方法	以理论与实例相结合的方式，掌握基本建模方法，创建形体简单的模型
专业技能案例实践	理解常用命令的实际应用技巧	

学习任务

（1）一般知识。

（2）专业技能案例实践。

学习方法

对重点内容，以课堂讲授、实操为主。对一般内容，以自学为主，并在实际操作中加以深化和巩固。教学过程中宜采用多媒体教学或其他数字化教学手段以提高教学效果。

内容分析

1.一般知识

讲解具体内容之前先强调设置系统单位。长度单位是人们衡量对象大小的标准。在使用3ds Max工作之前，设定好系统的单位是至关重要的。

在菜单栏中执行“自定义”“单位设置”命令，在弹出的“单位设置”对话框中单击“系统单位设置”按钮，设置“系统单位比例”为“厘米”，单击“确定”，然后设置“显示单位比例”中的“公制”为“厘米”，最后单击“确定”按钮即可，如图3.1.1所示。

1）长方体

长方体是最常用的效果图制作基本形体，主要用于创建地面、墙面模型等，也可以通过编辑命令在原始形状下生成具艺术造型的柱子、桌子、板凳等。

（1）在创建面板右侧点击“创建”“几何体”“对象类型”“长方体”，将“长方体”激活，就可在视图区创建长方体，如图3.1.2所示。

提示：

“创建方法”中可根据具体模型创建需要选择立方体或长方体，也可以配合Ctrl键创建以正方形为底面的长方体。

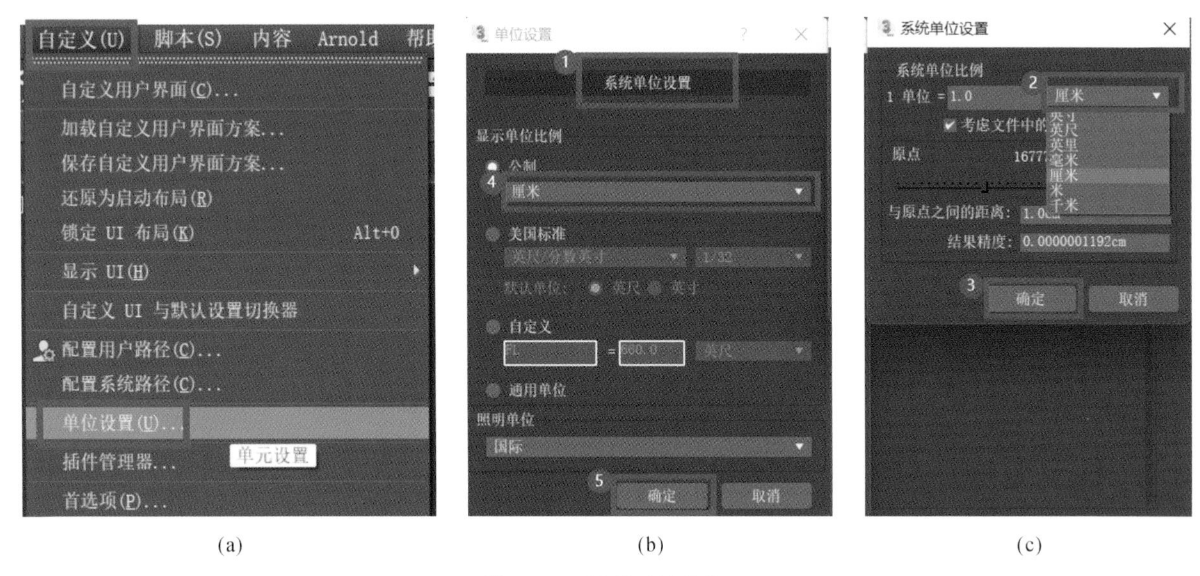

图 3.1.1　设置系统单位

（2）精确创建具体参数的长方体。

① 选择对象类型下的长方体，按住鼠标左键在任意视图区进行鼠标拖曳后释放鼠标，即可创建出随意长、宽的长方形，再向上或向下拉出高度，生成没有具体参数要求的长方体。

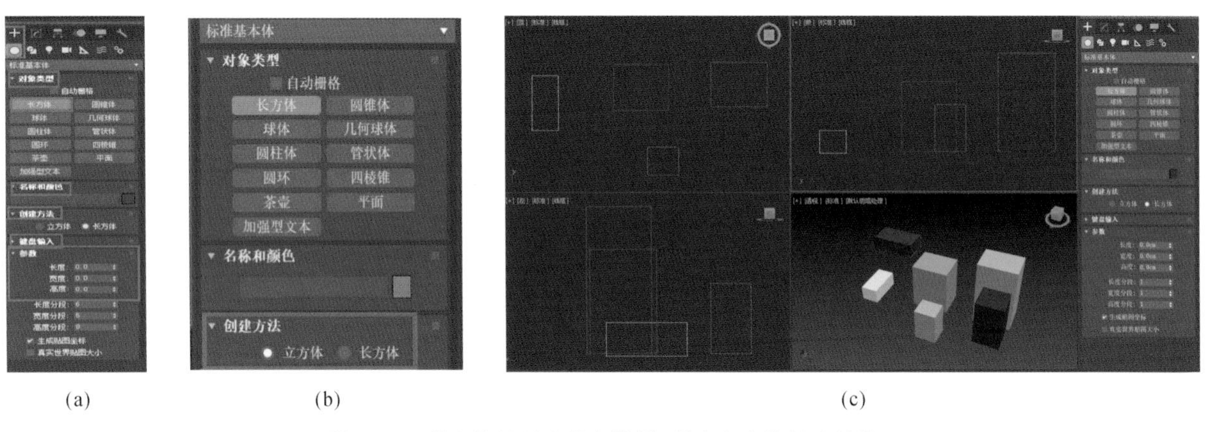

图 3.1.2　长方体的创建基本面板、创建方法及创建效果

如果需调整参数，可在右侧“参数”卷展栏中修改长方体的长度、宽度和高度，也可单击右侧“修改”按钮进行相关数值及分段参数修改。

提示：在“参数”卷展栏可以修改模型的长度分段、宽度分段和高度分段，设置的分段最小为 1，最大为 200。分段越多，占用系统资源越大，非必要不用分太多段。长方体参数的修改如图 3.1.3 所示。

② 点击“键盘输入”，输入具体的数值后生成精确长方体。长方体的精确创建过程及创建方式对比如图 3.1.4 所示。

在创建时可根据具体情况在“创建方法”下选择“立方体”或“长方体”，也可输入长方体的精确位置及尺寸的数值，然后点击“创建”按键进行建模。

（3）通过“名称和颜色”菜单可对长方体的名称和颜色进行修改。

在“名称和颜色”菜单下可以修改模型的名称，点击颜色方块，在弹出的“对象颜色”窗口中可以修改模型的颜色，勾选“分配随机颜色”，在创建模型时颜色会随机分配。取消勾选“分配随机颜色”后，创建模型的颜色均一样，如图3.1.5所示。

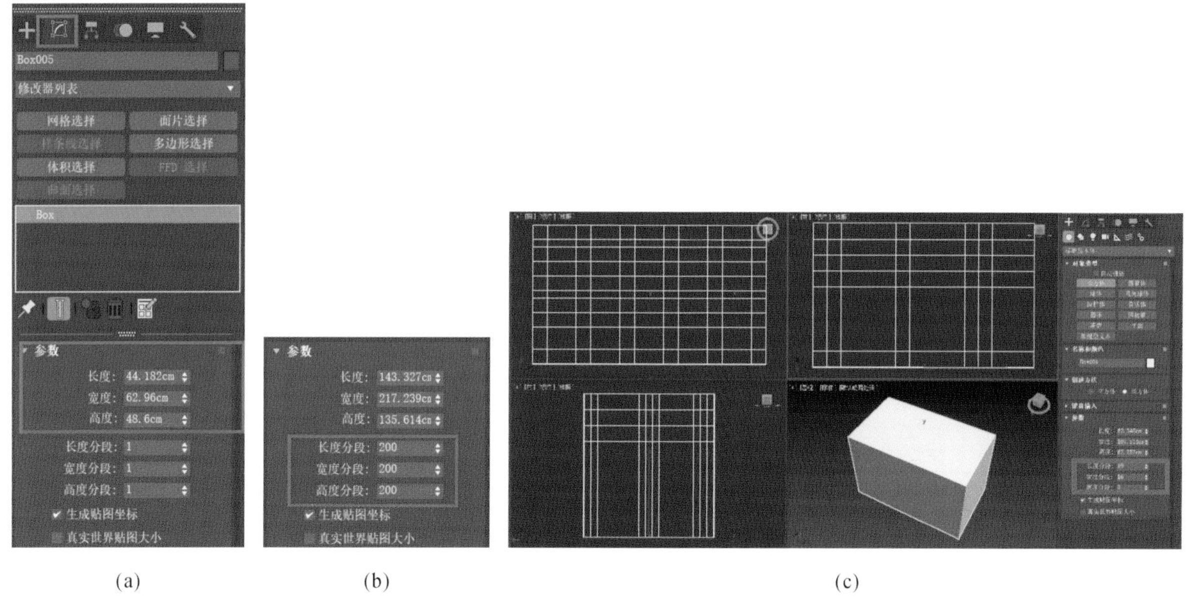

(a) (b) (c)

图3.1.3 长方体参数的修改

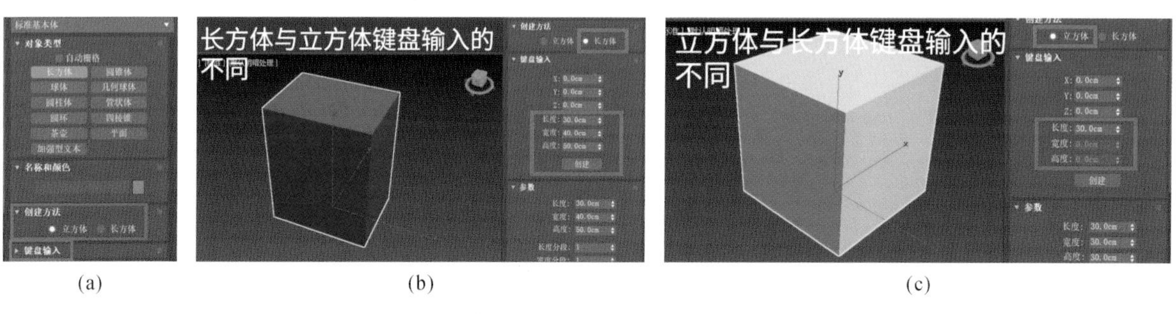

(a) (b) (c)

图3.1.4 长方体的精确创建过程及创建方式对比

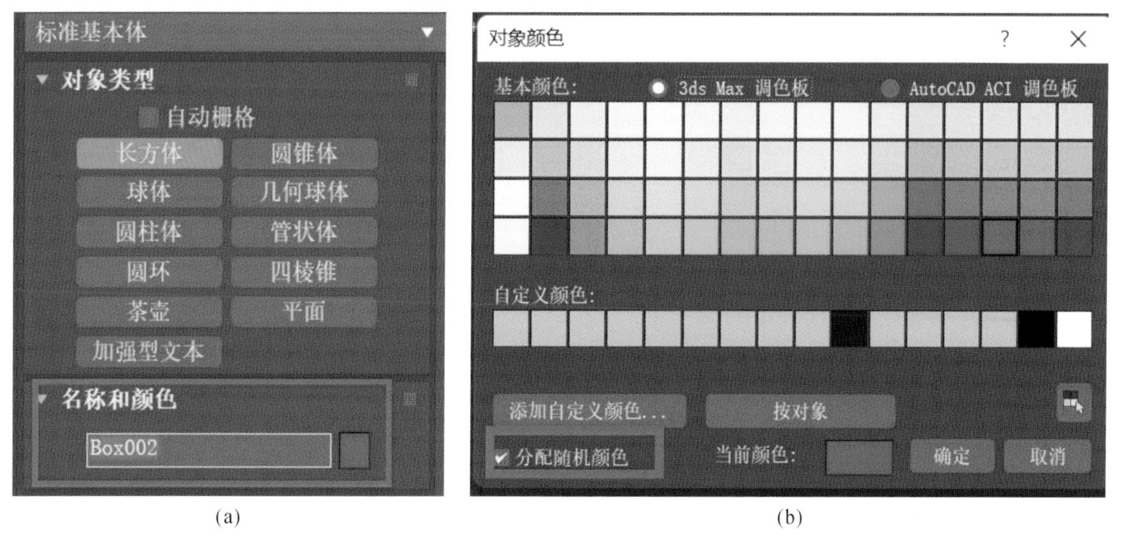

(a) (b)

图3.1.5 长方体的颜色和名称的修改

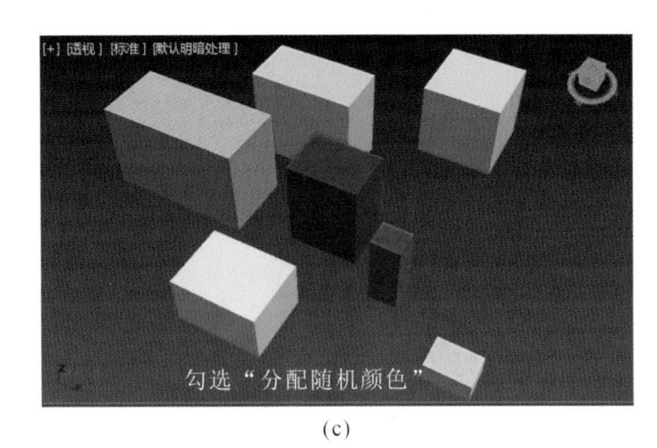

(c)

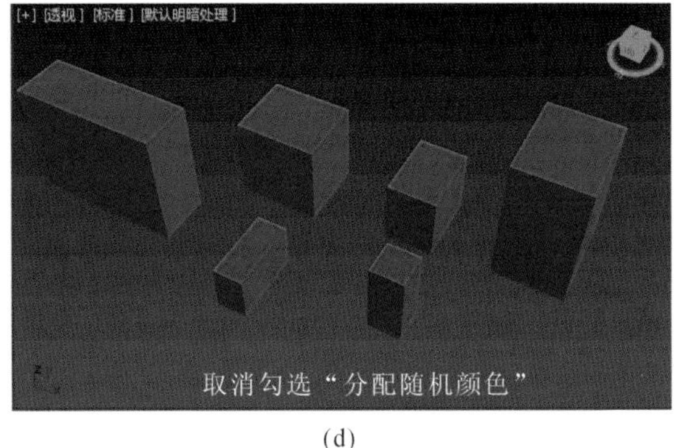

(d)

续图 3.1.5

2）圆柱体

主要用于创建圆柱体、棱柱体、局部圆柱体或局部棱柱体。

提示：高度为0时产生圆形或扇平面。

（1）圆柱体的创建。

在右侧创建面板点击“创建”“几何体”“对象类型”“圆柱体”，将“圆柱体”激活，就可在视图区随机创建圆柱体。

提示：在“创建方法”下可根据具体情况选择边或中心创建，如图3.1.6所示。

(a)

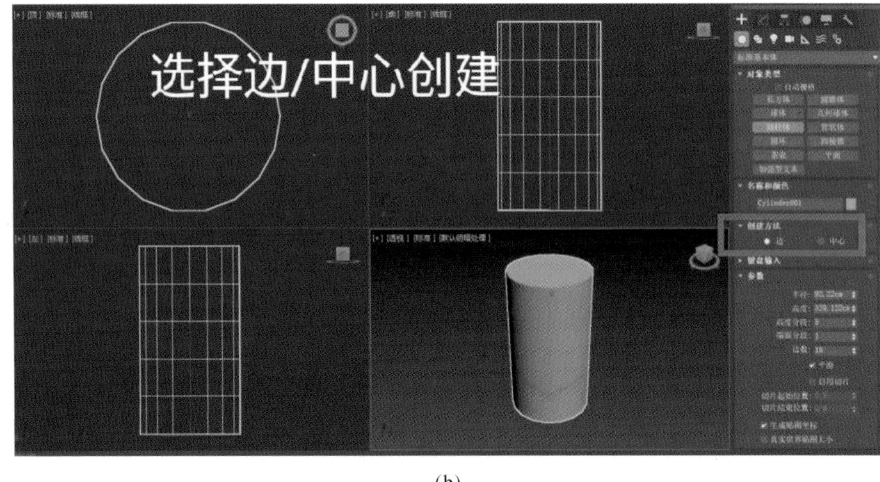

(b)

图 3.1.6　圆柱体的创建面板及创建方式

（2）精确创建具体参数的圆柱体。

① 在“键盘输入”下输入具体的数值后可精确创建圆柱体，如图3.1.7所示。

② 在“参数”下可修改圆柱体的相关数值，如图3.1.8所示。

在卷展栏对圆柱体的相关数值进行修改，如果修改参数后，模型尺寸没有发生变化就单击界面右侧。

在“参数”下可以修改模型的高度分段：设置圆柱体在纵向（高度）上的分段。端面分段：设置圆柱体在端面上的分段。边数：设置圆柱体在横向（边数）上的分段。设置的高度分段和端面分段最小值均为1，最大值均为200。边数最少只能设为3，最多设为200。边数越多，圆柱体就越圆滑。修改圆柱体的高度分段如图3.1.9所示。

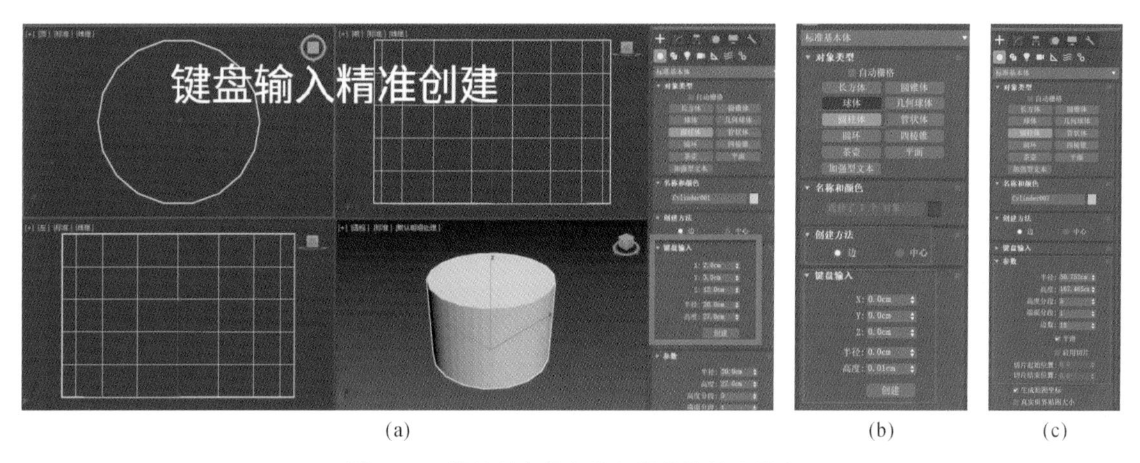

图 3.1.7　通过键盘输入进行圆柱体精确创建

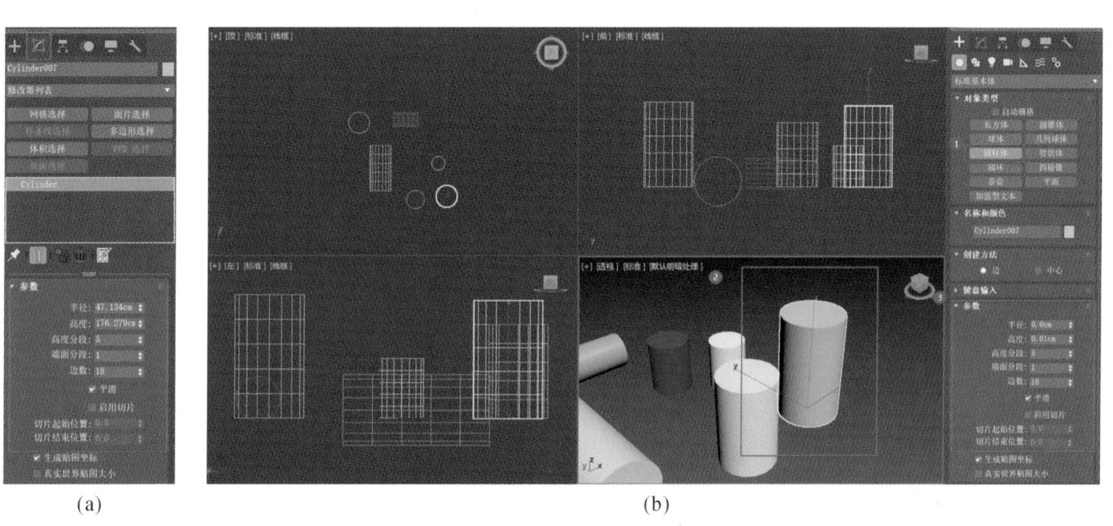

图 3.1.8　通过修改命令进行圆柱体参数修改

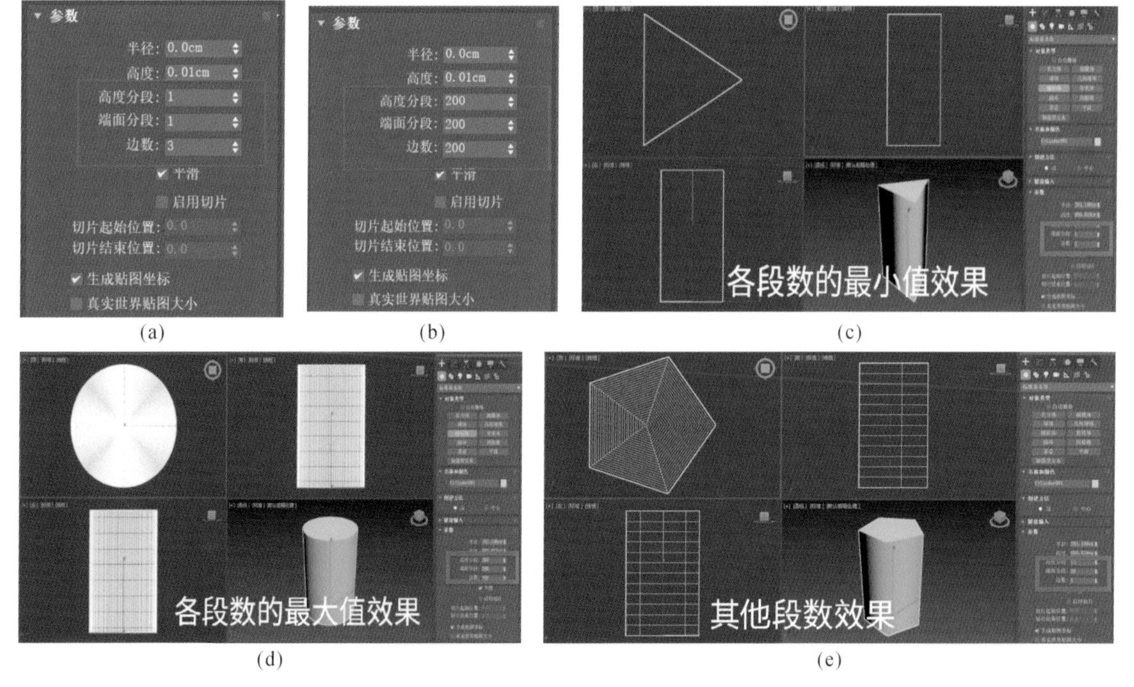

图 3.1.9　修改圆柱体的高度分段

(3) 圆柱体名称和颜色修改。

在“名称和颜色”下可以修改模型的名称，点击颜色方块，在弹出的“对象颜色”窗口中可以修改模型的颜色，勾选“分配随机颜色”，在创建模型时颜色会随机分配。取消勾选“分配随机颜色”后，创建模型的颜色均一样，如图3.1.10所示。

(a)

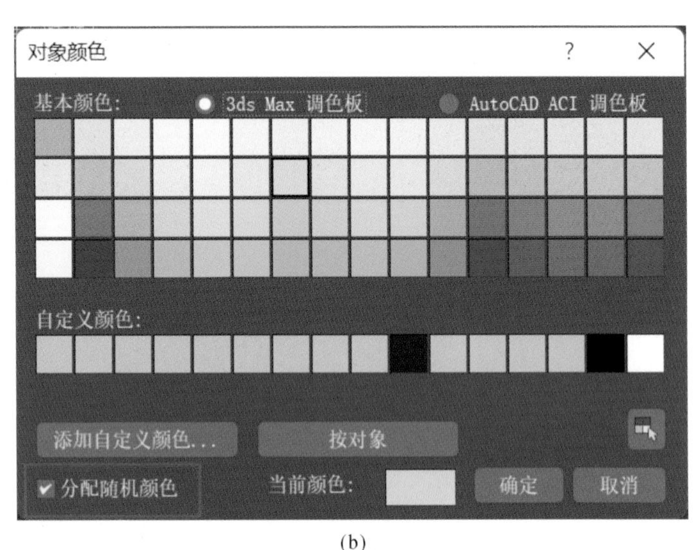

(b)

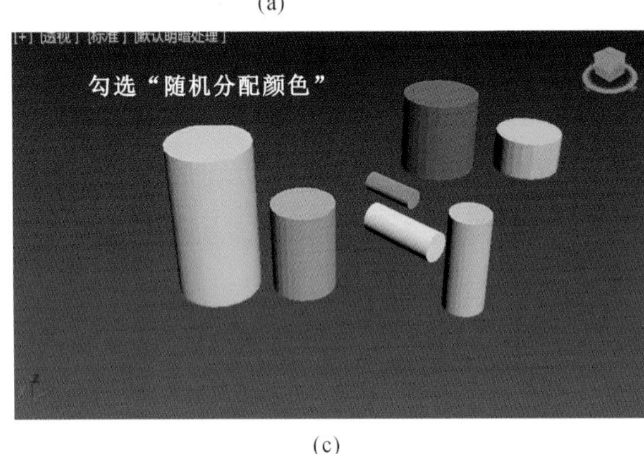

(c)

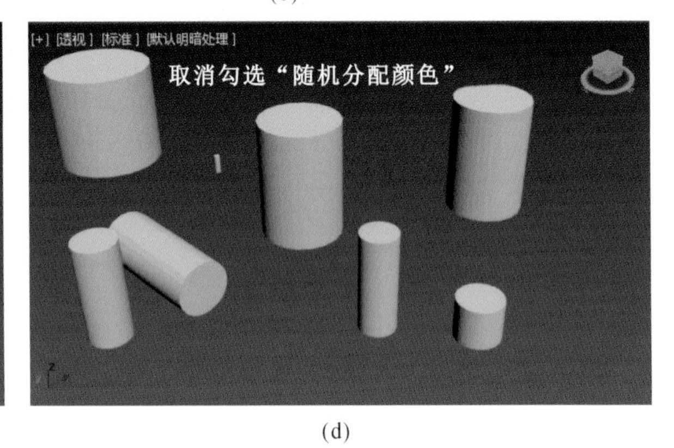

(d)

图3.1.10　圆柱体的随机颜色分配

3) 圆锥体

可以用于创建圆底的椎体，可以理解为将圆柱体的上、下底面半径设置得不一样所得到的几何体，常用于制作棱锥、圆台、圆锥、棱台，或通过启用切片创建以上模型造型的局部形态。

(1) 基本创建认识。

① 在界面右侧的创建几何体中选择“标准基本体”中的“圆锥体”，在绘制区域绘制图形。

② 在“名称和颜色”中修改图形名称和颜色。

③ 在“创建方法”中选择“边”或“中心”。

④ 在“键盘输入”中确定圆锥体的坐标以及它的半径1、半径2和高度。

⑤ 在“参数”中修改圆锥体的半径1、半径2、高度、高度分段、端面分段和边数；勾选“平滑”和“启用切片”，并确定切片起始和结束位置。

圆锥体的基本设定如图3.1.11所示。

（2）创建方式。

① 首先按住鼠标左键不放并拖曳确定第一个锥体半径大小，然后向上或向下移动鼠标确定锥体高度，再拖曳鼠标内缩或是外放确定第二个锥体半径大小。这种随意创建的模型大小可通过编辑进行圆锥体的半径1、半径2、高度尺寸修改，如图3.1.12所示。

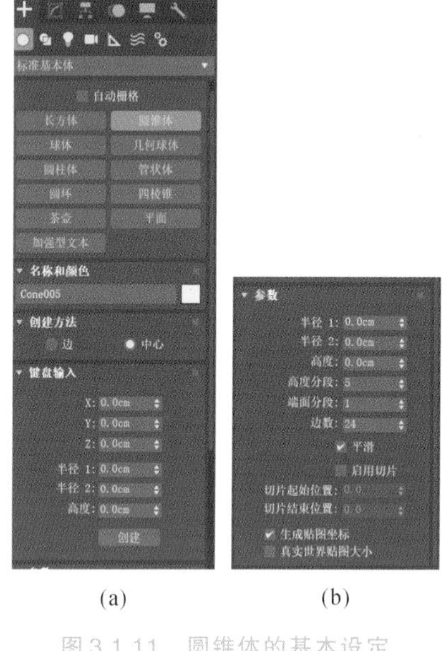

(a) (b)

图3.1.11 圆锥体的基本设定

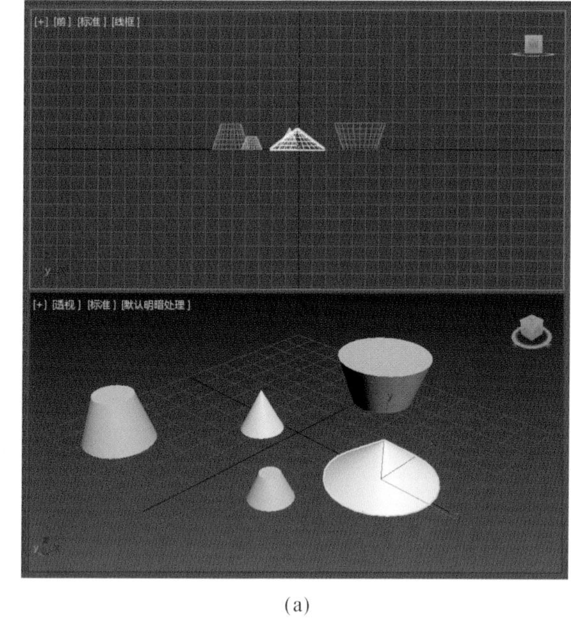

(a) (b)

图3.1.12 精确创建圆锥体

② 圆锥体分段参数及效果。

高度和端面分段的取值范围为1～200，边数的取值范围为3～200。圆锥体分段参数的设置如图3.1.13所示。

③ 边/中心键盘输入精确创建。

鼠标左击“对象类型”下的圆锥体选项，可根据具体情况在“创建方法”中选择“边”或“中心”。在“键盘输入”中创建一个圆锥体，确定 X、Y、Z 轴上的位置，半径1、半径2和高度，点击创建。精确创建圆锥体边如图3.1.14所示。

（3）圆锥体颜色修改。

① 可以勾选或取消“分配随机颜色”。

② 可以点击“添加自定义颜色”中的“修改颜色”。

圆锥体色彩的创建如图3.1.15所示。

4）圆环

主要用于制作立体的环形体，形成圆环圈，截面为正多边形。可通过对多边形的边数、光滑度、旋转及切片等设置进行不同效果圆环模型生成或局部圆环制作。

（1）圆环创建的基本认识。

① 在“对象类型”创建几何体中选择“标准基本体”中的“圆环”，在绘制区域绘制图形。

② 在“名称和颜色”中修改图形名称和颜色。

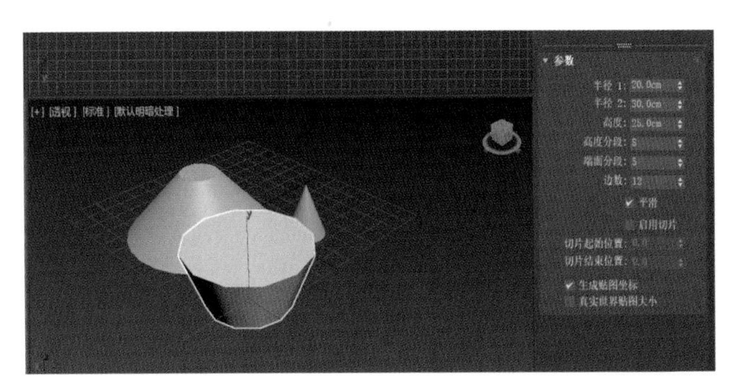

图3.1.13　圆锥体分段参数的设置

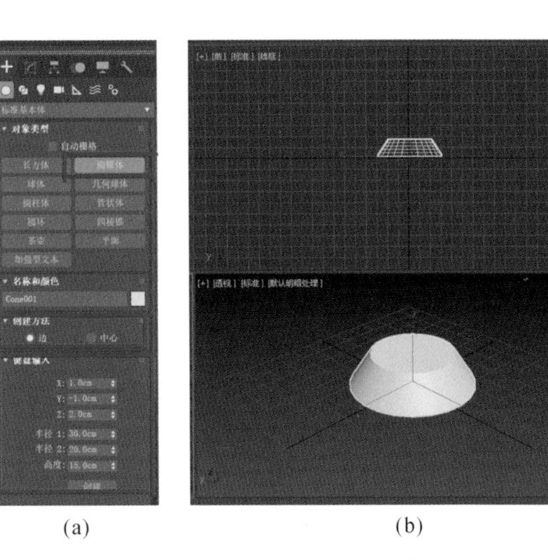

(a)　　(b)

图3.1.14　精确创建圆锥体边

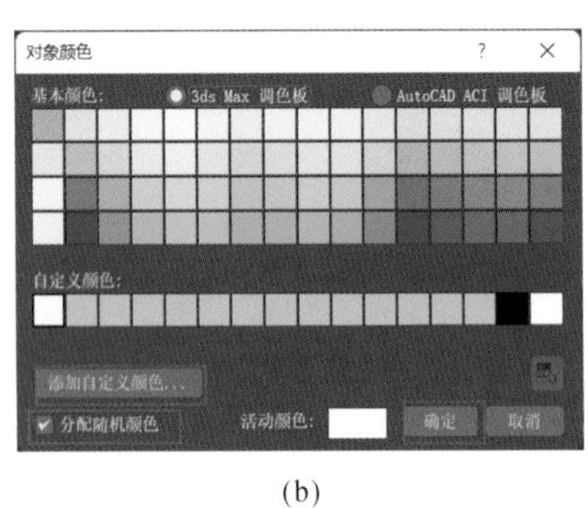

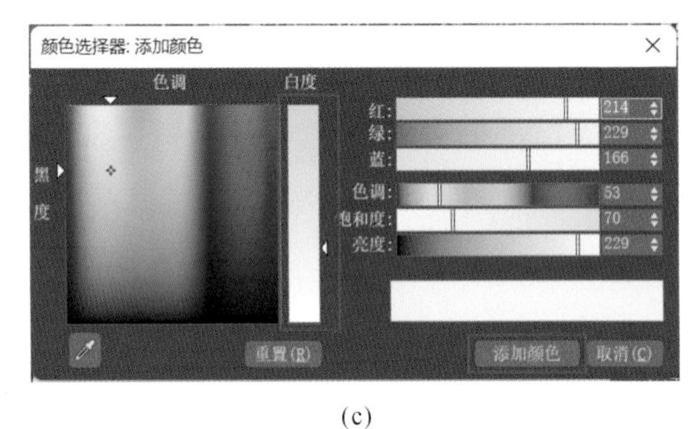

(a)　　(b)　　(c)

图3.1.15　圆锥体色彩的创建

③ 在“创建方法”中选择“边”或“中心”。

④ 在键盘输入中确定圆环的坐标以及它的主半径、次半径。

⑤ 在“参数”中修改圆环的半径1、半径2、旋转、扭曲、分段以及边数；在“平滑”中勾选“全部”或“侧面”或“无”或“分段”；勾选“启用切片”，并确定切片起始和结束位置。

圆环创建的基本认识如图3.1.16所示。

(2) 创建的方法。

① 可在命令面板创建标准基本体中选择“圆环”，并在绘制区域通过鼠标拖曳方式创建随意尺寸的圆环，如果有实际尺寸要求，可在参数修改器中编辑圆锥体的半径1、半径2，如图3.1.17所示。

② 边/中心键盘输入精确创建。

鼠标左击“对象类型”下的圆环选项，此时可根据具体情况在创建方法中选择“边”或“中心”。在键盘输入中创建一个圆锥体，确定X、Y、Z轴上的位置，以及主半径、次半径，点击创建，如图3.1.18所示。

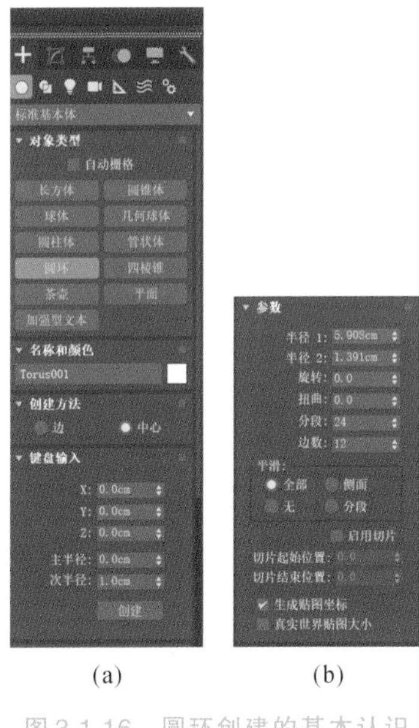

(a) (b)

图 3.1.16 圆环创建的基本认识

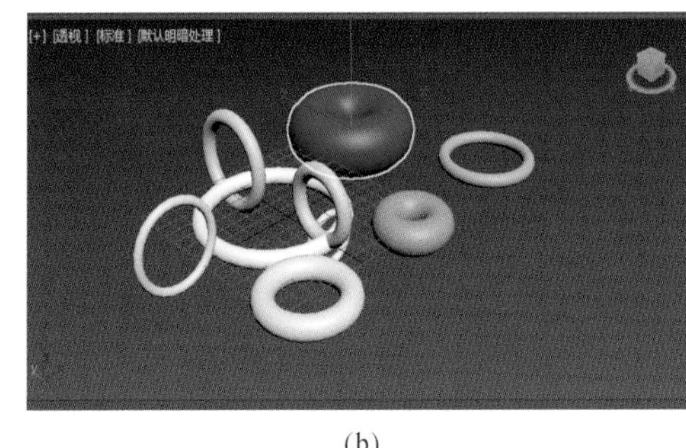

(a) (b)

图 3.1.17 圆环的创建方法

③ 圆锥体其他知识:名称和颜色、分段参数及效果的操作与上面讲的几种几何体的操作相同。

在分段参数及效果中,旋转和扭曲的取值范围不限,分段和边数的取值范围为 3~200,如图 3.1.19 所示。

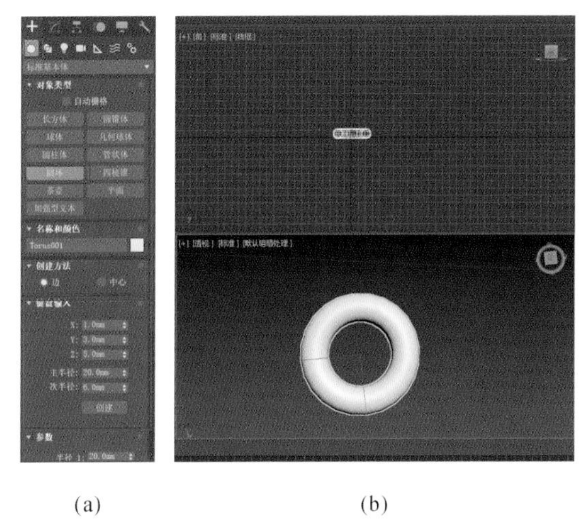

(a) (b)

图 3.1.18 圆环的精确创建方法

图 3.1.19 圆环的分段

5) 管状体

可以理解为从圆柱体内部抠出了一个等高的圆柱体剩下的部分,能创建类似于水管类的各种空心圆管、棱管及局部圆周管。

(1) 管状体的基本认识。

① 在命令面板的创建标准基本体中选择管状体,在绘制区域绘制图形。

② 在“名称和颜色”中可以修改图形名称和颜色。

③ 在“创建方法”中选择“边”或“中心”。

④ 在“键盘输入”中确定管状体的坐标以及它的内径、外径和高度。

⑤ 在“参数”中修改管状体的半径1、半径2、高度、高度分段、端面分段和边数；勾选“平滑”选项和“启用切片”，并确定切片起始和结束位置。

管状体基本创建和参数修改如图3.1.20所示。

(2) 创建的方式。

① 随意创建后编辑尺寸。

在右侧显示栏“创建”中点击“标准基本体”中的“管状体”，并在绘制区域随意创建，在参数中随意编辑管状体的半径1、半径2、高度，如图3.1.21所示。

(a)

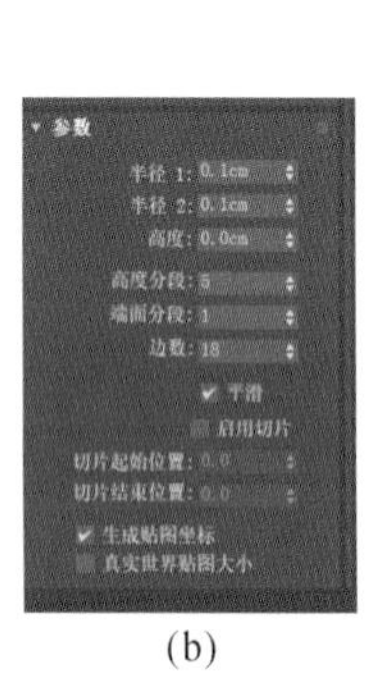

(b)

图3.1.20　管状体基本创建和参数修改

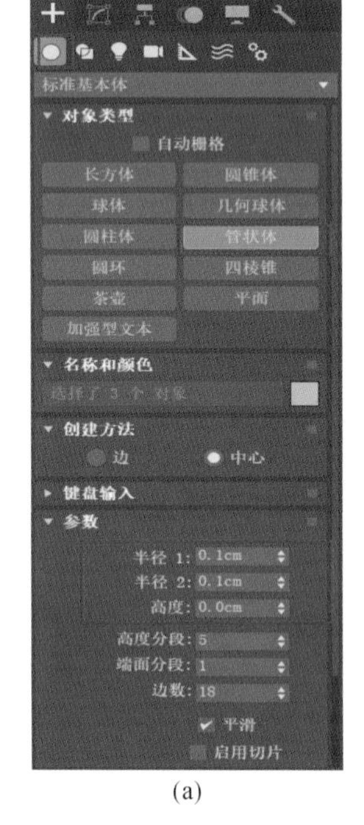

(a)

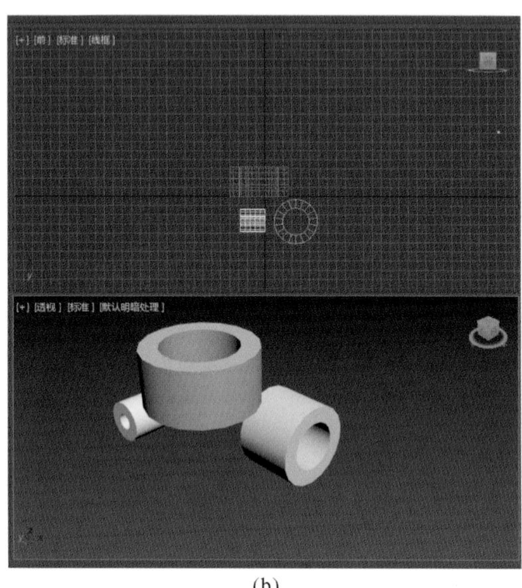

(b)

图3.1.21　管状体的创建方法

分段参数及效果：高度和端面分段取值范围为1～200；边数的取值范围为3～200。

② 边/中心、键盘输入精确创建。

鼠标左击“对象类型”下的“管状体”，此时可根据具体情况在创建方法中选择“边”或“中心”；在“键盘输入”中创建一个管状体，确定*X*、*Y*、*Z*轴上的位置，内径、外径和高度，点击“创建”，如图3.1.22所示。

6) 四棱锥

四棱锥的操作基础练习示例图如图3.1.23所示。

(1) 鼠标左击“对象类型”下的“四棱锥”。

(2) 可在绘图区随机绘制一个四棱锥(此时可根据具体情况选择“基点/顶点”或“中心”创建)。

(3) 在参数位置修改具体尺寸。

四棱锥的尺寸和参数修改如图3.1.24所示。

(a)

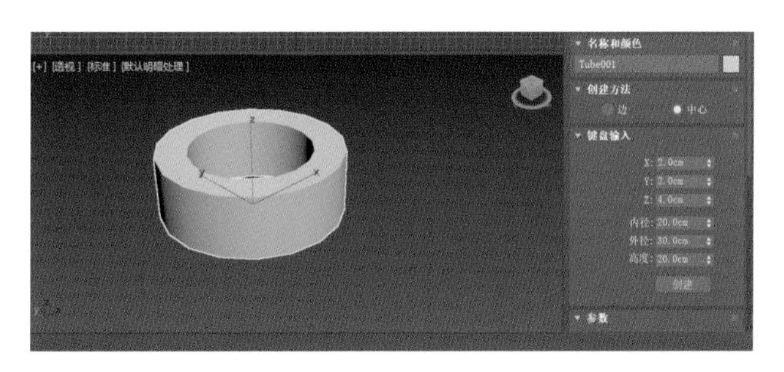

(b)

图3.1.22 管状体的边/中心、键盘输入精确创建

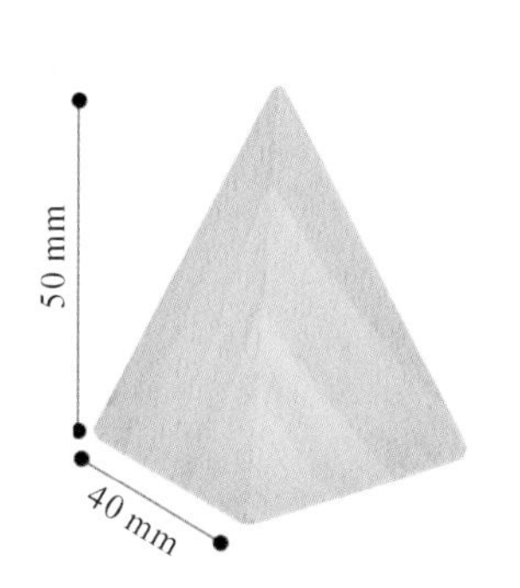

图3.1.23 四棱锥的操作基础练习示例图

(a)

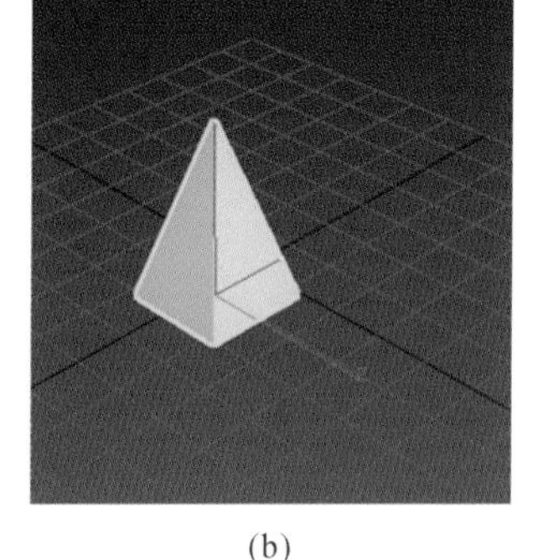

(b)

图3.1.24 四棱锥的尺寸和参数修改

(4) 在“名称和颜色”位置修改图形颜色和名称，如图3.1.25所示。

(5) 分段设置及效果演示。

2. 专业技能案例实践

1) 以长方体创建为主的床头柜模型的生成

床头柜案例实践示例图如图3.1.26所示。

步骤一：在创建面板中选择“标准基本体”下的“长方体”。

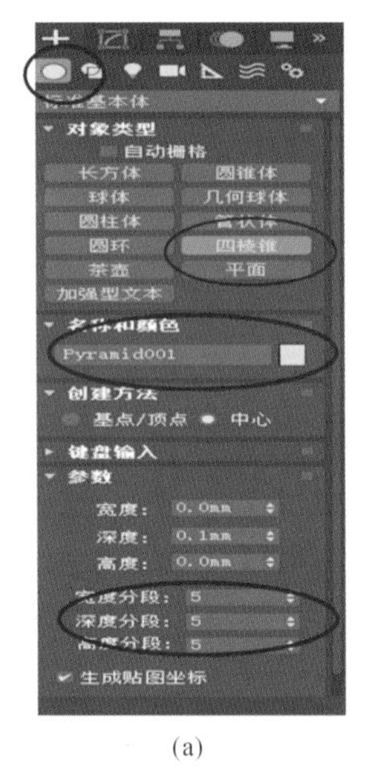

(a)

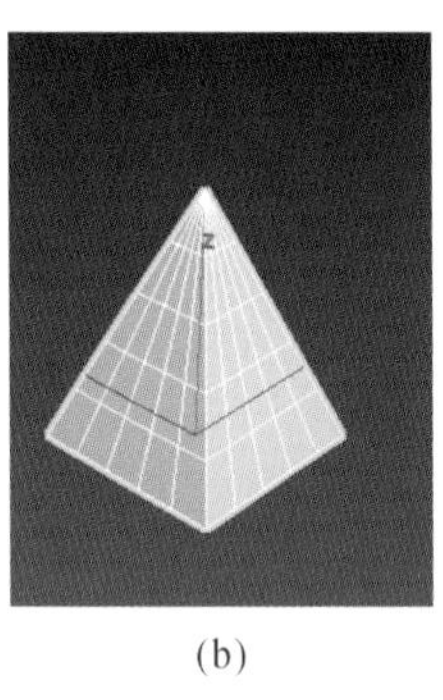
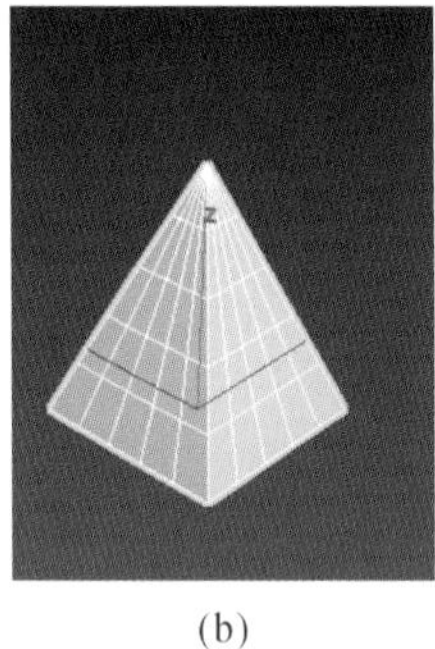

(b)

图3.1.25　四棱锥的名称和颜色修改

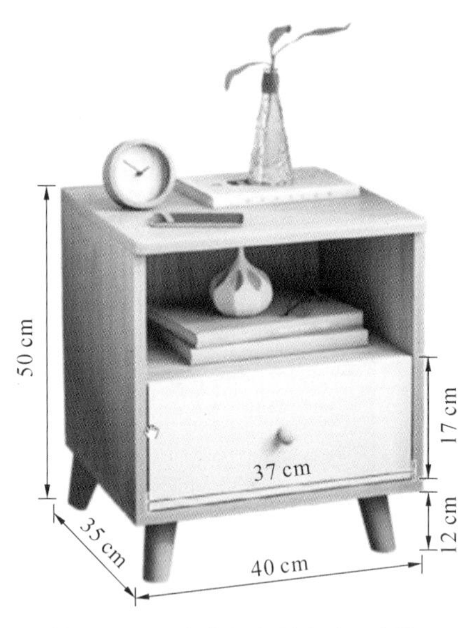

图3.1.26　床头柜案例实践示例图

方法1　在视图区中拖动鼠标左键创建一个长方体，直接点击右侧“参数”下的“长度”，长度修改为35.0 cm，宽度修改为1.5 cm，高度修改为35.0 cm。如果修改参数后，模型尺寸没有发生变化就单击界面右侧的“修改”面板，在“参数”中可以设置侧板的长度为35.0 cm，宽度1.5 cm，高度35.0 cm。

方法2　在“键盘输入”中设置侧板长度35.0 cm，宽度1.5 cm，高度35.0 cm，点击“创建”，如图3.1.27、图3.1.28所示。

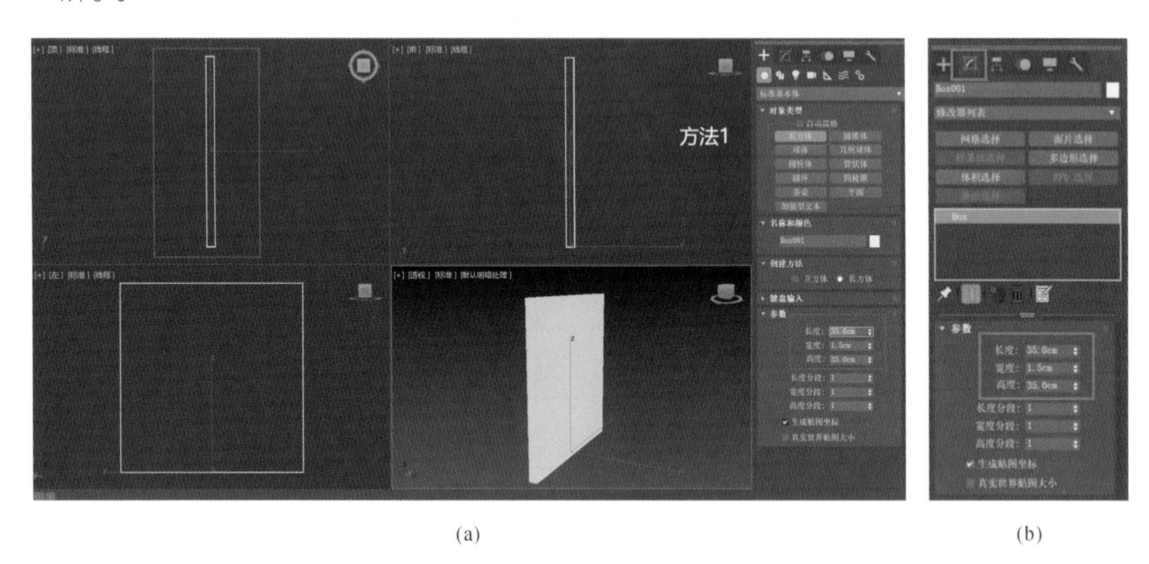

(a)　(b)

图3.1.27　长方体的精确创建方法——参数修改

步骤二：用步骤一的方法继续创建上/下层板、背板、中层板和抽屉前板。注意尺寸：上/下层板长度为35.0 cm，宽度为40.0 cm，高度为1.5 cm；背板长度为35.0 cm，宽度为40.0 cm，高度为1.5 cm；中层板长度为35.0 cm，宽度为37.0 cm，高度为1.5 cm；抽屉前板长度为17.0 cm，宽度为37.0 cm，高度为1.5 cm。最终效果如图3.1.29、图3.1.30所示。

步骤三：将所有长方体按示例图所示移动在一起，单击主工具栏中的“移动”，选择“捕捉开关”，选择“长方体”，点击鼠标左键进行拖动，最终效果如图3.1.31所示。

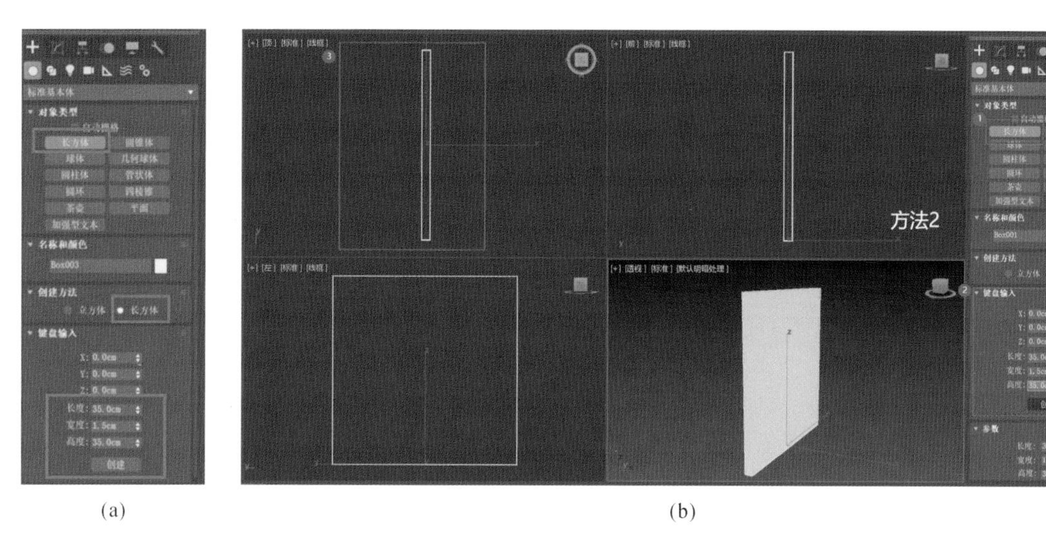

(a)　　(b)

图3.1.28　长方体的精确创建方法——参数输入

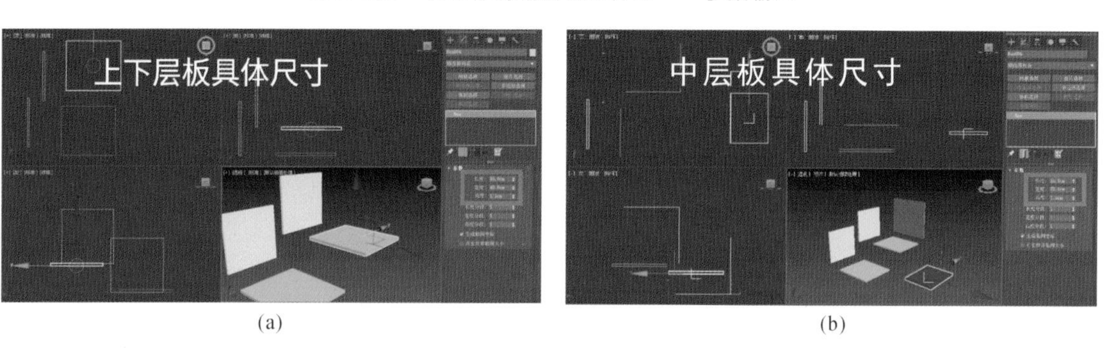

(a)　　(b)

图3.1.29　设置上/下层板及中层板的具体尺寸

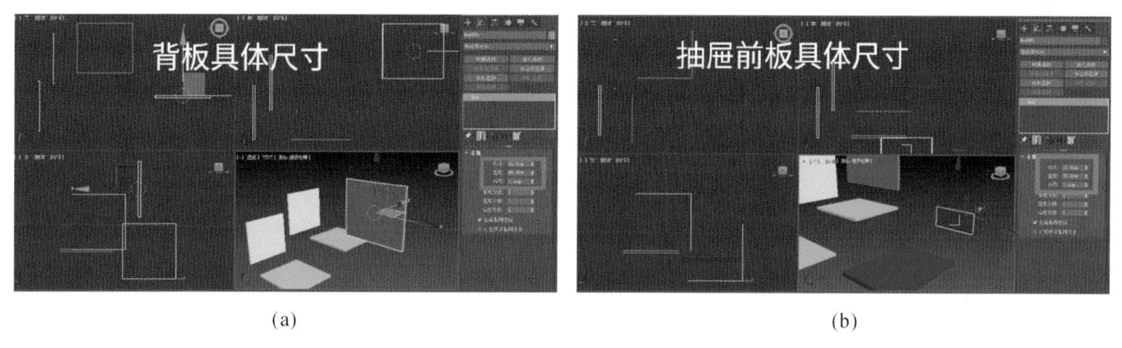

(a)　　(b)

图3.1.30　设置背板和抽屉前板的具体尺寸

步骤四：选择长方体，单击右侧命令面板下的“名称和颜色”，在弹出的“对象颜色”对话框中对长方体的颜色进行修改，如图3.1.32所示。

2）圆柱体的实践操作

圆柱体案例实践参考示例图如图3.1.33所示。

思路引导：通过分析案例得知有3个圆柱体；具体尺寸分别是上面的圆柱体直径为55 cm，高度为1 cm；中间的圆柱体直径为15 cm，高度为14 cm；下面的圆柱体直径为30 cm，高度为35 cm。重难点攻克：如何创建圆柱体；对圆柱体其他的参数设置。

步骤一：在创建面板中选择“标准基本体”下的“圆柱体”。

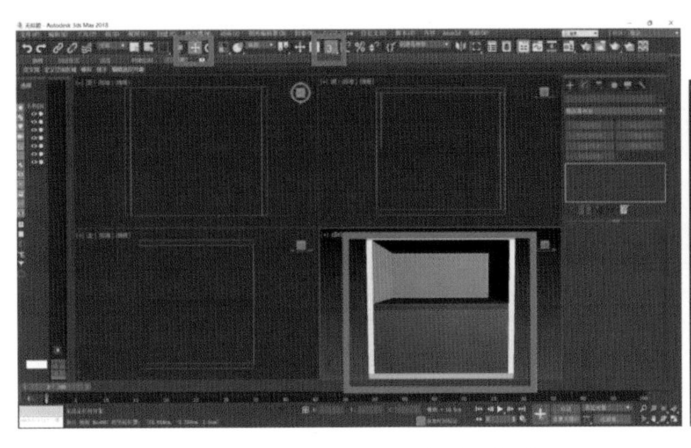

图 3.1.31　将长方体通过对齐、点捕捉拖动到一起

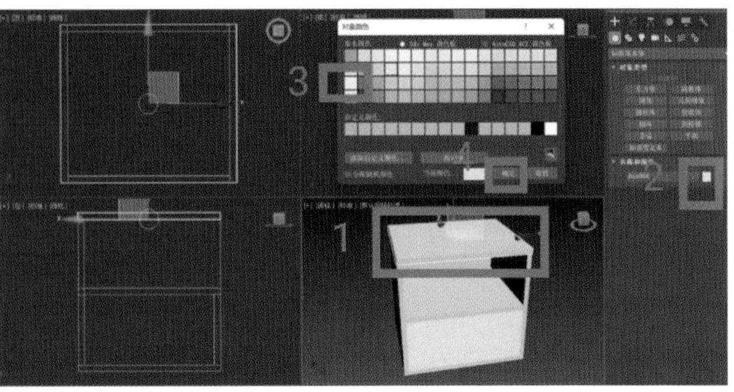

图 3.1.32　将长方体的颜色进行修改

方法 1　在视图区中拖动鼠标左键创建一个圆柱体，直接点击右侧参数下的“半径”，将半径修改为27.5 cm，将高度修改为 1.0 cm，圆柱体的高度分段和端面分段直接按默认值，可以不进行修改，如图 3.1.34 所示。如果修改参数后，模型尺寸没有发生变化就单击界面右侧的“修改面板”，在“参数”栏中可以重新设置圆柱体半径为 27.5 cm，高度为 1.0 cm。

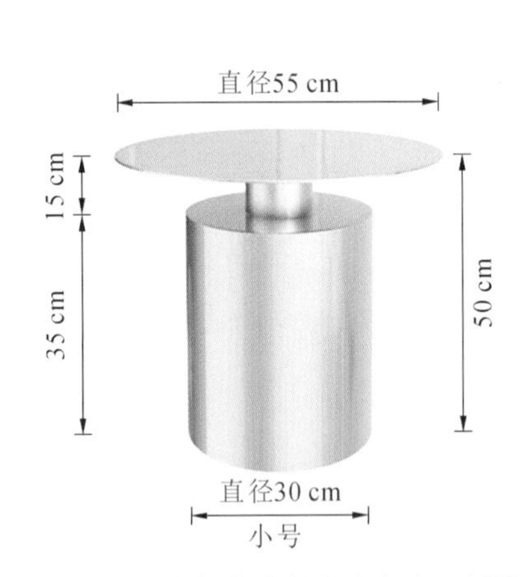

图 3.1.33　圆柱体案例实践参考示例图

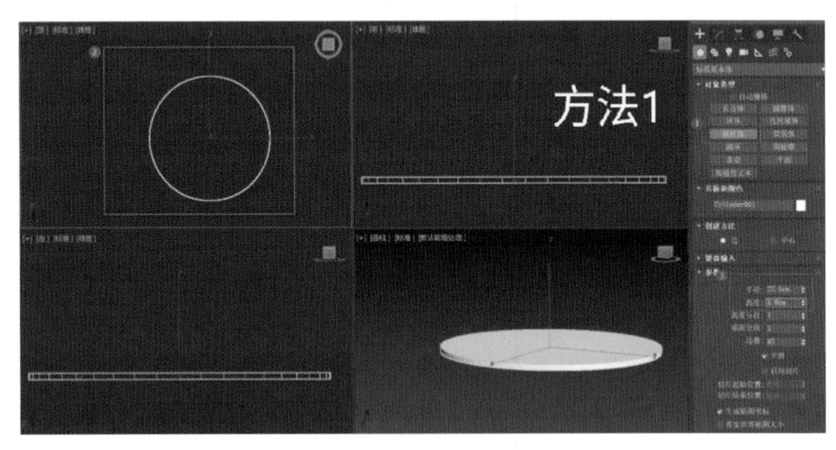

图 3.1.34　创建圆柱体

方法 2　在“键盘输入”中设置圆柱体半径为 27.5 cm，高度为 1.0 cm，点击“创建”，如图 3.1.35 所示。

(a)

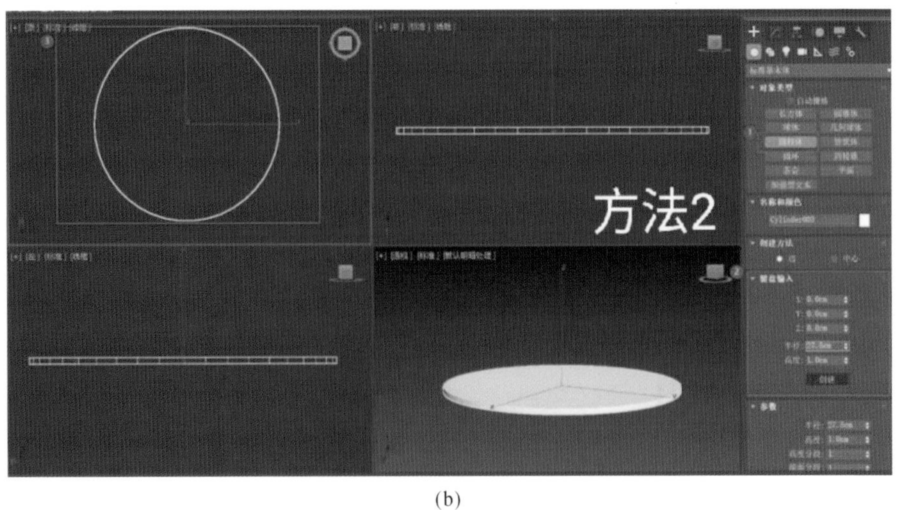

(b)

图 3.1.35　设置圆柱体的参数

步骤二：用步骤一的方法继续创建中间圆柱体和下面圆柱体。中间圆柱体的直径为15.0 cm，高度为14.0 cm。下面圆柱体的直径为30.0 cm，高度为35.0 cm，如图3.1.36所示。

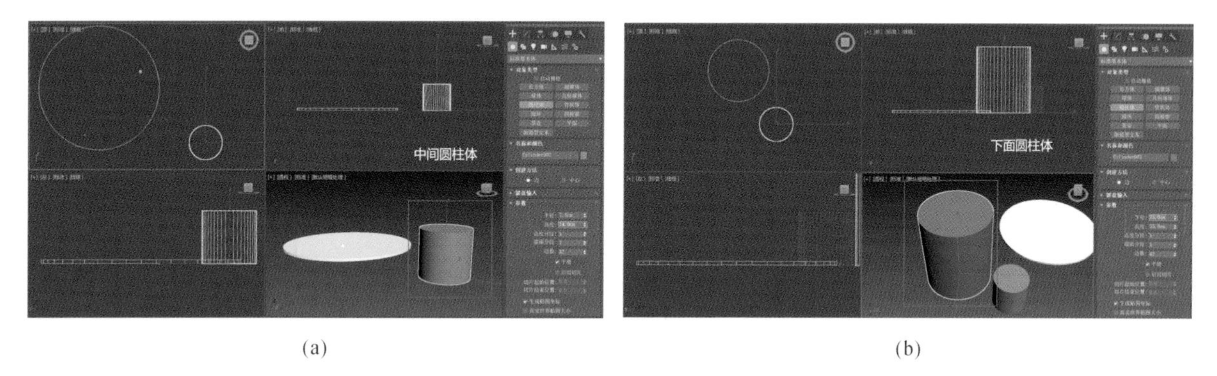

(a)　(b)

图3.1.36　设置不同圆柱体的参数

步骤三：将所有圆柱体按示例图所示移动在一起，单击主工具栏中的“移动”，选择长方体后点击鼠标左键进行拖动，最终效果如图3.1.37所示。

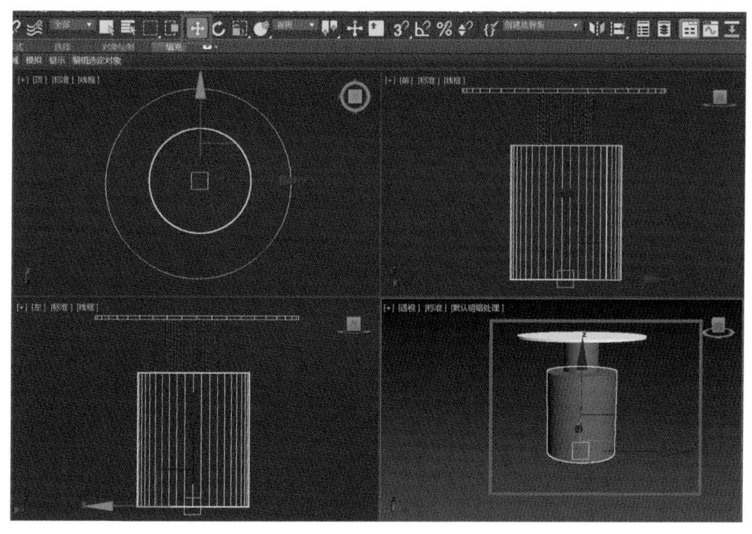

图3.1.37　将圆柱体移动到一起

步骤四：全选圆柱体，单击右侧命令面板下的“名称和颜色”，在弹出的“对象颜色”对话框中对长方体的颜色进行修改，如图3.1.38所示。

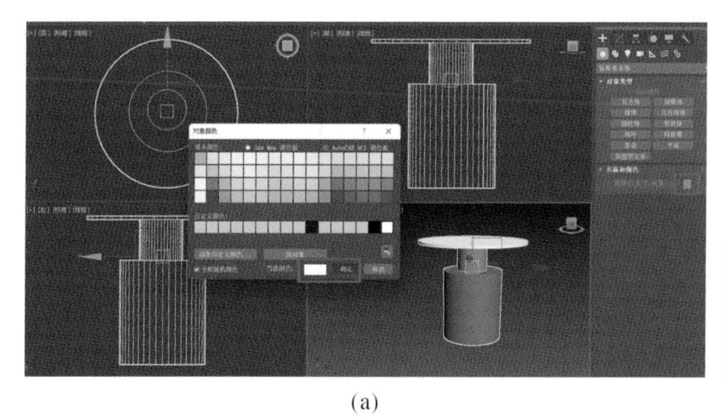

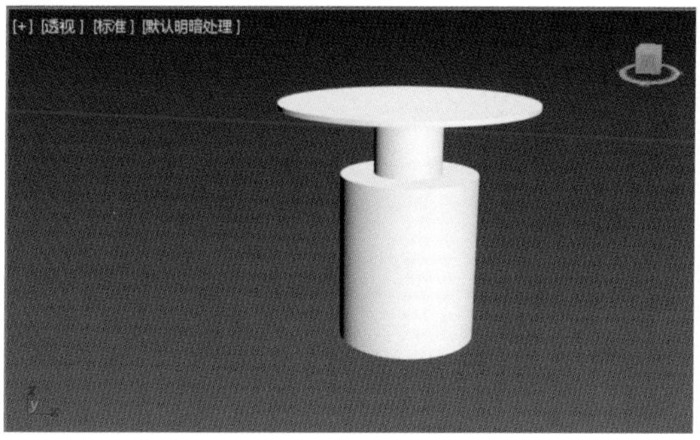

(a)　(b)

图3.1.38　将圆柱体的颜色进行修改

3）圆锥体的实践操作

圆锥体的案例实践参考示例图如图3.1.39所示。

步骤一：点击菜单栏中的“自定义”，选择“单位设置”，在弹出的对话框中选择设置单位为厘米制。

步骤二：选择圆锥体绘画工具，在绘图区随意绘制出图形，在“名称和颜色”面板中修改图形颜色。

步骤三：在参数中修改圆锥体的半径1(10.0 cm)、半径2(50.0 cm)、高度(31.0 cm)，并绘制一个大小合适的圆柱体，并调整它的位置。

步骤四：创建大小适度的圆柱体底座，如图3.1.40所示。

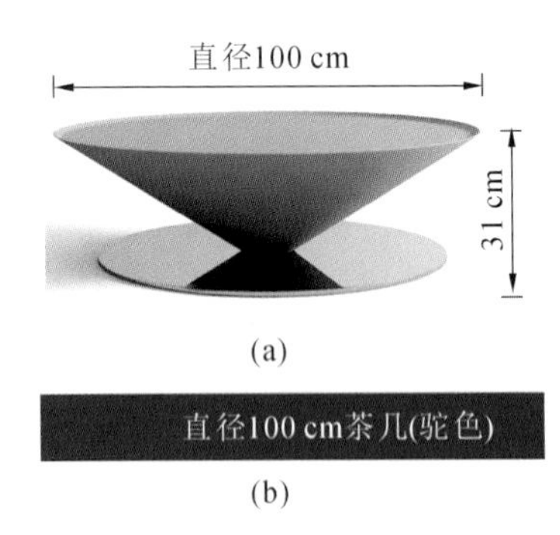

图3.1.39　圆锥体的案例实践参考示例图

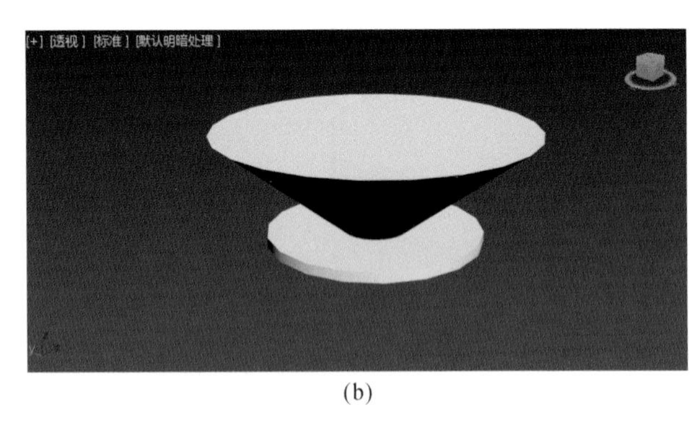

图3.1.40　修改圆锥体的尺寸和大小

4）圆环的案例自主拓展操作

圆环的案例操作参考示例图如图3.1.41所示。

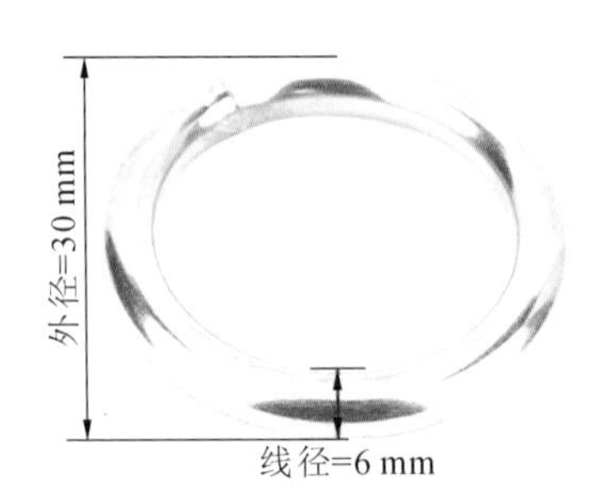

图3.1.41　圆环的案例操作参考示例图

5）管状体的实践操作

管状体的案例实践参考示例图如图3.1.42所示。

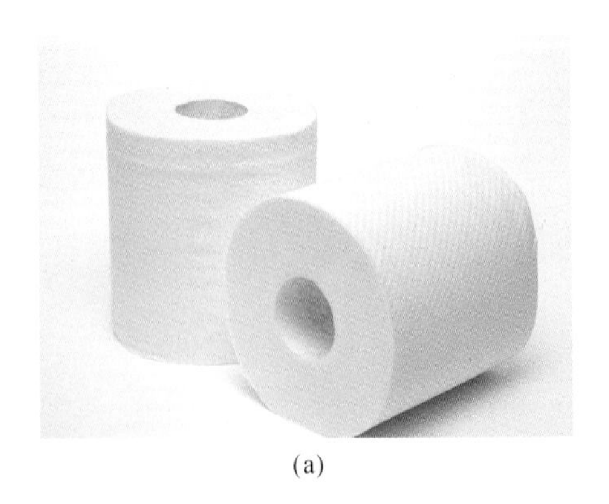

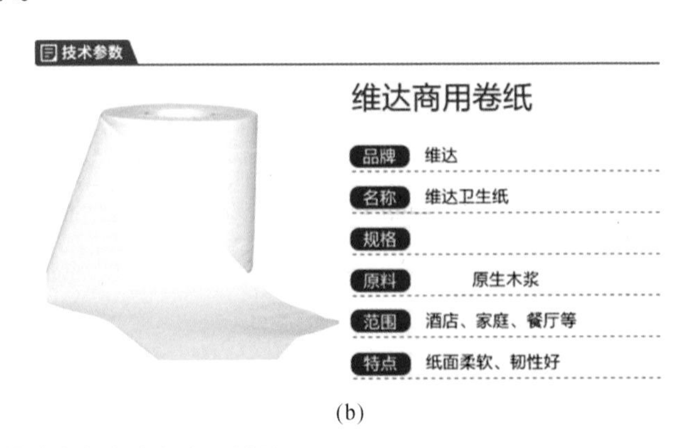

图3.1.42　管状体的案例实践参考示例图

选择管状体，在绘图区随意绘制出图形；在“名称和颜色”面板中修改它的颜色；在参数中修改管状体的半径1（48.0 mm）、半径2（15.0 mm）、高度（112.0 mm），再绘制一个相同大小的管状体，并调整它的位置，如图3.1.43所示。

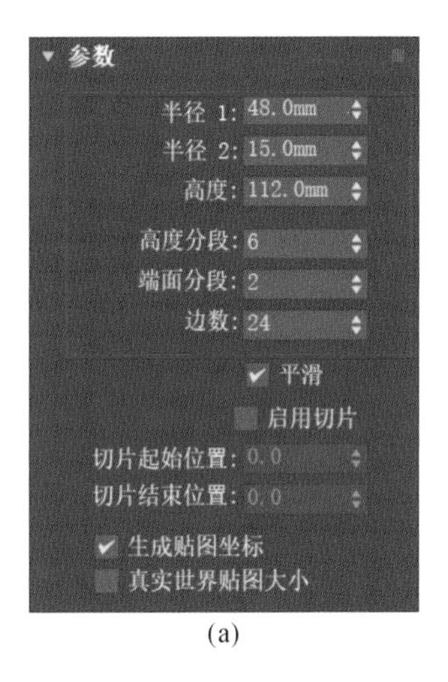

(a)

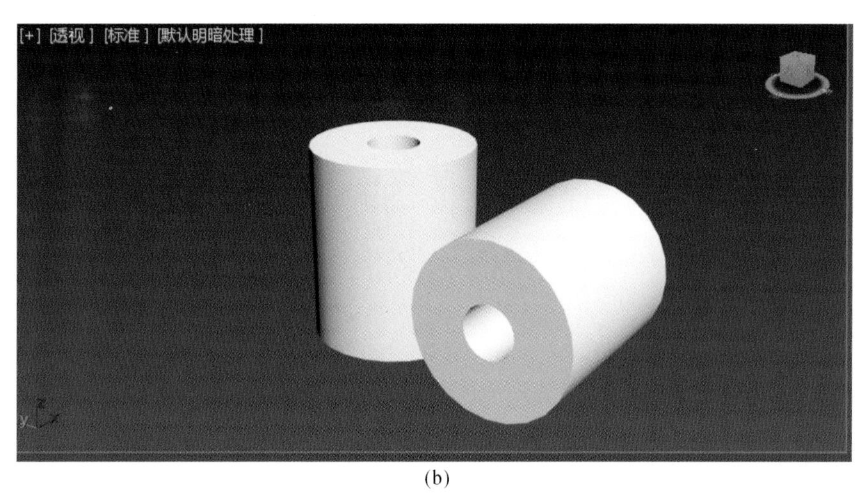

(b)

图3.1.43 卫生纸的尺寸

—— 本阶段学习的主要思考 ——

（1）掌握最简单、初级的建模方法，创建生活中的简单模型。

（2）思索每种几何体的相对独立性及参数可调性，能通过对多种几何体叠加处理，得到另一组具特殊形态的综合造型，完成预期常规效果图制作。

学习情境3.2 扩展基本体的创建

学习目标

知识要点	知识目标	能力目标
扩展基本体的创建的基本知识	在标准基本体的创建的基础上扩展创建方法	如何更细腻地表达需要制作的模型效果
专业技能案例实践	可以灵活运用扩展基本体的参数进行逼真效果图创建	

学习任务

（1）一般知识。

（2）专业技能案例实践。

学习方法

对重点内容，以课堂讲授、实操为主。对一般内容，以自学为主，并在实际操作中加以深化和巩固。教学过程中宜采用多媒体教学或其他数字化教学手段以提高教学效果。

内容分析

1. 扩展基本体的操作常识

异面体：一种非常典型的扩展基本体，可创建表面组合奇特的多面体，主要用于创建四面体、立方体和星形等，通过参数的调整可制作卫星、链子、钻石等多种复杂的造型。

切角长方体：可以创建带圆角的长方体，即让长方体的棱角变圆滑。参数多了“圆角”和“圆角分段”两个参数。

切角圆柱体：可以创建带圆角的圆柱体，能制作各种礼盒、包装盒、旋钮开关、酒瓶等。

软管：可以连接两个物体之间的可变形物体，可随着两端物体的运动而作出相应的变化。

胶囊：可以创建带有半球状端点封口的圆柱体。

2. 专业技能案例实践

1）异面体

（1）选择“扩展基本体”，进入“异面体创建”。

（2）在视口区随机绘制一个物体。

（3）在参数修改器的“半径”中可修改半径大小，如图3.2.1所示。

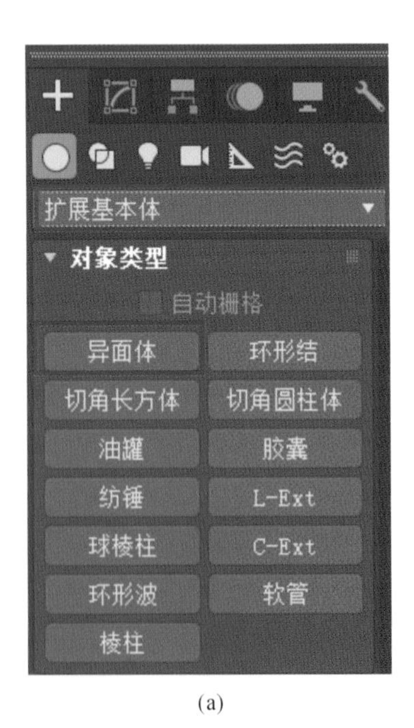

(a)

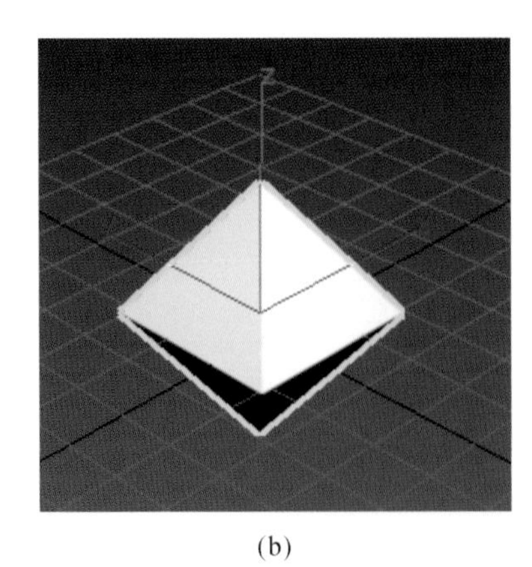

(b)

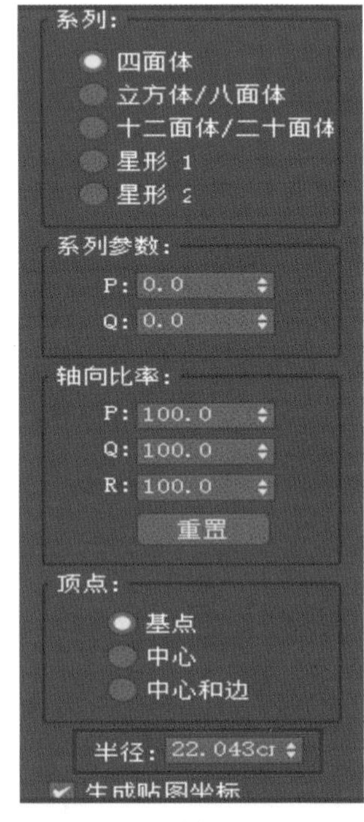

(c)

图3.2.1 异面体的半径修改

(4) 当进行其他操作后，创建模式下无修改区域，此时可选择参数修改器进行修改，如图3.2.2所示。

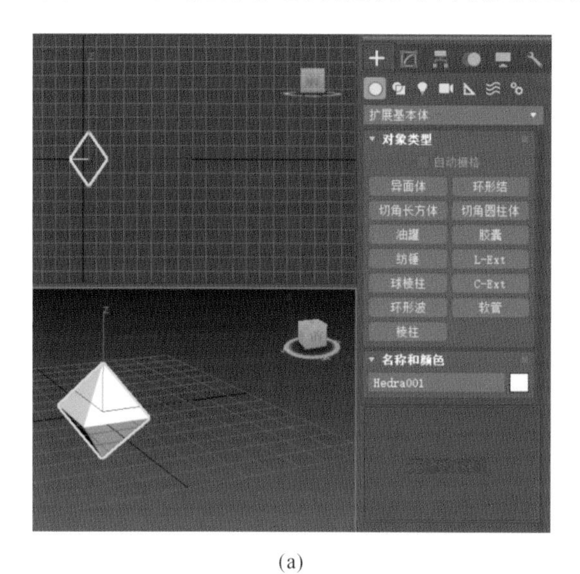

(a)

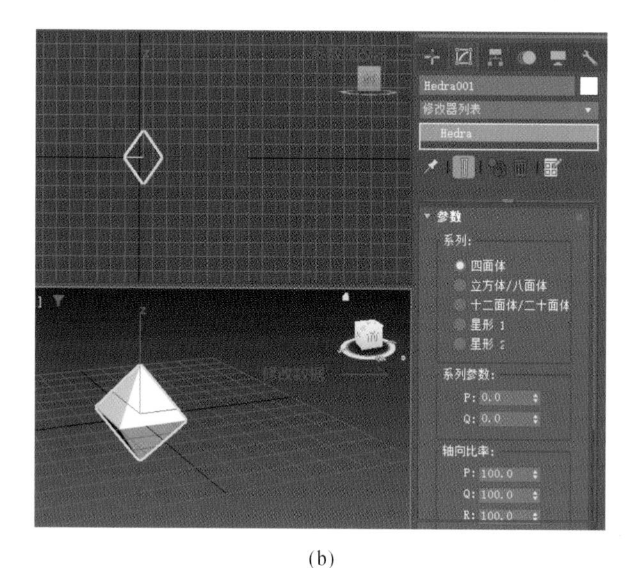

(b)

图3.2.2　异面体的参数修改

(5) 异面体有5种主要绘制效果，如图3.2.3所示。

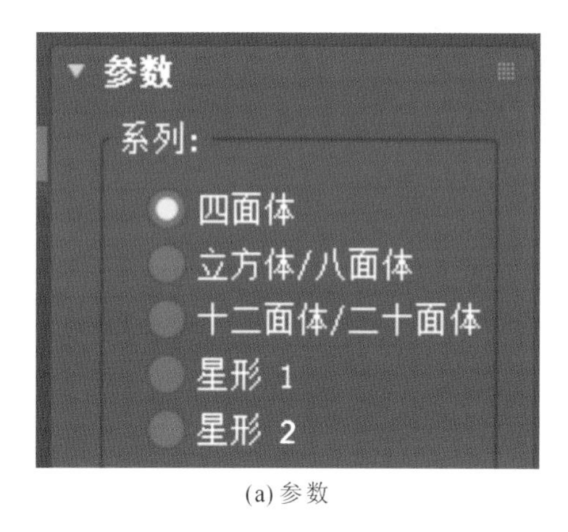

(a) 参数

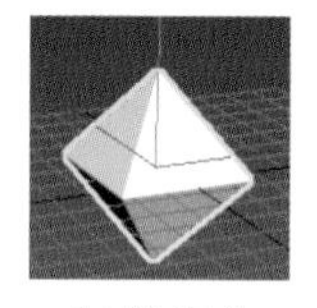

(b) 四面体

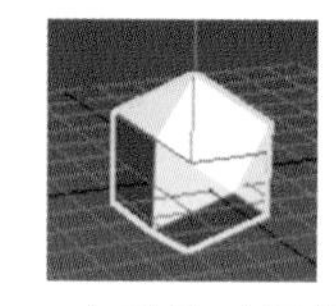

(c) 立面体/八面体

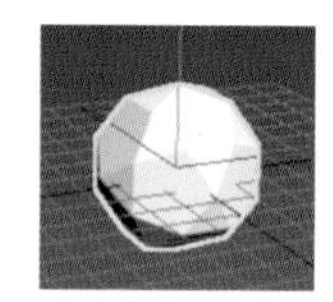

(d) 十二面体/二十面体

(e) 星形1

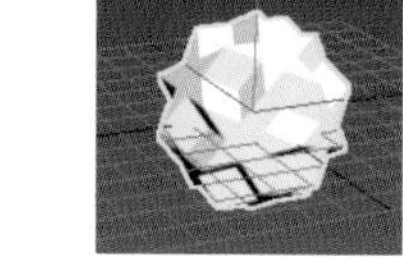

(f) 星形2

图3.2.3　异面体的不同参数及绘制效果

① 选择“立面体/八面体”，通过修改参数可以转换为正方体，如图3.2.4所示。

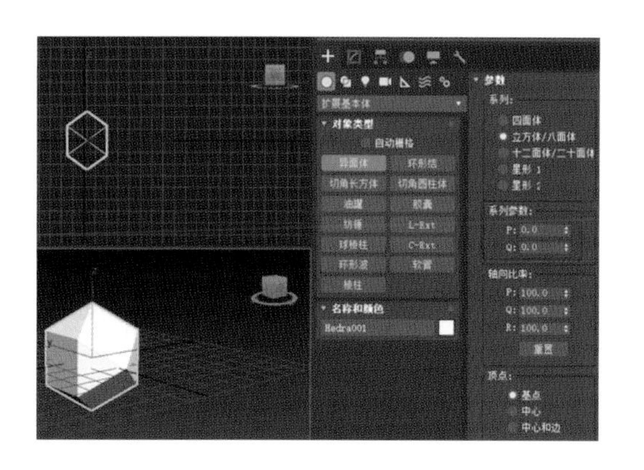

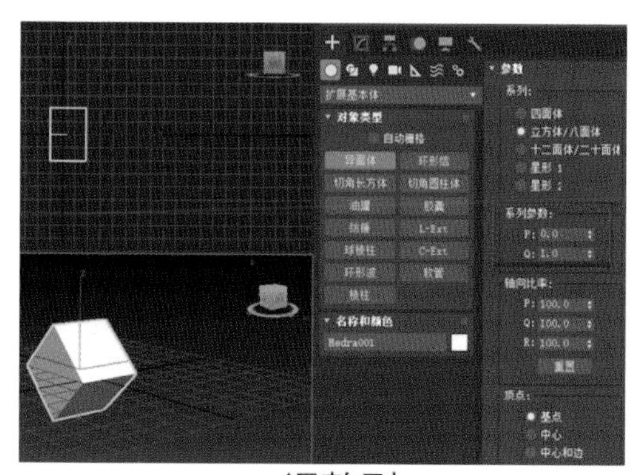

Q调整到1

图3.2.4　异面体变正方体

认识“系列参数”中的P、Q。

P:调整P数值,是对异面体的顶点进行转换,P的取值范围是0~1。异面体的参数修改如图3.2.5所示。

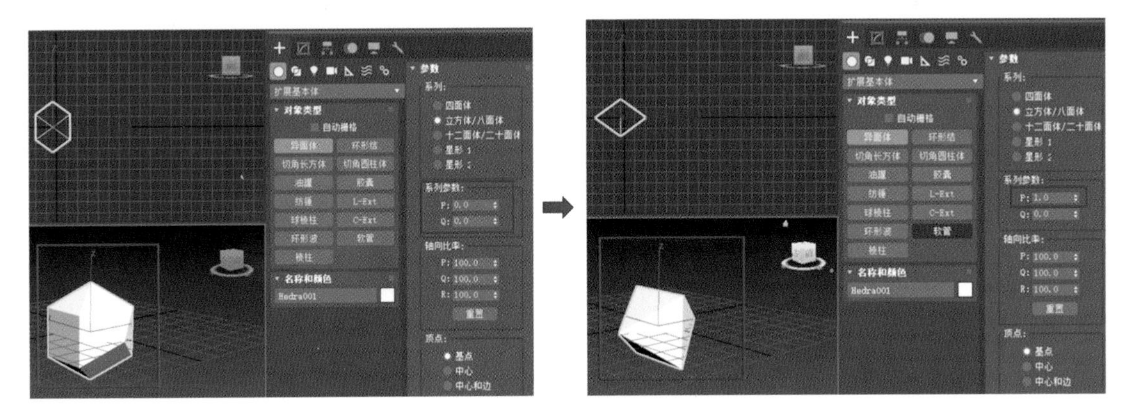

图3.2.5　异面体的参数修改

Q:调整Q数值,是对异面体的面进行转换,Q的取值范围是0~1。异面体的转换如图3.2.6所示。

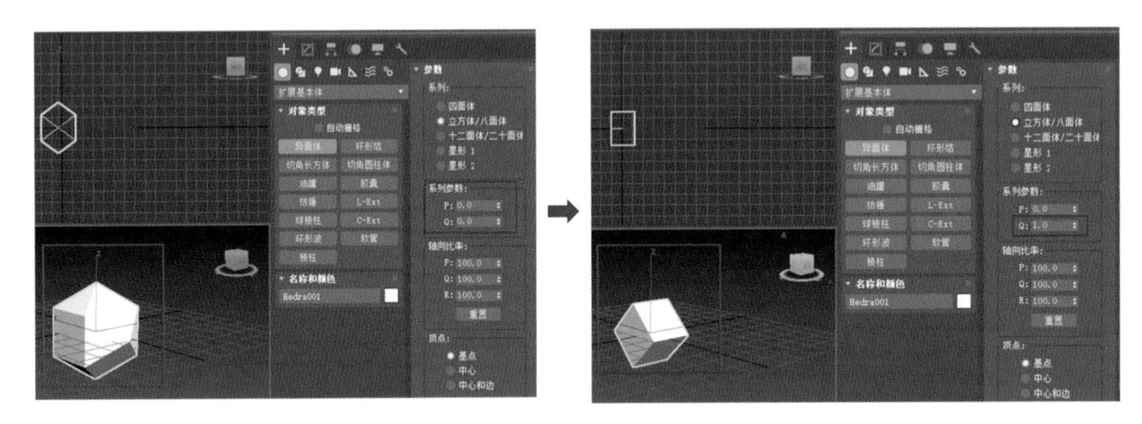

图3.2.6　异面体的转换

值大小的限制:当P为1时,Q为0;当P为0时,Q为1。

因为P代表顶点,Q代表面,当P为1时,物体转化为顶点,面值就为0。异面体P值的取值如图3.2.7所示。

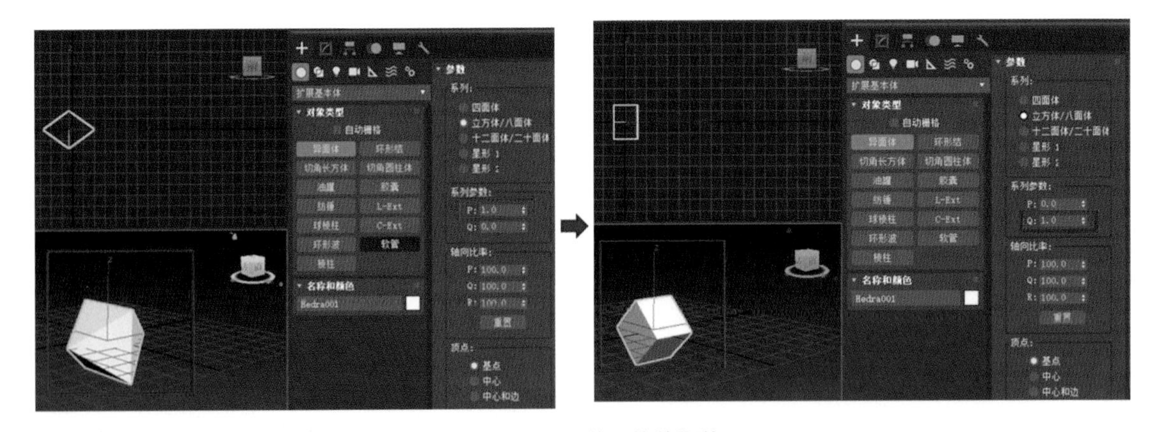

图3.2.7　异面体P值的取值

当P为0.2时,Q可调整的最大值为0.8,因为P+Q的和限制在小于或者等于1。异面体P、Q的取值如图3.2.8所示。

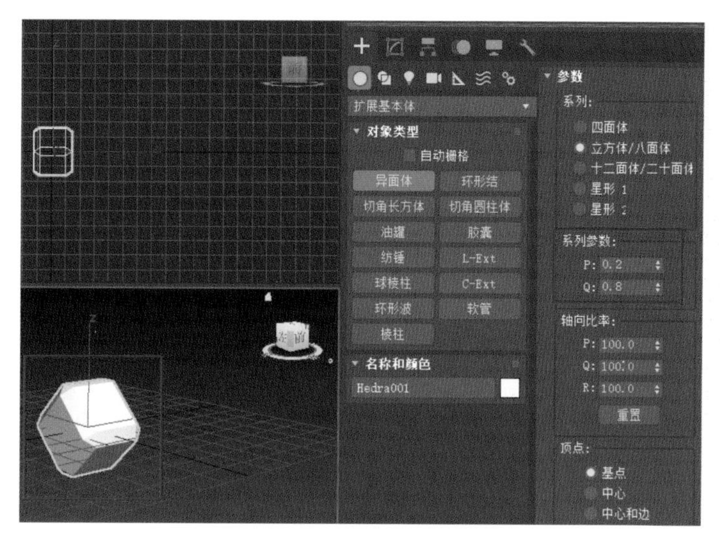

图 3.2.8　异面体 P、Q 的取值

② 轴向比率：P、Q、R 分别调整不同方向的伸展、收缩。异面体 P、Q、R 的取值如图 3.2.9 所示。

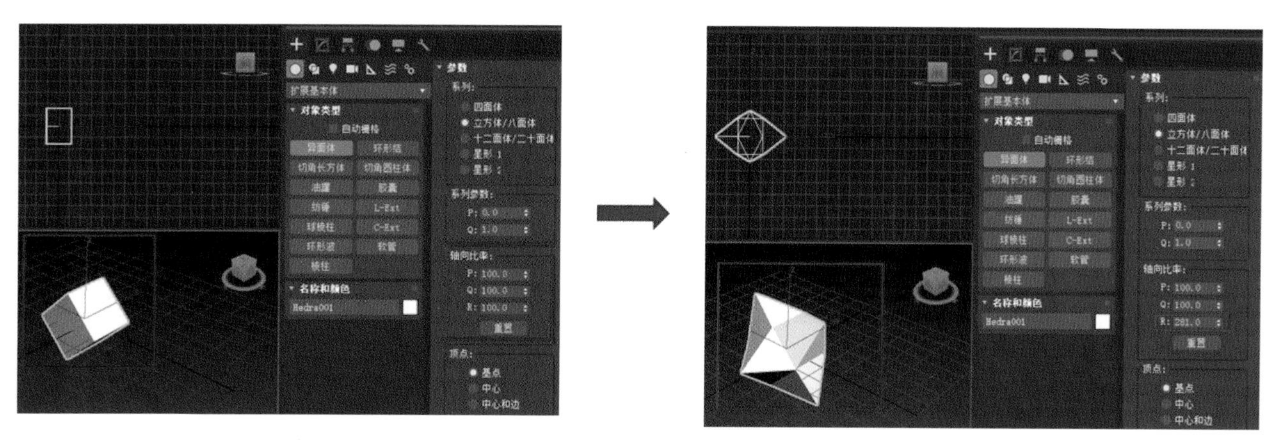

图 3.2.9　异面体 P、Q、R 的取值

③ 顶点：基点、中心、中心和边分别调整轴的可放置位置，如图 3.2.10 所示。

2）软管

软管有三种形态。软管的三种形态参考示例图如图 3.2.11 所示，软管的三种形态参数设置如图 3.2.12 所示。

3）胶囊

（1）胶囊的基本认识。

① 在界面右侧“创建几何体”中选择“扩展基本体”中的“胶囊”，在绘图区进行图形绘制。

② 在“名称和颜色”区域可以修改图形的名称和颜色。

③ 在“创建方法”中选择“边”或“中心”。

④ 在“键盘输入”中可以设置胶囊 *X*、*Y*、*Z* 轴的偏移量，也可以设置胶囊的半径和高度，以及总体和中心。

⑤ 最下方的“参数”中可以设置胶囊的半径和高度，总体和中心，边数和高度分段，以及切片的起始和结束位置。

胶囊的基本参数如图 3.2.13 所示。

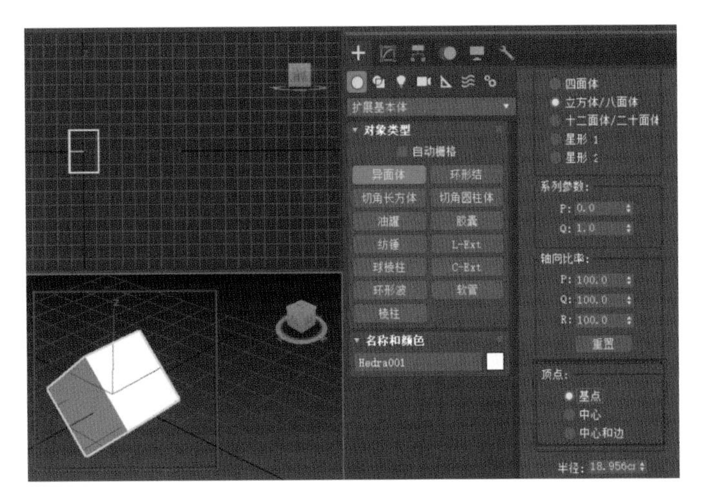

图 3.2.10　调整轴的可放置位置

图 3.2.11　软管的三种形态参考示例图

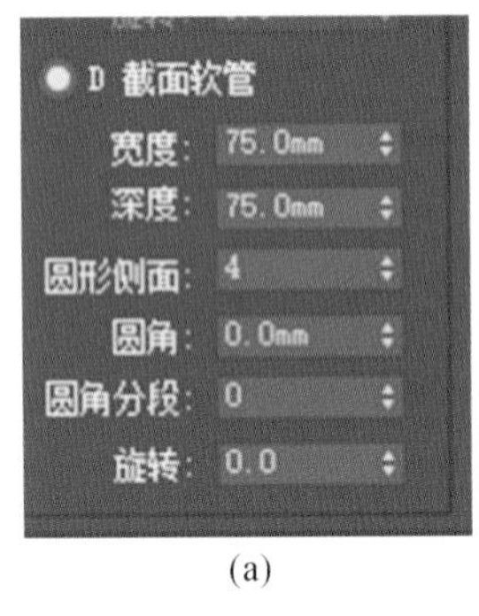

(a)

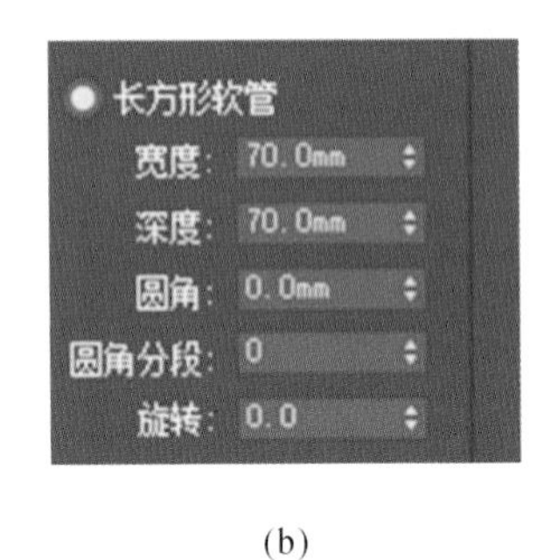

(b)

(c)

图 3.2.12　软管的三种形态参数设置

(2) 胶囊的创建方式。

① 在绘图区随意创建：在“扩展基本体”中选择“胶囊”，随意创建图形；创建图形后，在修改参数位置修改半径和高度等，设置总体或中心，修改边数和高度分段，如图3.2.14所示。

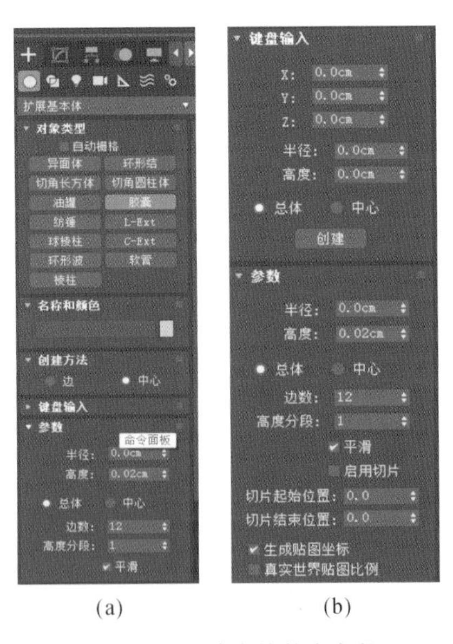

(a)　(b)

图 3.2.13　胶囊的基本参数

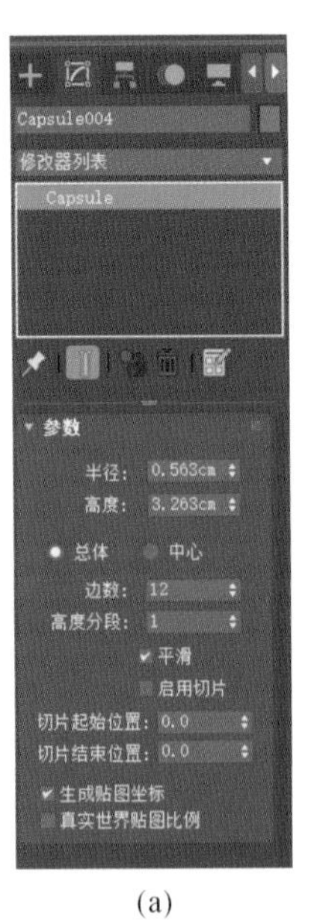

(a)

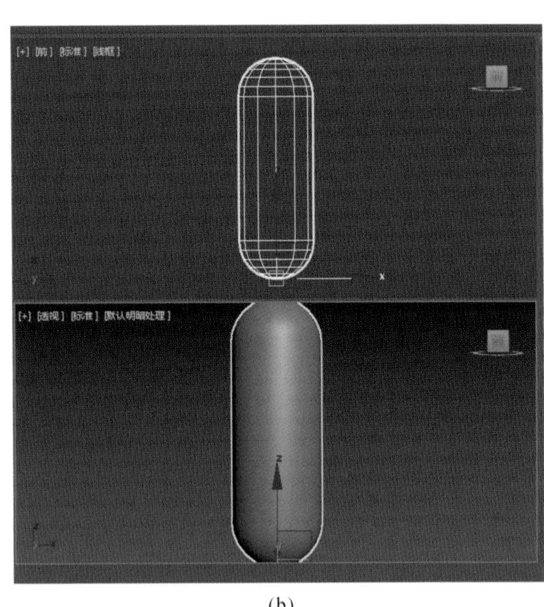

(b)

图 3.2.14　胶囊的创建

② 在参数中可以设置启用切片，切片的起始位置与切片的结束位置可以设置胶囊的弧度，也可以截取部分胶囊用作拼接，如图3.2.15所示。

③ 键盘输入偏移尺寸：在“扩展基本体”中选择“胶囊”，在键盘输入中设置好 X、Y、Z 轴的偏移量，以及半径和高度，总体或中心，点击创建即可；创建图形后若想修改尺寸，也可以在修改参数位置修改半径和高度等，设置总体或中心，修改边数和高度分段，如图3.2.16所示。

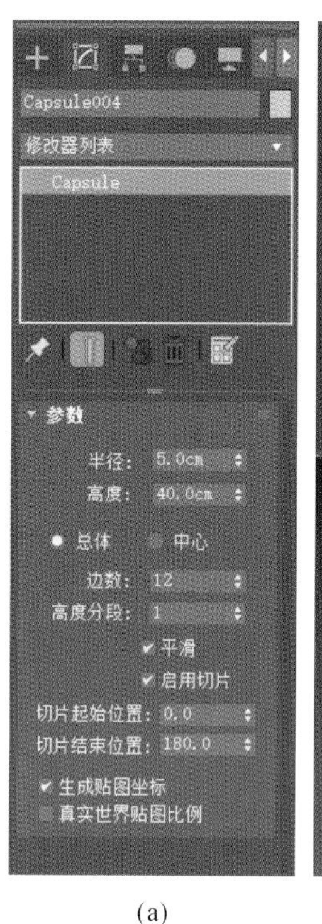

(a)

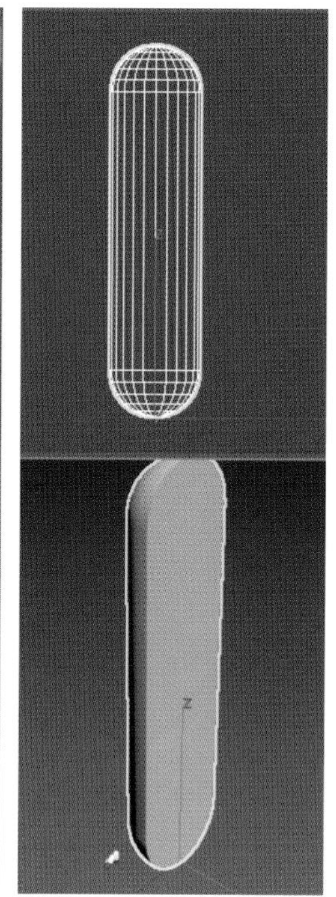

(b)

图 3.2.15 胶囊的切片

(a)

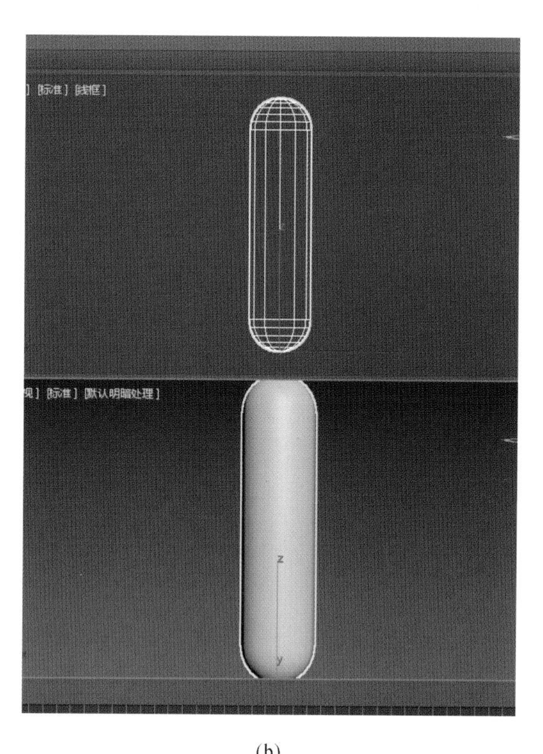

(b)

图 3.2.16 胶囊的创建方式

4）软管

创建中间软管的步骤如下。

（1）点击“扩展基本体”选项，找到“软管”，在左视图中创建出软管的界面。

（2）创建好界面之后在顶视图中移动鼠标左键就创建出来软管。

（3）在“修改”中设置软管的高度和分段数；再在“修改”中设置软管的直径和边数；设置之后在透视图中就可看到软管已创建好了。

创建软管如图3.2.17所示。

下面以胶囊为例进行操作说明。

胶囊案例实践效果示例图如图3.2.18所示。

步骤一：设置半径为0.365 cm，高度为2.1 cm，边数为24，高度分段为2，如图3.2.19所示。

步骤二：右键点击胶囊，将其转换为可编辑多边形，选择菜单栏中的“边”，框选胶囊的下半部分，如图3.2.20所示。

步骤三：下拉菜单栏，找到“分离”选项，将下半部分胶囊分离后，再次点击“边”选项，取消边，如图3.2.21所示。

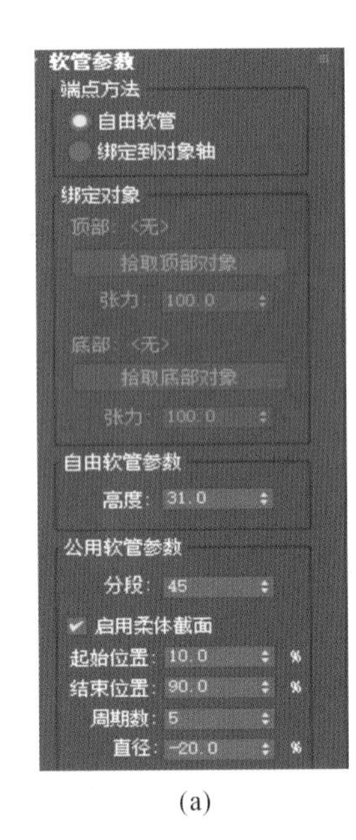

(a)

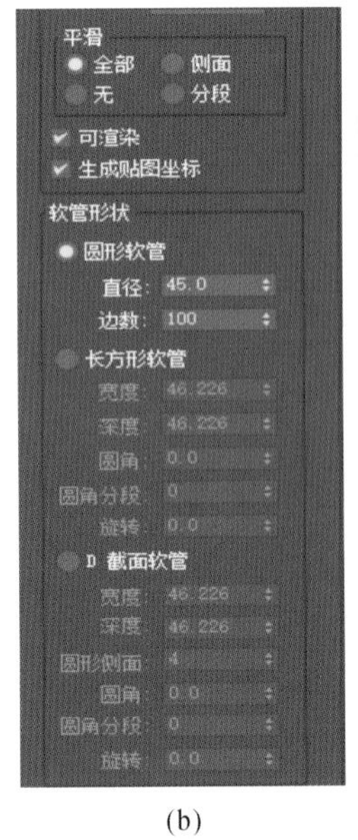

(b)

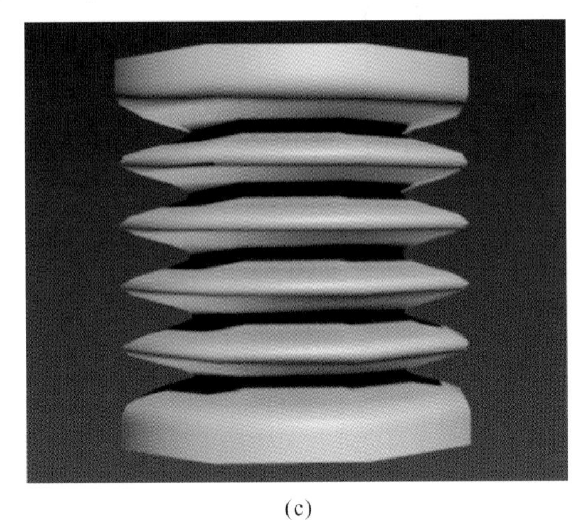

(c)

图 3.2.17　创建软管

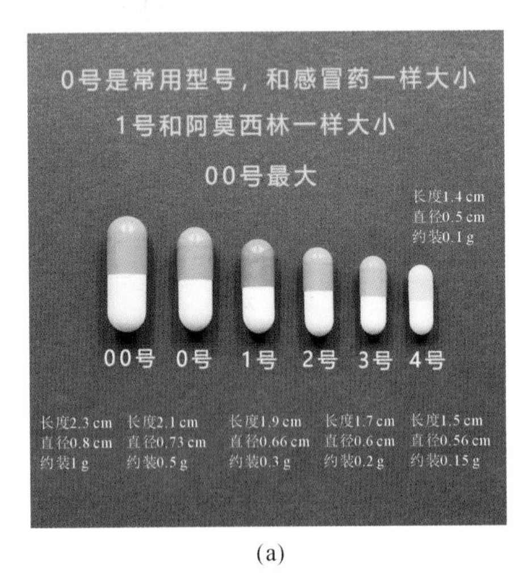

(a)

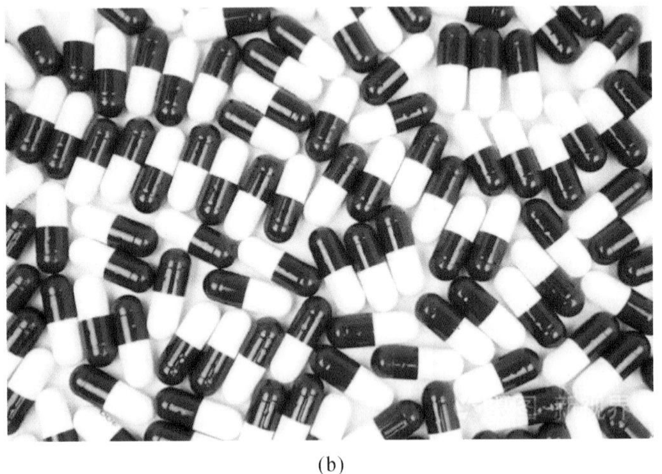

(b)

图 3.2.18　胶囊案例实践效果示例图

(a)

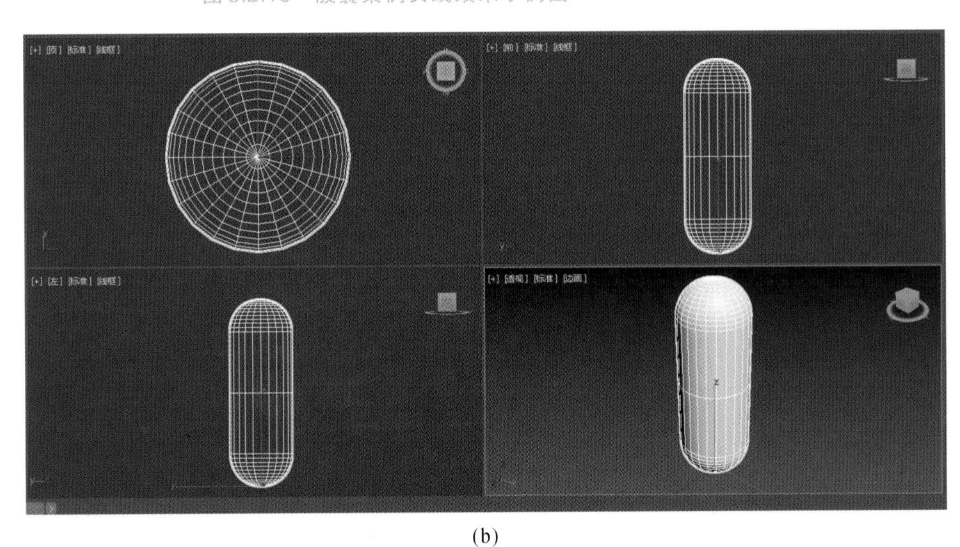

(b)

图 3.2.19　胶囊的设置

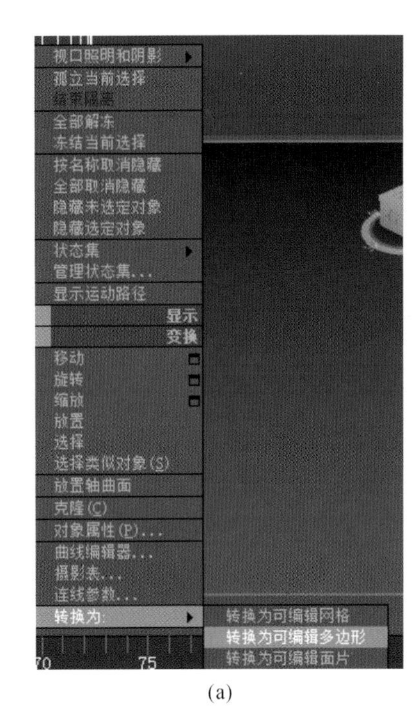

(a)

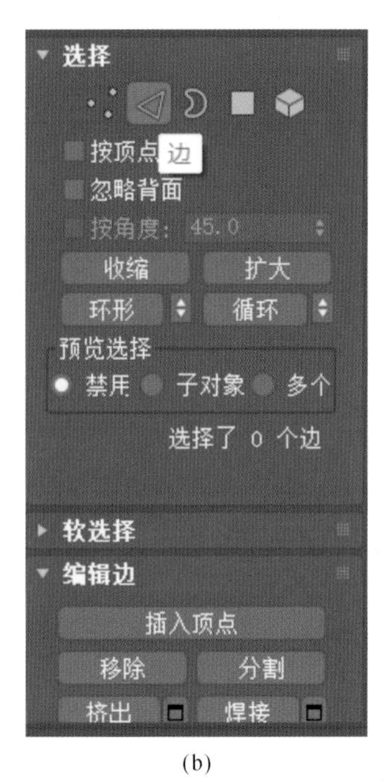

(b)

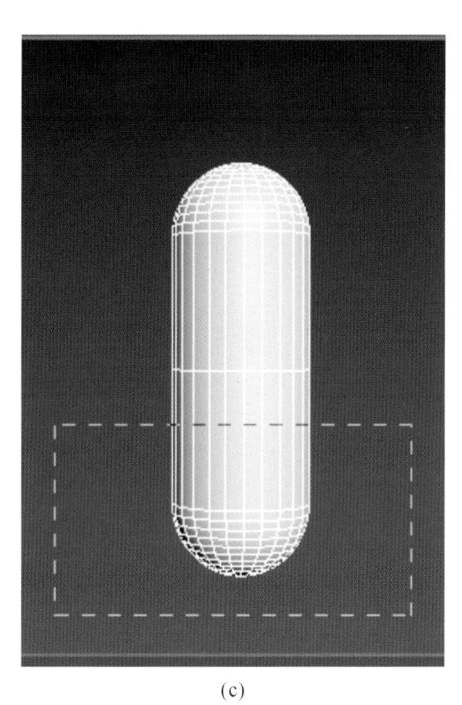

(c)

图 3.2.20　胶囊的选择

(a)

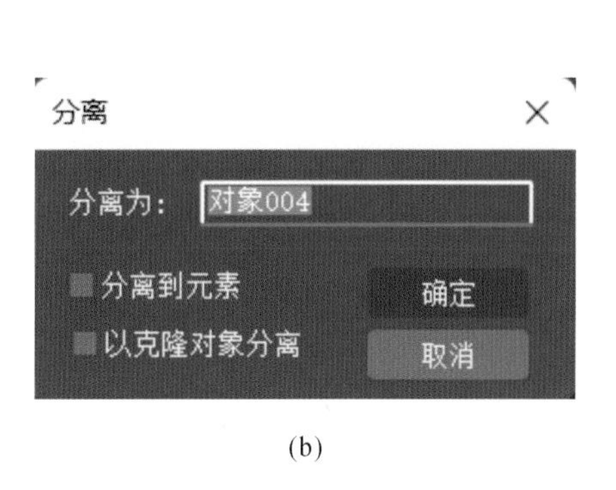

(b)

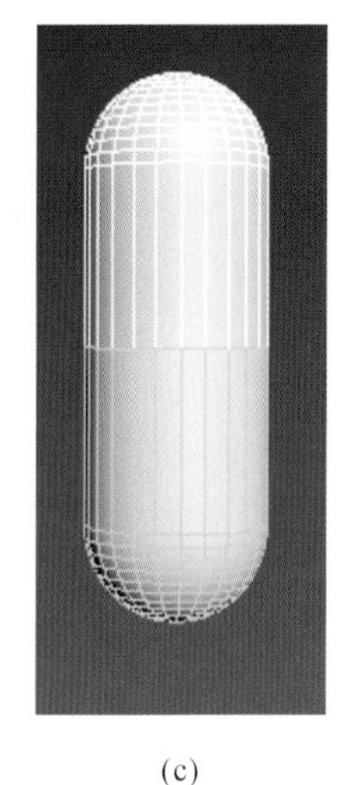

(c)

图 3.2.21　胶囊的分离

步骤四：找到“颜色”选项，将胶囊上半部分的颜色改为白色，再选择下半部分的胶囊，将下半部分的胶囊颜色改为红色，如图3.2.22所示。

步骤五：点击W键，使胶囊可移动，再按住Shift键，复制出一个新的胶囊，使用E键将胶囊旋转至合适的位置，如图3.2.23所示。

步骤六：从前视图中复制出一个胶囊，将其旋转为平躺，调整好胶囊的位置即可，如图3.2.24所示。

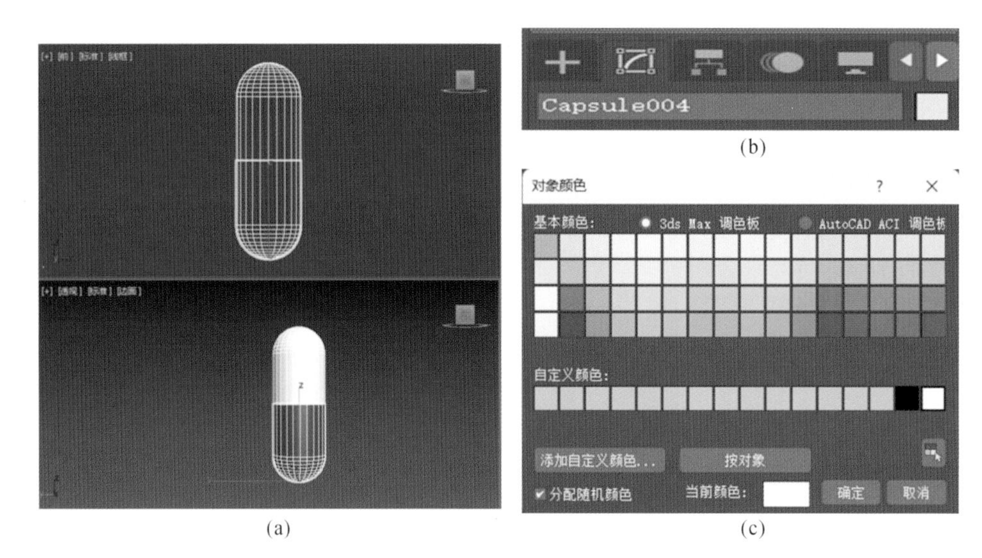

(a) (b) (c)

图 3.2.22　胶囊的颜色选择

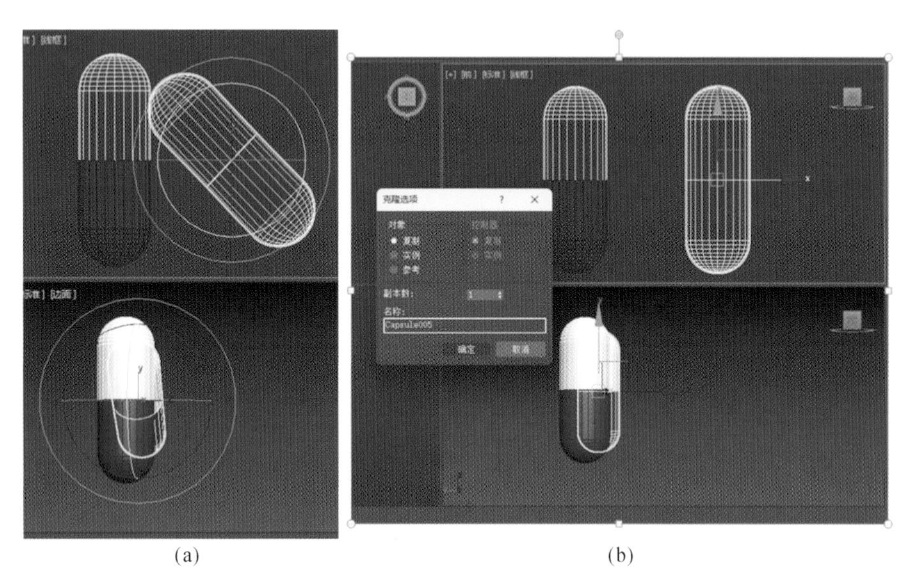

(a) (b)

图 3.2.23　胶囊的复制选择

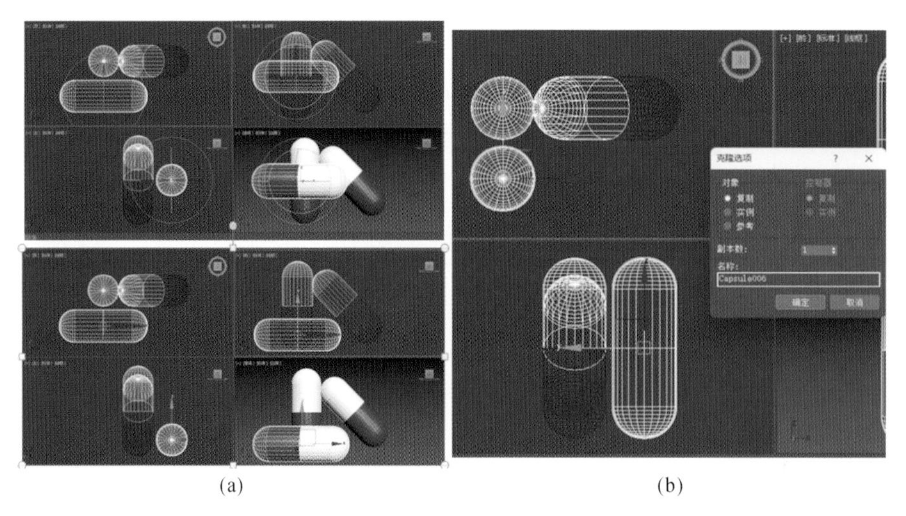

(a) (b)

图 3.2.24　胶囊的多个复制选择

—— 本阶段学习的主要思考 ——

(1) 有分析模型、选择正确扩展基本体进行创建的能力。

(2) 熟能生巧,可以较好地创建较精细的模型。

学习情境3.3 AEC扩展

学习目标

知识要点	知识目标	能力目标
AEC扩展的基本知识	常用植物、简易栏杆、框架墙常识	可以通过AEC扩展进行模型快速表达与基本效果呈现
专业技能案例实践	了解AEC扩展的创建模型	

学习任务

(1) 一般知识。

(2) 专业技能案例实践。

学习方法

对重点内容,以课堂讲授、实操为主。对一般内容,以自学为主,并在实际操作中加以深化和巩固。教学过程中宜采用多媒体教学或其他数字化教学手段以提高教学效果。

内容分析

1. AEC扩展的操作常识

1) 常用植物

单击“创建”,在几何体类型下选择“AEC扩展”,在“对象类型”下选择“植物”。“收藏的植物”默认有12种,如果想要更多的植物模型可以从网络上下载后进行创建。常见植物示例图如图3.3.1所示。

在“参数”选项中,“高度”可以设置植物的生长高度,“密度”可以设置植物叶子和花朵数量,“修剪”可以设置植物的修剪效果,“种子”中每个数值代表一种样式。“显示”可以设置是否需要显示树叶、树干、果实、树枝、花、根。“未选择对象时”表示没有选择任何对象,以树冠模式显示植物。“低”用来渲染植物的树冠,“中”用来渲染减少了面的植物,“高”用来渲染植物的所有面。常见植物的参数选择如图3.3.2所示。

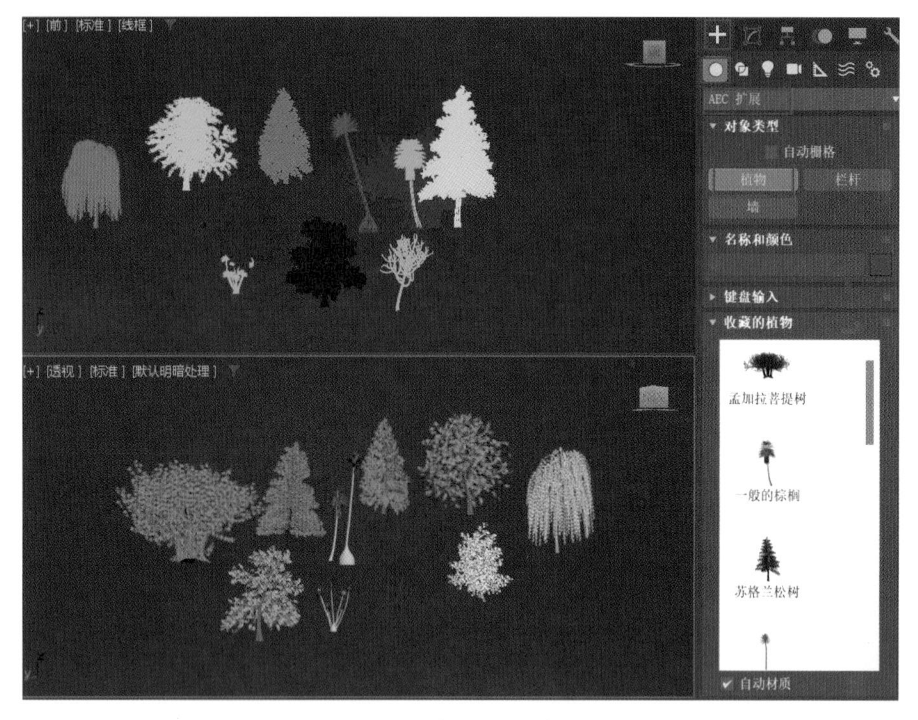

图 3.3.1　常见植物示例图

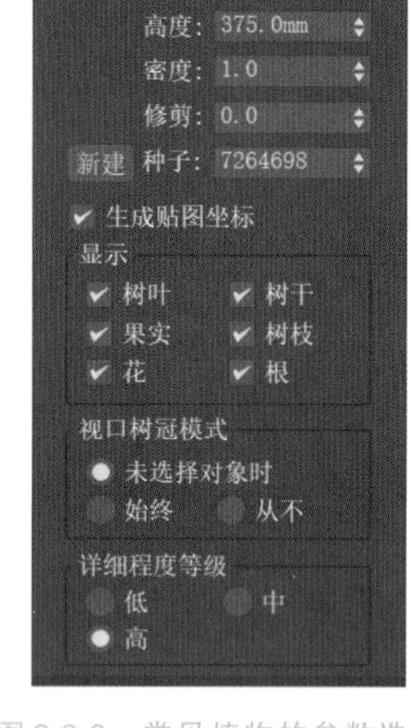

图 3.3.2　常见植物的参数选择

2）简易栏杆

单击“创建”，在几何体类型下选择“AEC扩展”，在对象类型下选择“栏杆”，如图3.3.3所示。可以制作直线栏杆，也可以根据所拾取的栏杆路径制作栏杆。

点击“栏杆”“拾取栏杆路径”可拾取样条线作为栏杆的路径。“分段”可设置栏杆对象的分段数。“匹配拐角”可以匹配所拾取栏杆路径的拐角。“长度”可设置栏杆的长度，当选择拾取栏杆路径后，不可修改长度。简易栏杆的边数选择如图3.3.4所示。

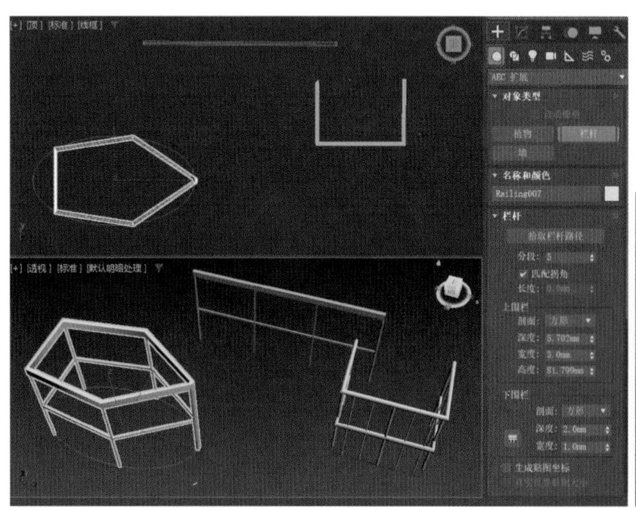

图 3.3.3　简易栏杆

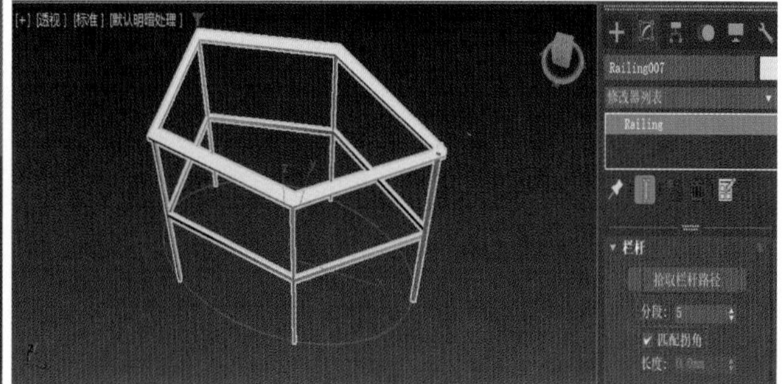

图 3.3.4　简易栏杆的边数选择

点击“栏杆”“上围栏”可设置栏杆上围栏部分的相关参数。“剖面”可设置围栏的横截面形状，有“无”“圆形”“方形”三种选择，“深度”可设置围栏深度。“宽度”可设置围栏的宽度。“高度”可设置栏杆整体的高度。“下围栏”可设置栏杆下围栏的相关参数。“下围栏间距”可设置下围栏的间距。栏杆的间距选择如图3.3.5所示。

“立柱”用于设置栏杆的立柱部分的相关参数。“剖面”可设置立柱的横截面形状，有“无”“圆形”“方形”三种选择。“深度”设置立柱深度。“宽度”设置立柱的宽度。“延长”设置立柱在上栏杆部分的延长量。“立柱间距”设置立柱的间距。立柱的间距选择如图3.3.6所示。

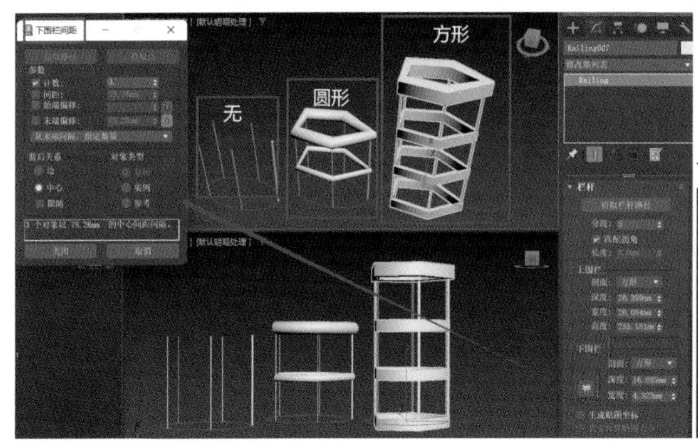

图3.3.5　栏杆的间距选择

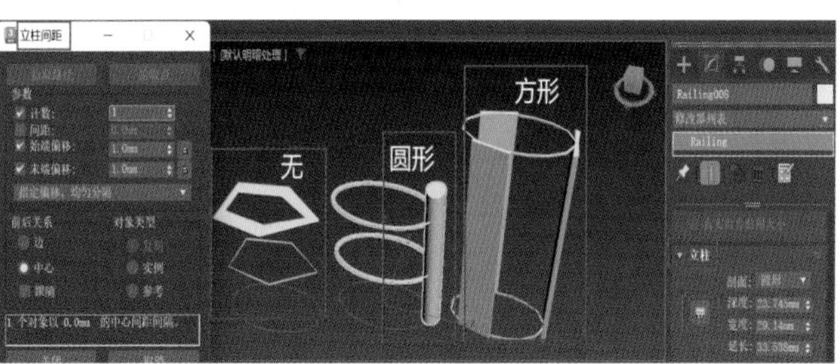

图3.3.6　立柱的间距选择

“栅栏”用于设置栏杆栅栏部分的相关参数，栅栏的类型有“无”“支柱”“实体填充”三种类型，当选择栅栏类型为“支柱”时，“支柱”才可以设置，“支柱”中“剖面”的类型有圆形和方形两种，当选择栅栏类型为“实体填充”时，“实体填充”才可以设置。栏杆支柱的选择如图3.3.7所示。

3）框架墙

单击“创建”，在几何体类型下选择“AEC扩展”，在对象类型下选择“墙”。可以直接在视图区创建框架墙，也可以根据所拾取的样条线制作栏杆。框架墙创建如图3.3.8所示。

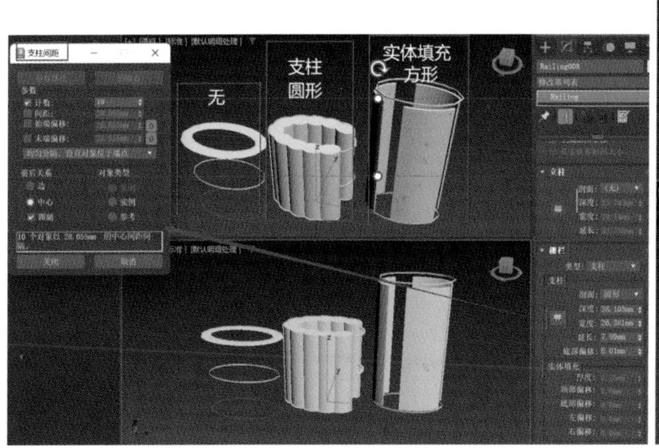

图3.3.7　栏杆支柱的选择

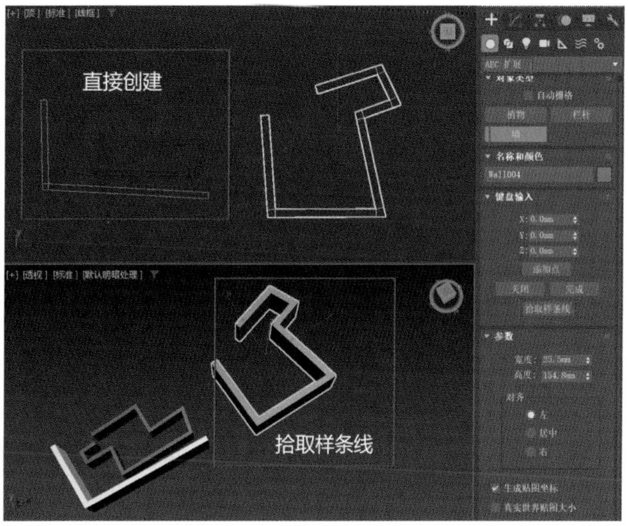

图3.3.8　框架墙创建

2.专业技能案例练习

1）常用植物操作案例自主拓展实践

常见植物的练习如图3.3.9所示。

图3.3.9　常见植物的练习

2）简易操作案例自主拓展实践

简易栏杆的制作如图3.3.10所示。

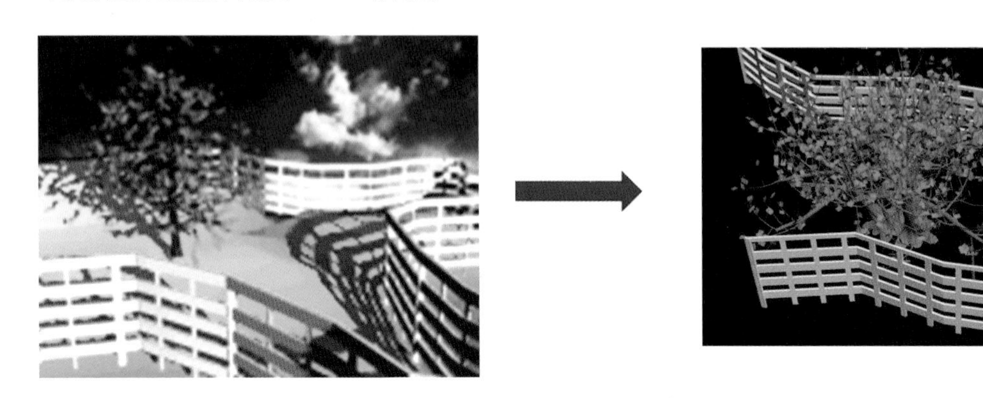

图3.3.10　简易栏杆的制作

3）框架墙操作案例自主拓展实践

框架墙的制作如图3.3.11所示。

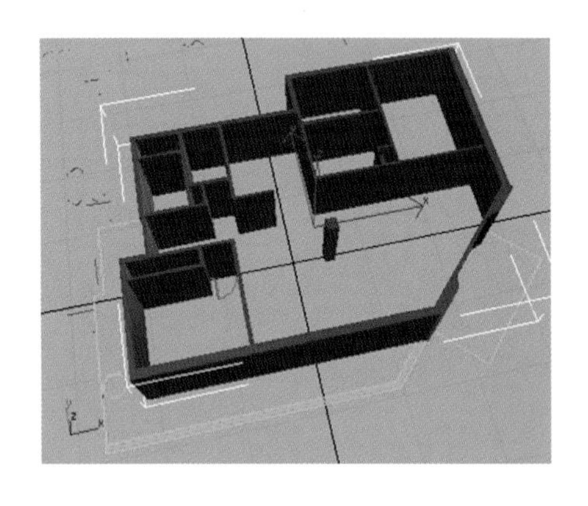

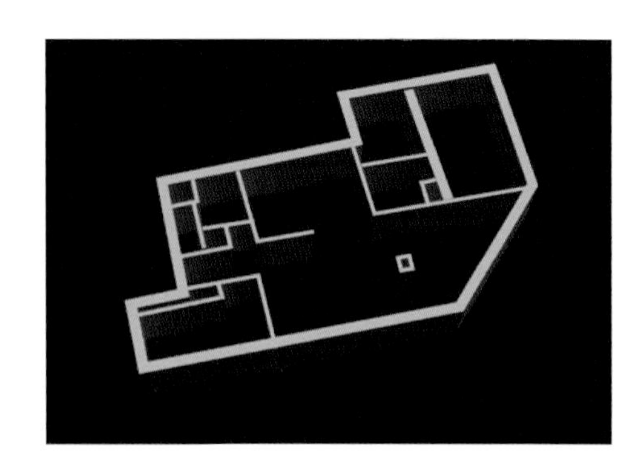

图3.3.11　框架墙的制作

—— 本阶段学习的主要思考 ——

（1）通过AEC拓展进行部分绿化、栏杆和框架墙的表示。

（2）基于参数的调整进行较美观的效果表现。

学习情境3.4 门、窗、楼梯创建

学习目标

知识要点	知识目标	能力目标
门、窗、楼梯的基本知识	了解不同类型门、窗、楼梯的形式及参数	在模型创建过程中,可以高效选择并通过参数调整达到最佳视觉效果

学习任务

(1)一般知识。

(2)专业技能案例实践。

学习方法

对重点内容,以课堂讲授、实操为主。对一般内容,以自学为主,并在实际操作中加以深化和巩固。教学过程中宜采用多媒体教学或其他数字化教学手段以提高教学效果。

内容分析

1.门的基本知识

门的基本类型如图3.4.1所示。

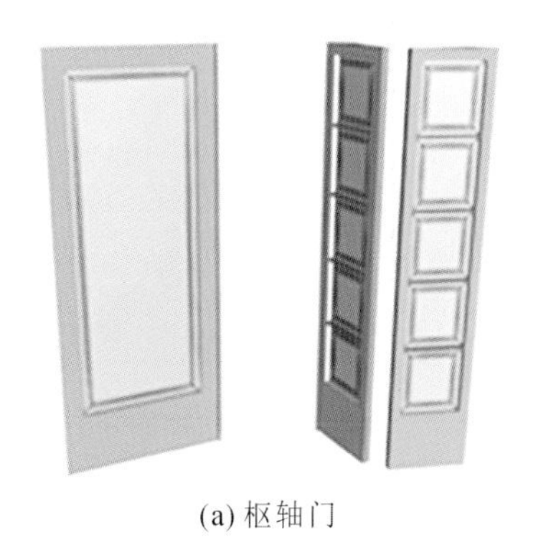

(a)枢轴门

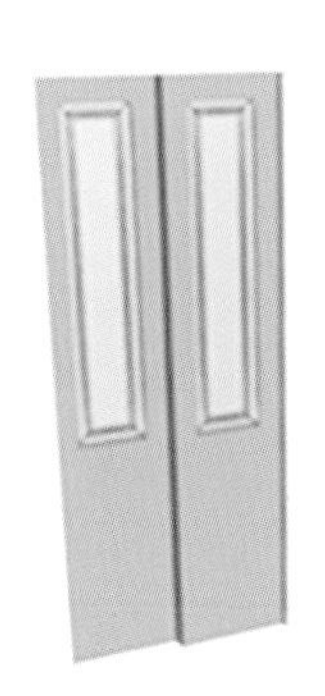

(b)推拉门

(c)折叠门

图3.4.1 门的基本类型

2.窗的基本知识

窗的基本类型如图3.4.2所示。

3.楼梯的基本知识

（1）直线楼梯类型如图3.4.3所示。

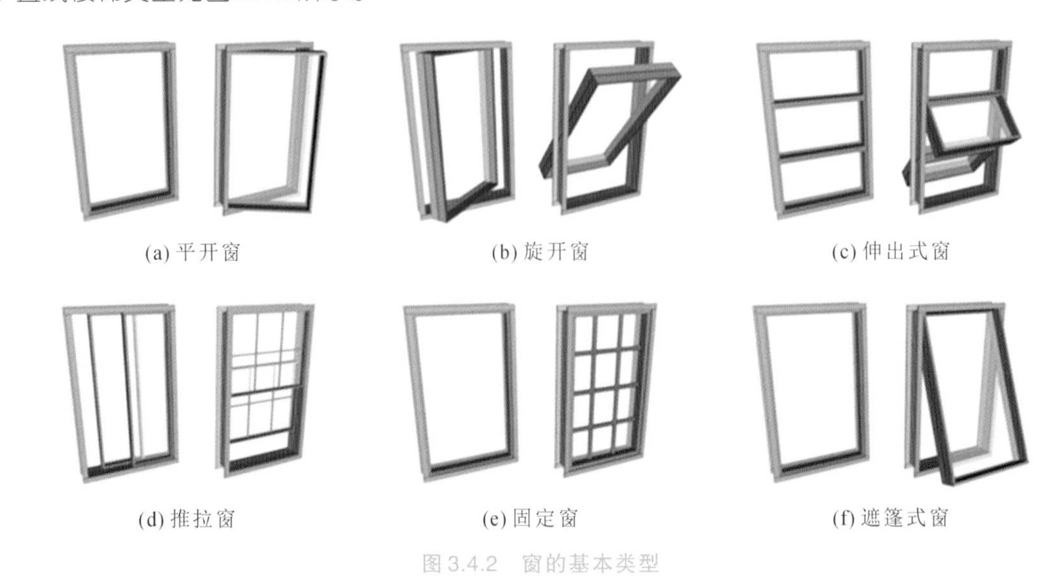

(a) 平开窗　(b) 旋开窗　(c) 伸出式窗

(d) 推拉窗　(e) 固定窗　(f) 遮篷式窗

图3.4.2　窗的基本类型

（2）旋转楼梯类型如图3.4.4所示。

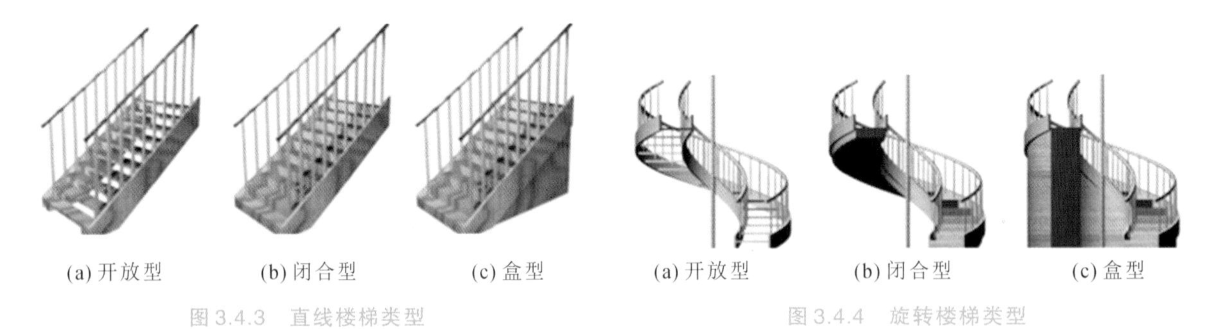

(a) 开放型　(b) 闭合型　(c) 盒型

图3.4.3　直线楼梯类型

(a) 开放型　(b) 闭合型　(c) 盒型

图3.4.4　旋转楼梯类型

（3）L形楼梯类型如图3.4.5所示。

（4）U形楼梯类型如图3.4.6所示。

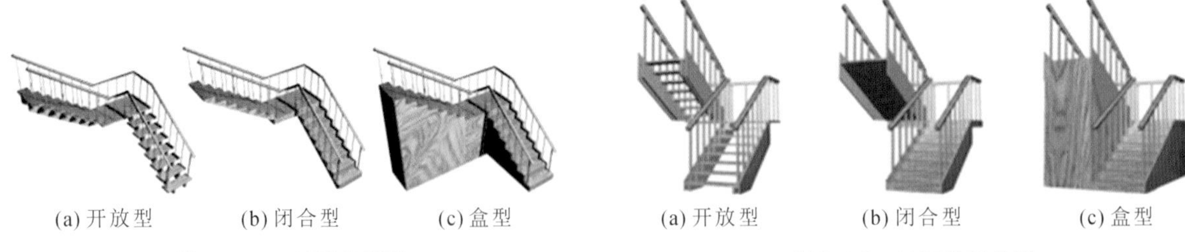

(a) 开放型　(b) 闭合型　(c) 盒型

图3.4.5　L形楼梯类型

(a) 开放型　(b) 闭合型　(c) 盒型

图3.4.6　U形楼梯类型

——本阶段学习的主要思考——

（1）熟练掌握门、窗、楼梯的类型及参数基本设置。

（2）在效果图的表达中可以选择比较合适的门、窗、楼梯。

学习情境3.5　三维基本体常用的建模修改命令

学习目标

知识要点	知识目标	能力目标
三维基本体常用的修改建模基本知识	修改器用于改变现有对象的创建参数、调整一个或一组对象的几何外形、进行子对象的选择和参数修改、转换参数对象为可编辑对象。对于基本模型进行调整非常重要。掌握弯曲、扭曲、FFD等常用修改的使用方法	处理三维对象的修改器，进行多边形协调建模。可以对三维对象的形态进行一系列编辑，从而得到想要的模型。 通过对效果图中常见的对象进行建模，介绍多边形建模技术的常用功能，学习针对不同的对象，选择不同的建模思路和方法
将基本体转换为多边形进行建模	掌握转换多边形对象的方法；掌握多边形对象的顶点、边和多边形层级中工具的使用方法；掌握多边形建模的边、顶点和面的编辑方法；掌握多边形建模的建模技巧；掌握平滑类修改器的使用方法	

学习任务

（1）三维基本体常用的修改建模基本知识。

（2）专业技能案例实践。

学习方法

对重点内容，以课堂讲授、实操为主。对一般内容，以自学为主，并在实际操作中加以深化和巩固。教学过程中宜采用多媒体教学或其他数字化教学手段以提高教学效果。

内容分析

1.常用基本体的修改命令

基本体的修改常用“自由形式变形”和“参数化修改器”中的弯曲、锥化、扭曲、噪波、FFD、拉伸、挤压、松弛、波浪、晶格、置换、壳等。

此处主要介绍弯曲、扭曲、噪波、锥化、晶格、FFD、壳，关于其他的内容大家可以拓展，自主学习。

1）弯曲修改器

弯曲修改器可以使物体在任意3个轴上控制弯曲的角度和方向，也可以对几何体的一段限制弯曲效果。

角度：指物体与所选的轴的垂直平面的角度。

方向：指物体与所选的轴的平面的角度。

弯曲轴：指弯曲的轴向，系统默认的是Z轴。

2）扭曲修改器

扭曲修改器可以在对象几何体中创建如拧湿抹布般旋转的效果，并且可以控制任意3个轴上的扭曲角度，也可以对几何体的一段限制扭曲效果。

角度：决定物体扭曲角度的大小，数值越大，扭曲变形就越厉害。

偏移：数值为0时，扭曲均匀分布；数值大于0时，扭曲程度向上偏移；数值小于0时，扭曲程度向下偏移。

上限和下限：决定物体的扭曲限度。

3）噪波修改器

噪波修改器可以使对象表面的顶点进行随机变动，从而让表面变得起伏、不规则，常用于制作复杂的地形、地面和水面效果。

种子：用于设置噪波的随机种子，不同的随机种子会产生不同的噪波效果。

比例：用于设置噪波的影响范围，值越大，产生的效果越平缓；值越小，产生的效果越尖锐。

分形：勾选此选项后将会得到更为复杂的噪波效果。

粗糙度：用于设置表面起伏的程度，值越大，起伏得越厉害，表面也就越粗糙。

复杂度：用于设置碎片的迭代次数，值越小，地形越平缓；值越大，地形的起伏也就越大。

强度：用于控制X、Y、Z三个轴向上物体的噪波强度，值越大，噪波越剧烈。

4）锥化修改器

定义：对物体轮廓进行修改锥化，将物体沿某个轴向逐渐放大或缩小。

例子：软管锥化成塔。

数量：决定物体锥化的程度，数值越大，锥化程度越大。

曲线：决定物体边缘曲线弯曲程度。当数值大于0时，边缘线向外凸出；当数值小于0时，边缘线向内凹进。

上限和下限：决定了物体锥化的限度。

5）晶格修改器

可以将图形的线段或边转化为圆柱形结构，并在顶点上产生可选择的关节多面体。

操作：支柱半径、节点半径、光滑。

FFD 2x2x2
FFD 3x3x3
FFD 4x4x4
FFD(长方体)
FFD(圆柱体)

(a)

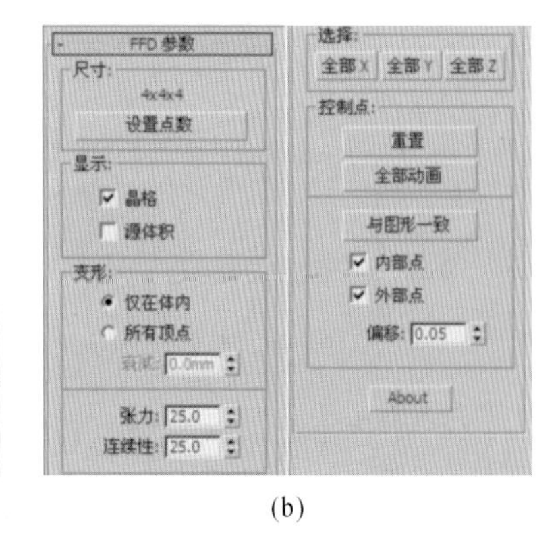

(b)

图3.5.1 FFD的命令面板卷展栏

6）FFD修改器

FFD修改器使用晶格框包围住选中的几何体，然后通过调整晶格的控制点来改变封闭几何体的形状。FFD修改器包含5种类型，分别FFD 2×2×2修改器、FFD 3×3×3修改器、FFD 4×4×4修改器、FFD（长方体）修改器和FFD（圆柱体）修改器。FFD的命令面板卷展栏如图3.5.1所示。

7）壳修改器

壳修改器可以为对象面片增加厚度。在3ds Max中，单层的面是没有厚度的，利用壳修改器可以使单层的面变为双层，从而具有厚度的效果。倒角边：利用弯曲线条可以控制外壳边缘的形状。壳的介绍如图3.5.2所示。

(a)

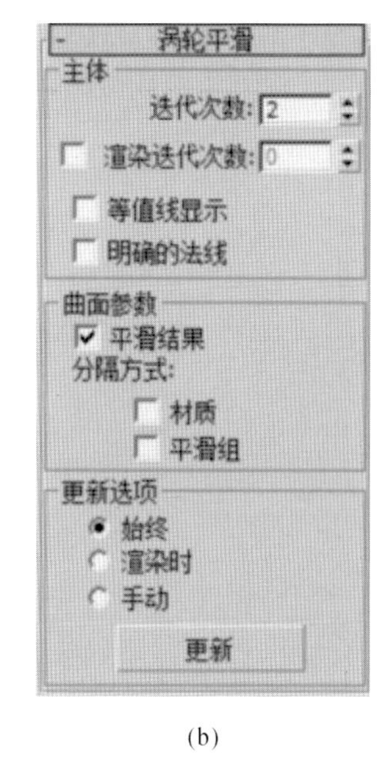

(b)

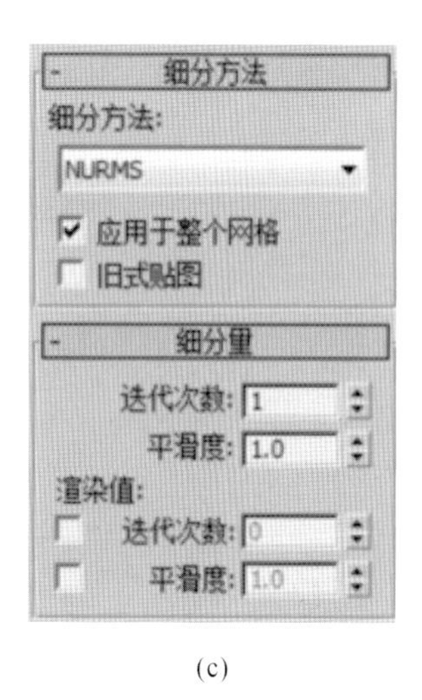

(c)

图3.5.2　壳的介绍

在前面的建模中，大家发现我们创建的模型或多或少会有棱角，但是生活中的物体都是比较平滑的，如桌子棱角，我们都会把棱角弄圆润，避免割伤手。在3ds Max，有专门将物体平滑的修改器，这类修改器统称为平滑类修改器，常用的功能有网格平滑和涡轮平滑。

2. 基本体转换为多边形建模

多边形建模是3ds Max建模技术的核心内容，是当今主流的建模方式，也是效果图中最常用的一种建模方法。多边形建模在编辑上更灵活、更自由、更高效，对硬件要求比较低。掌握了多边形建模，基本上就算掌握了3ds Max的建模方法。

要进行多边形建模，首先要得到多边形对象。多边形对象不是创建的，而是通过转化得到的，任何几何体都能转化为多边形对象，几何体有以下三种转化方式。注意，几何体转化为多边形对象后，形态上基本不会发生变化，仅仅在对象性质上发生变化。

方式一：选择需要转化的对象，然后单击鼠标右键，在弹出的菜单中选择“转化为”“转化为可编辑多边形”，即可将对象转化为可编辑多边形对象，如图3.5.3所示。

方式二：在“修改”中为对象加载一个“编辑多边形”修改器，可以直接将对象转化为多边形对象，这种方法可以将原对象的创建数据保留下来，如图3.5.4所示。

方式三：在修改堆栈的对象名称上单击鼠标右键，然后选择“编辑多边形”，可以将对象转化为多边形对象。

无论用哪种方式转化得到的多边形对象，其结构都是一样的，即包含选择、软选择、编辑几何体、细分曲面、细分置换、绘制变形这6个默认卷展栏，如图3.5.5所示。

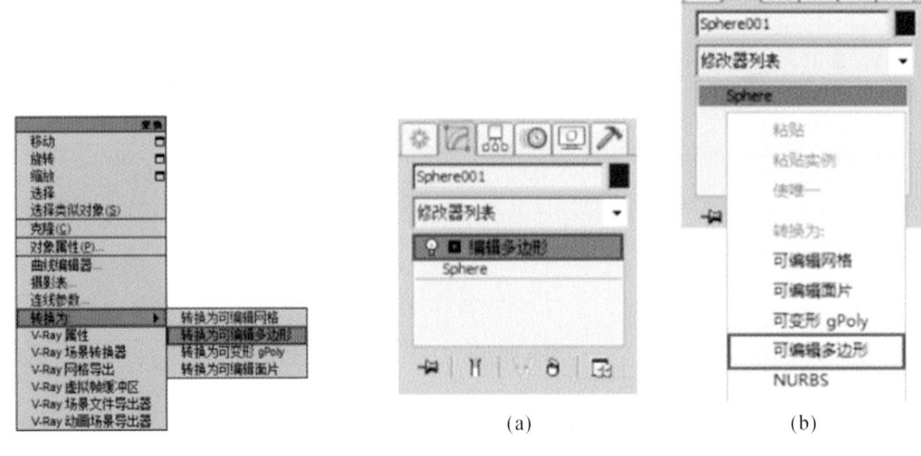

图3.5.3　转化为可编辑的多边形　　　　图3.5.4　在修改中转化为可编辑的多边形

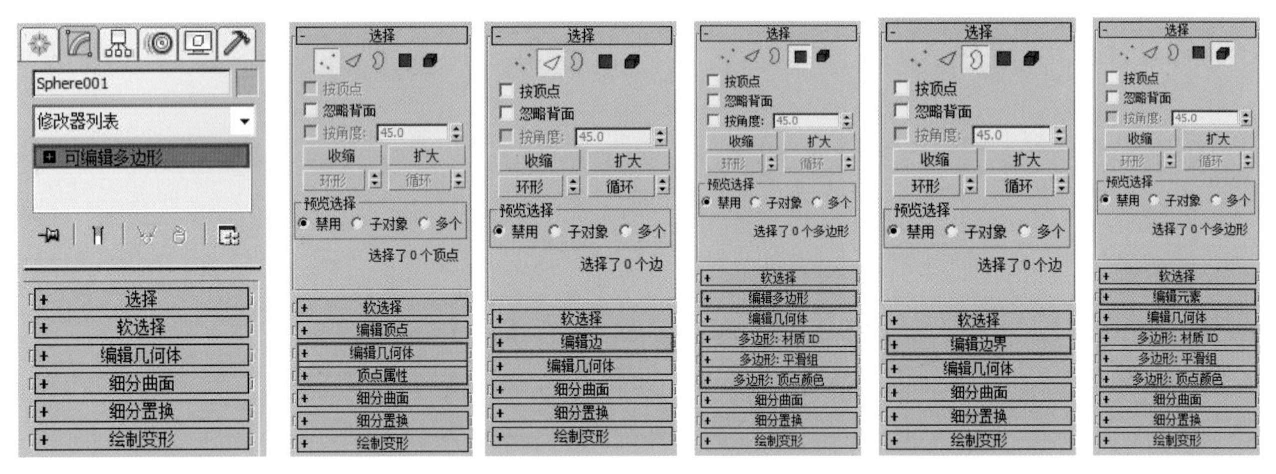

图3.5.5　选择、软选择、编辑几何体、细分曲面、细分置换、绘制变形

1）选择

“选择”卷展栏下的工具与选项主要用来访问多边形子对象级别，以及快速选择子对象，如图3.5.6所示。

2）软选择

“软选择”是以选中的子对象为中心向四周扩散，以放射状方式来选择子对象。在对选择的部分子对象进行变换时，可以让子对象以平滑的方式进行过渡。

3）编辑几何体

“编辑几何体”卷展栏下的工具适用于所有子对象级别，主要用来全局修改多边形几何体。

4）编辑顶点

进入可编辑多边形的“顶点”层级后，在“修改”面板中会增加一个“编辑顶点”卷展栏。这个卷展栏下的工具全部用来编辑顶点，如图3.5.7所示。

5）编辑边

进入多边形对象的“边”层级以后，在“修改”面板中会增加一个“编辑边”卷展栏，这个卷展栏下的工具全部是用来编辑边的，如图3.5.8所示。

(a)

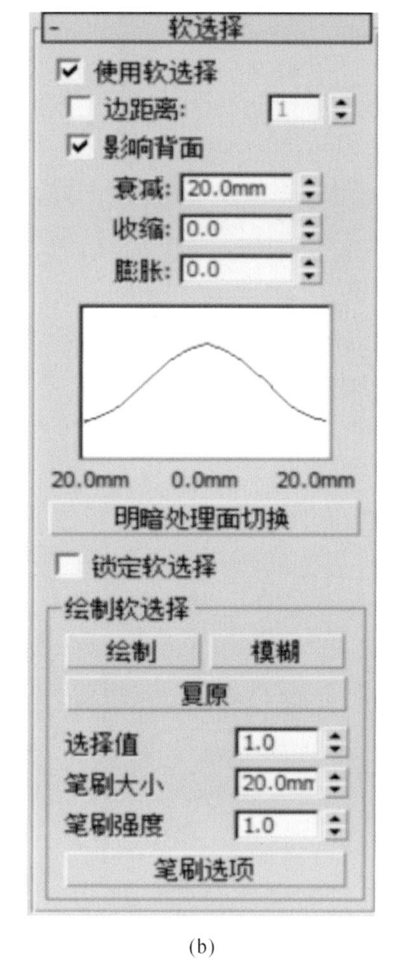

(b)

(c)

图 3.5.6 “选择”卷展栏

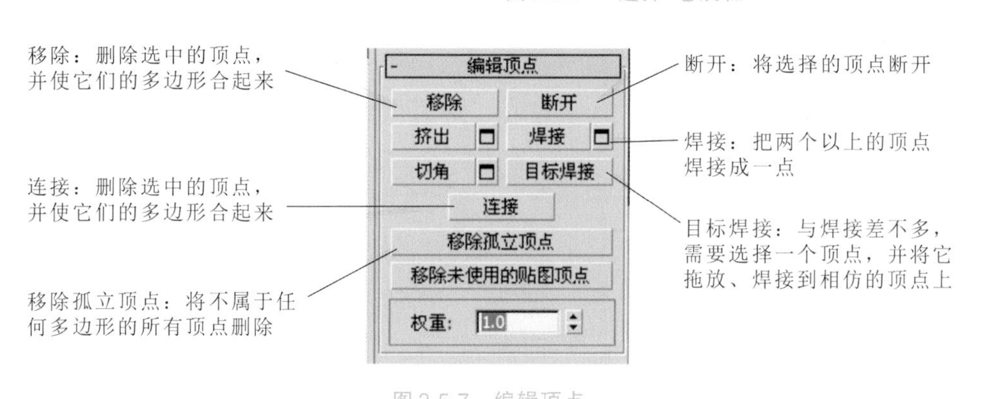

图 3.5.7 编辑顶点

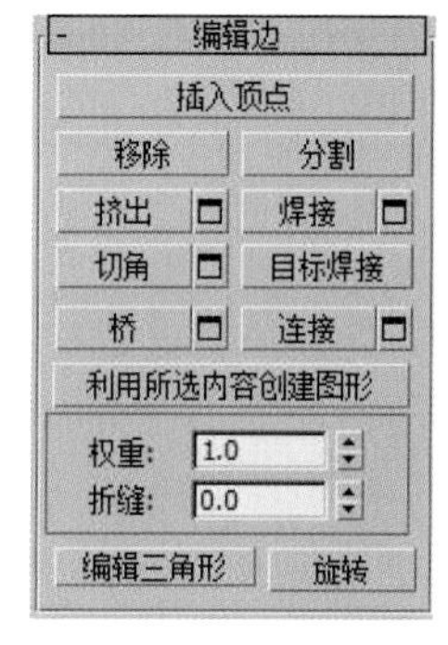

图 3.5.8 编辑边

6）编辑边界

“边界”可以理解为多边形表面有洞，那个洞的出口就是“边界”。编辑边界如图3.5.9所示。

7）编辑多边形

进入多边形对象的“多边形”层级以后，在“修改”面板中会增加一个“编辑多边形”卷展栏，这个卷展栏下的工具全部是用来编辑多边形的，如图3.5.10所示。

编辑命令面板如图3.5.11所示。

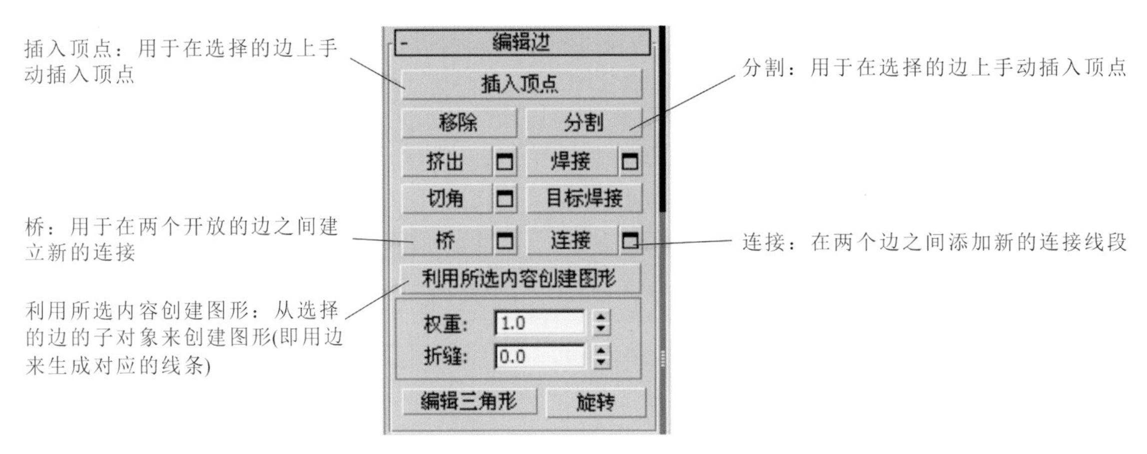

图 3.5.9　编辑边界

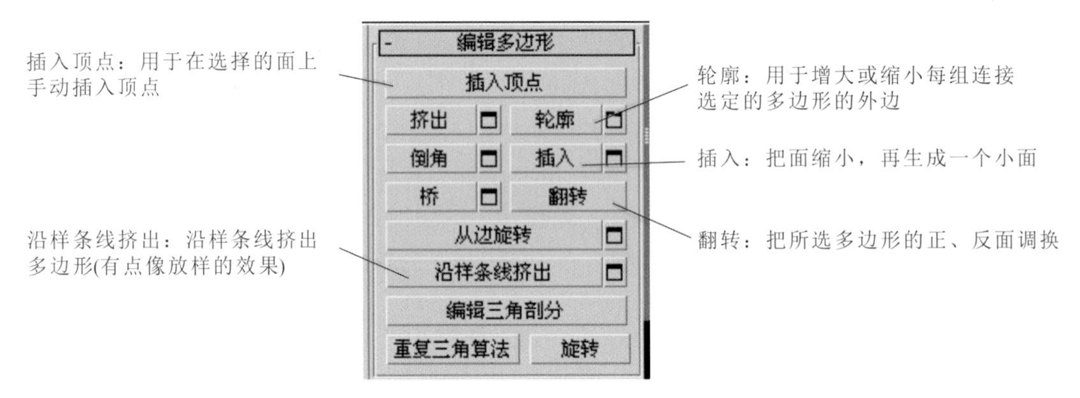

图 3.5.10　编辑多边形

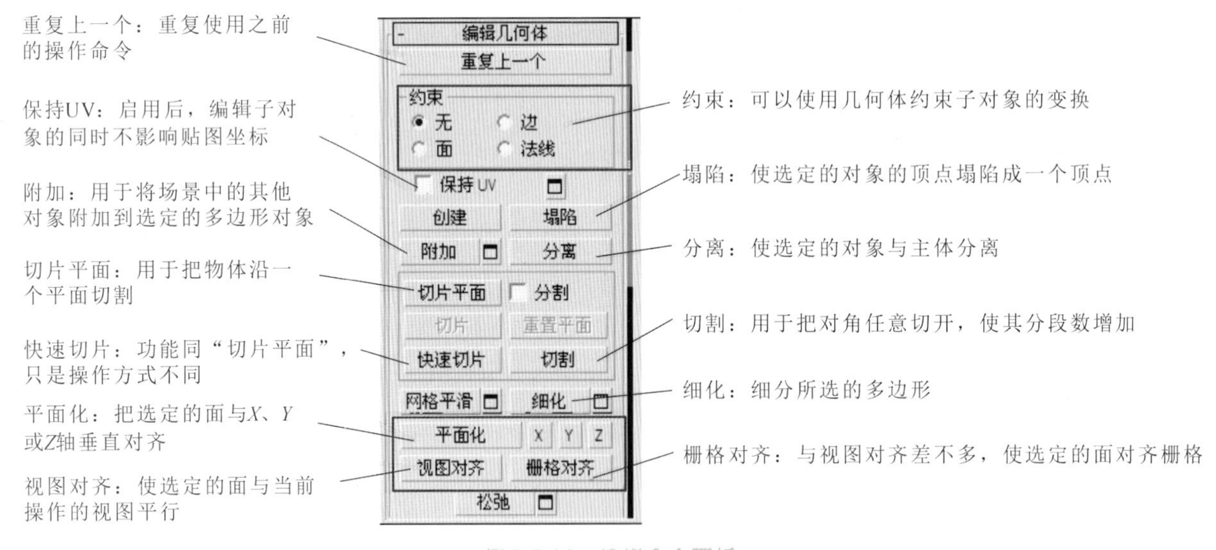

图 3.5.11　编辑命令面板

—— 本阶段学习的主要思考 ——

(1) 用不同分段数的几何体练习弯曲、FFD等修改及转换，将多边形进行点、边等编辑建模应用，熟练掌握几何体分段数与修改效果之间的关系。

(2) 可进行抱枕练习，练习FFD修改器Gizmo控制点的编辑，该功能没有具体的操作捷径，只能熟能生巧。

学习领域四

常用的三维复合对象建模

□ 学习领域概述

本部分属于高级建模。很多逼真、复杂造型的效果图需要较强技巧才能完成。此学习领域主要分析布尔建模和散布建模的复合建模方法。

学习情境4.1　布尔建模

学习目标

知识要点	知识目标	能力目标
布尔建模的基本知识	掌握将两个或两个以上的对象组合成一个物体的操作	可以对两个相交对象进行并集、交集、差集运算
专业技能案例实践	掌握布尔命令的运用	

学习任务

（1）一般知识。

（2）专业技能案例实践。

学习方法

对重点内容，以课堂讲授、实操为主。对一般内容，以自学为主，并在实际操作中加以深化和巩固。教学过程中宜采用多媒体教学或其他数字化教学手段以提高教学效果。

内容分析

1.布尔建模的操作常识

可以将两个或两个以上的对象进行并集、差集和交集运算，从而得到新的物体形态。

(1)在几何体中找到“复合对象”，点击“复合对象”下的“布尔”即可。

(2)在布尔运算中，可以添加布尔运算的对象，也可以移除布尔运算的对象，可以在图表中设置。

(3)在布尔运算中，可以设置不同的运算对象参数，有并集、交集、差集、合并、附加和插入六种，还可以设置运算对象参数的盖印或切面，以及布尔运算的材质和显示，如图4.1.1所示。

2.布尔运算专业技能案例实践

1）个性化置物小家具模型的创建

个性化置物小家具模型示例如图4.1.2所示。

步骤一：通过切角长方体创建Z字置物小家具。

（1）在几何体中找到“扩展基本体”，在对象类型中选择切角长方体，在前视图中拉出长方体。

（2）从切角长方体的左侧拉出另一个切角长方体，调整好它的参数，按Shift键向下复制出一个同样的切角长方体，调整好它们的位置，如图4.1.3所示。

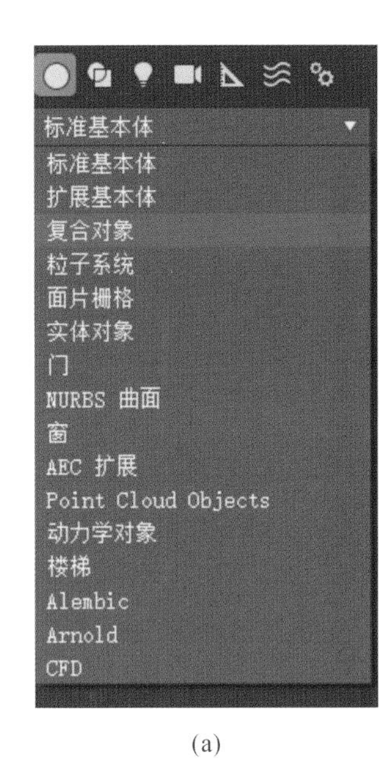

(a)

(b)

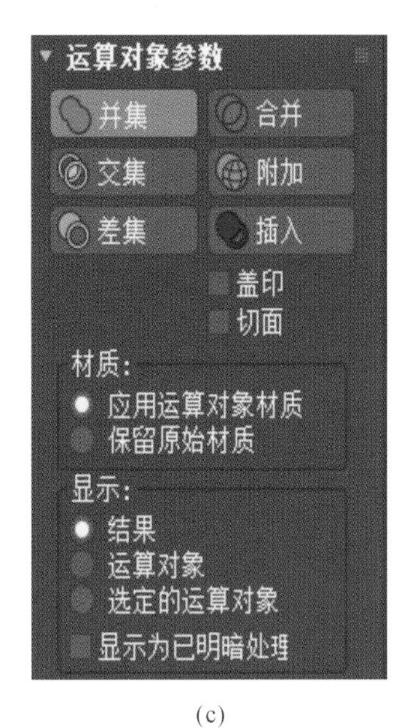

(c)

图 4.1.1　布尔运算的基本认识

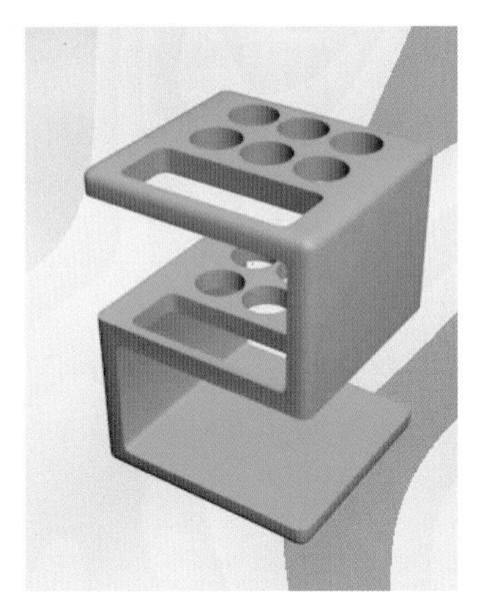

图 4.1.2　个性化置物小家具模型示例

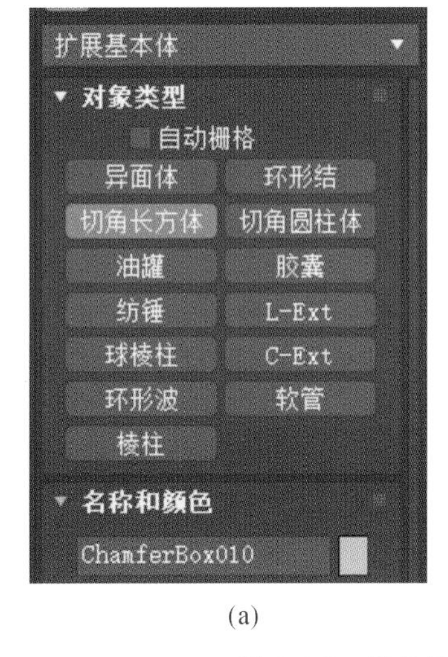

(a)

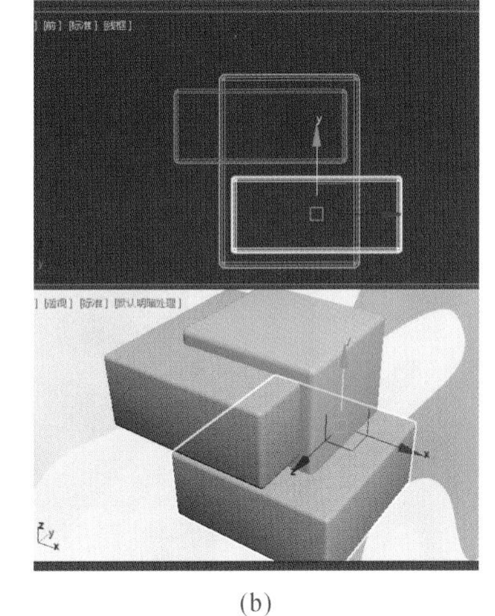

(b)

图 4.1.3　切角长方体的基本认识

（3）在几何体中找到“复合对象”，选择需要运算的初始对象长方体，点击“布尔”。

（4）点击“添加运算对象”，选择“差集”，依次点击大切角长方体两侧的小切角长方体，就可以将两侧挖空，形成Z字形，如图4.1.4所示。

（5）再次使用切角长方体，在顶视图中拉出一个切角长方体，调整好它的参数，将它放在相应的位置高度，如图4.1.5所示。

步骤二：创建圆柱，通过布尔进行镂空操作。

（1）在标准基本体中选择圆柱体，在顶视图中拉出一个圆柱体，调整好它的参数和高度位置，按Shift键复制出五个一模一样的圆柱体，如图4.1.6所示。

（2）点击“复合对象”“布尔”，选择“添加运算对象”，点击“差集”，依次选择图中的切角长方体和圆柱体进行布尔即可，如图4.1.7所示。

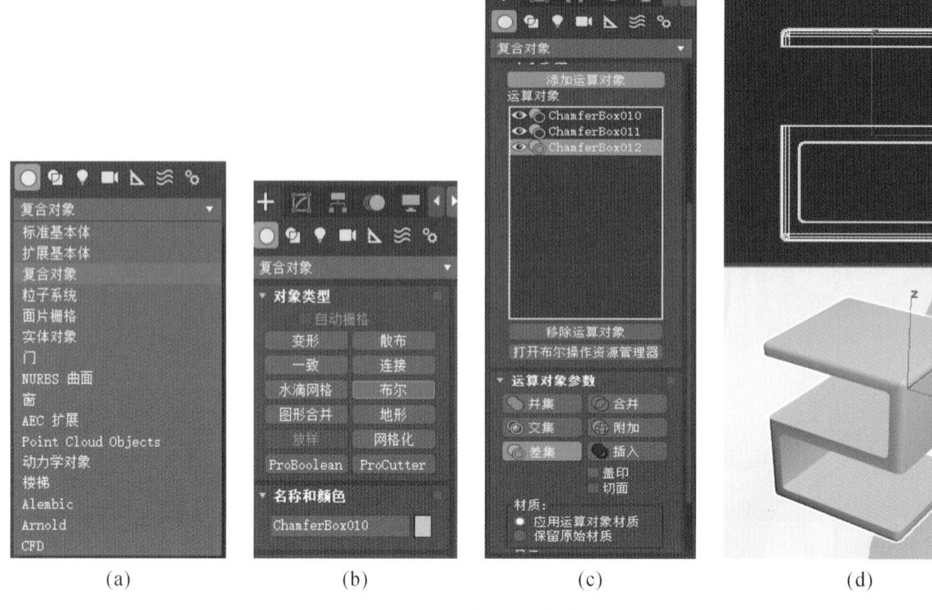

图 4.1.4 复合对象的选择

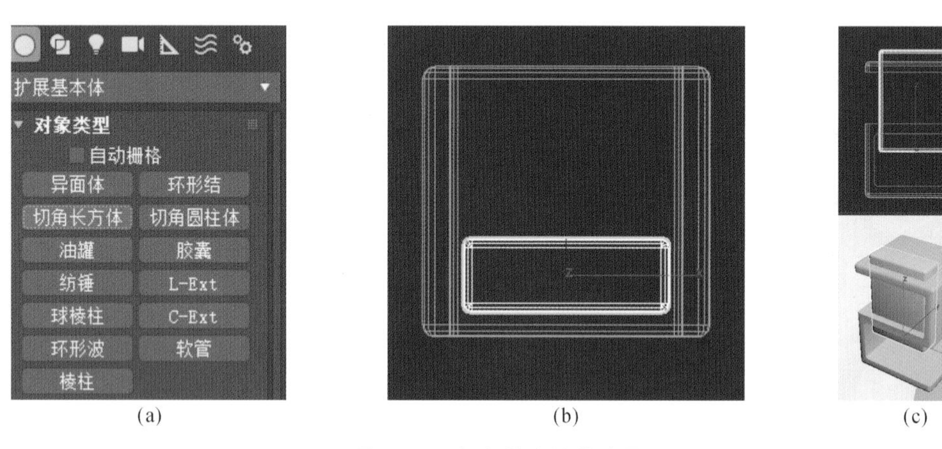

图 4.1.5 切角长方体的放置

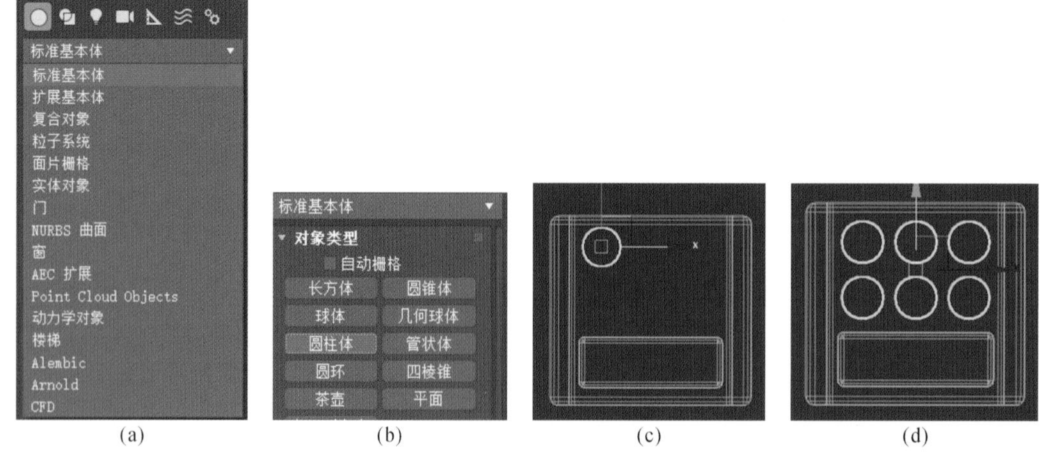

图 4.1.6 创建六个圆柱体

2）镂空圆墩的模型创建

镂空圆墩的模型示例图如图4.1.8所示。

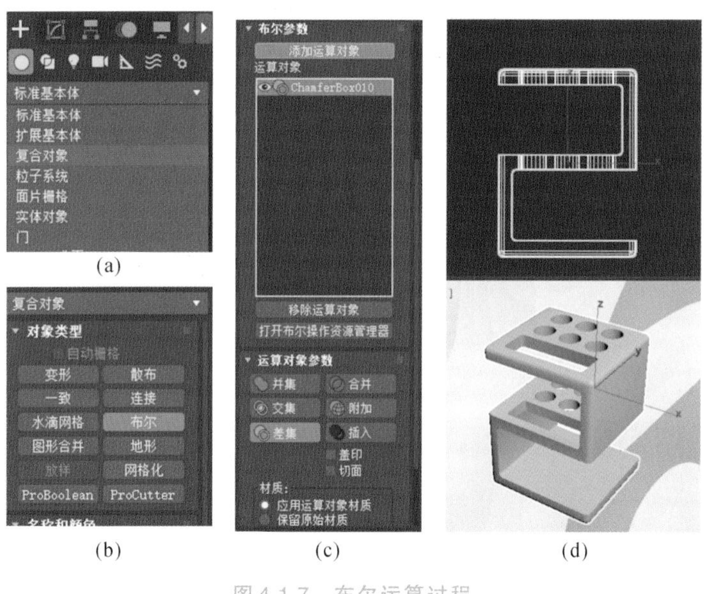

图4.1.7 布尔运算过程

图4.1.8 镂空圆墩的模型示例图

步骤一：通过球体创建墩体。

创建墩体如图4.1.9所示。

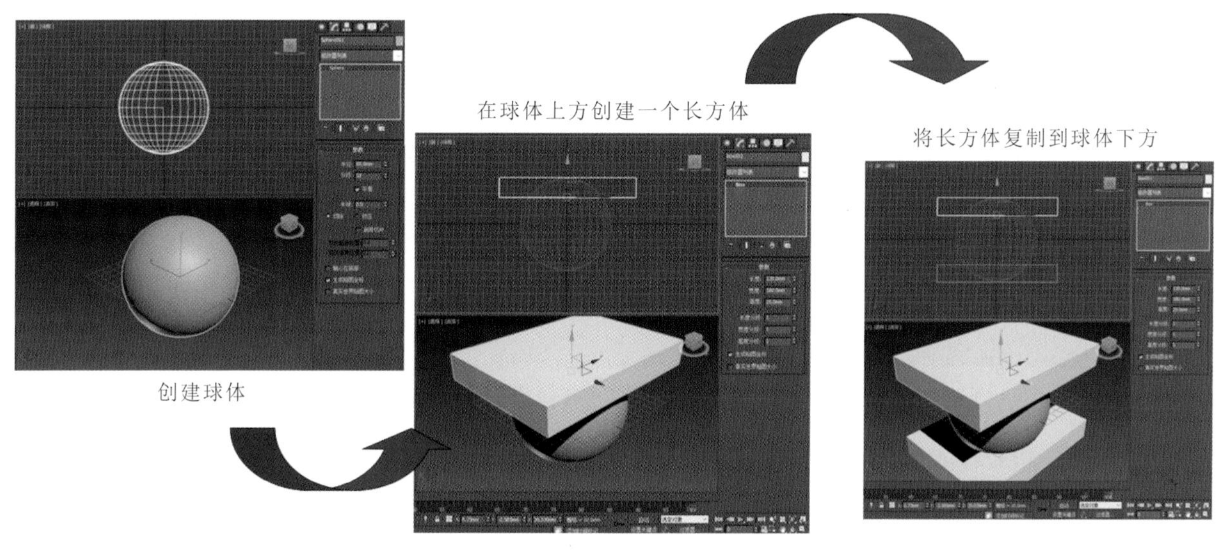

图4.1.9 创建墩体

选择球体后，在“复合对象”中找到“布尔”，用“布尔”中的“差集（B-A）”分别选择两个长方体布尔掉，得到一个鼓状体，如图4.1.10所示。

步骤二：挖空墩体。

通过阵列向内缩放一个鼓状体，选择大的鼓状体后布尔去掉小的鼓状体，如图4.1.11所示。

步骤三：通过布尔进行镂空操作。

在鼓状体边缘创建一个球体，将球体的轴移动到鼓状体的中心，如图4.1.12所示。

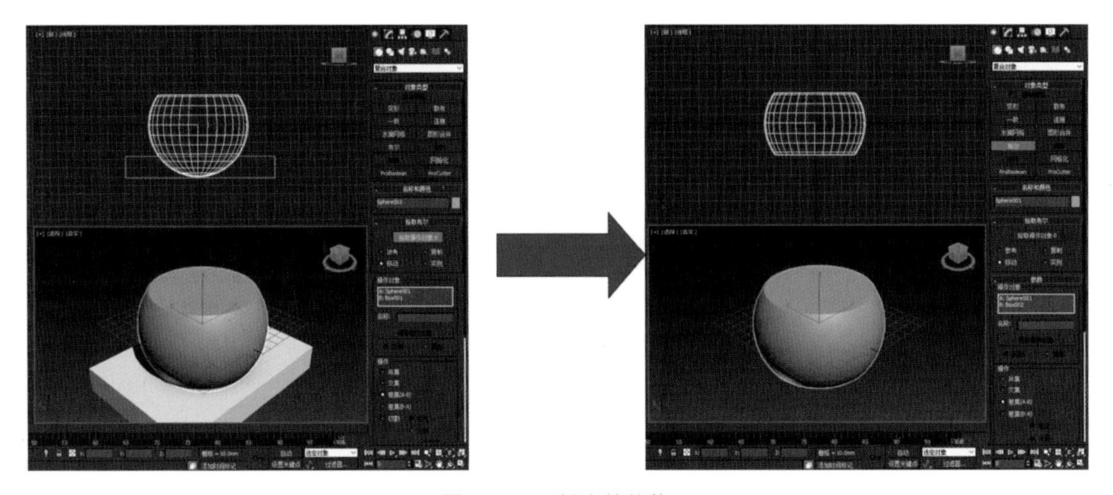

图 4.1.10　创建鼓状体

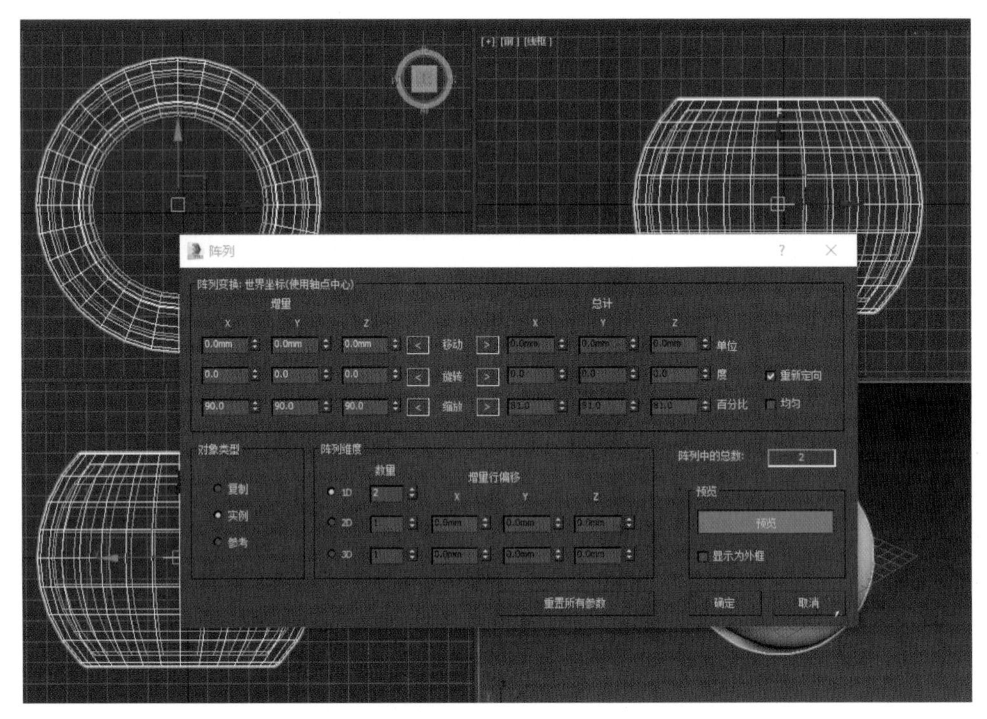

图 4.1.11　挖空墩体

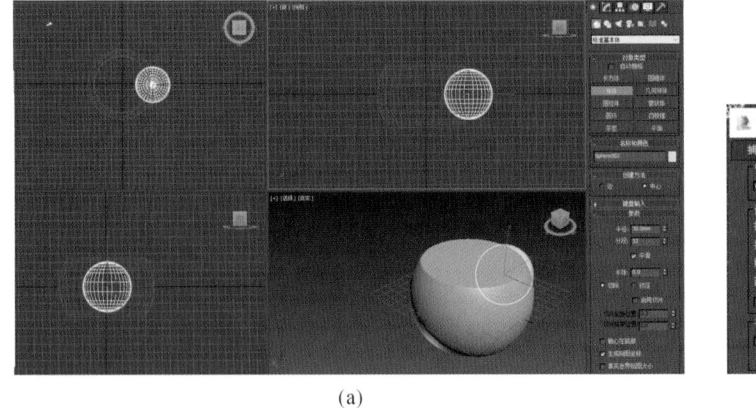

(a)

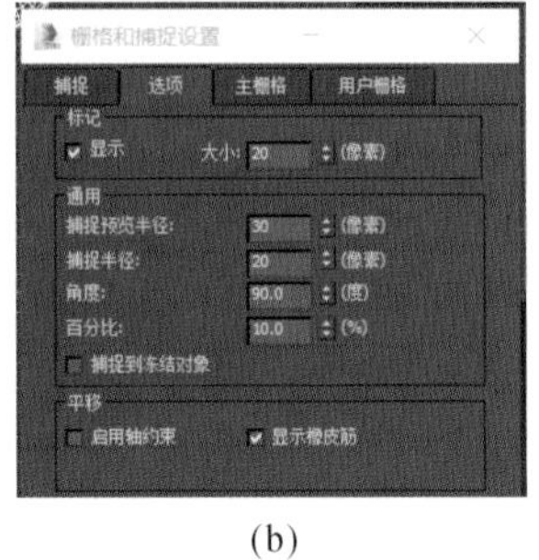

(b)

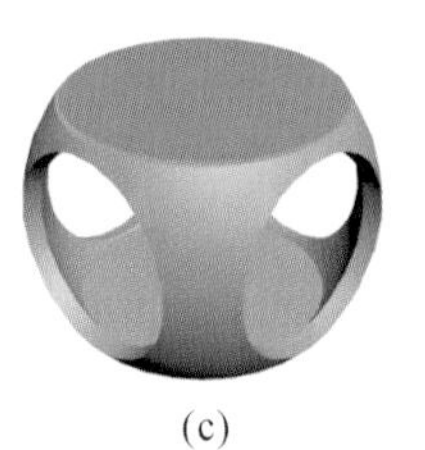

(c)

图 4.1.12　通过布尔进行镂空操作

打开捕捉开关，设置捕捉角度，再在鼓状体的边缘创建一个球体，关闭捕捉开关，调试球体到合适大小(可忽略球体颜色)。选择球体，点击"层次"，点击"调整轴""仅影响轴"，将轴移动到鼓状体的中心，关闭"仅影响轴"。选择球体，打开菜单栏中阵列工具，改变数值，点击预览、确定。点击鼓状体，在"复合对象"里找到"布尔"，选择"差集(A–B)"，点击"拾取操作对象B"，分别选择四个球体布尔掉，得到一个镂空的圆墩。

步骤四：创建坐面。

坐面可以用球体，使用缩放工具，沿上下方向缩放，达到最终预期效果。

—— 本阶段学习的主要思考 ——

(1) 掌握布尔运算的操作方式及运算的效果规律。

(2) 熟练进行拾取布尔选项组、操作对象选项组及根据创建效果要求进行操作运算的实践。

学习情境4.2 散布建模

学习目标

知识要点	知识目标	能力目标
散布建模的基本知识	掌握对散布命令拾取分布对象，对散布对象的各种选项参数进行设置	在生活中经常会出现如云彩、随风飘落的秋叶等随机并且重复出现的场景，请同学们自行搜集相关的类似布局造型的家具进行分析与创建
专业技能基本案例实践	掌握在修改面板中修改源对象的参数和调整装饰片的大小	

学习任务

(1) 一般知识。

(2) 专业技能基本案例实践。

学习方法

对重点内容，以课堂讲授、实操为主。对一般内容，以自学为主，并在实际操作中加以深化和巩固。教学过程中宜采用多媒体教学或其他数字化教学手段以提高教学效果。

内容分析

1. 散布建模的操作常识

源对象参数：在该选项中可以设置散布源对象的重复数(可以指定需要进行散布的源对象重复数量，数值越高，被散布的物体在模型表面的密度也就越大)、基础比例(可以将源对象和重复对象都进行等比的缩放)、顶点混乱度(可以对散布的源对象造成一定随机的扰动，其效果类似于噪波)和动画偏移(在需要进行三维动画制作时，可以指定散布对象动画开始时相对移动的随机帧数)，如图4.2.1所示。

使用分布对象：根据分布对象的几何体(B对象)来散布源对象(A对象)，如图4.2.2所示。

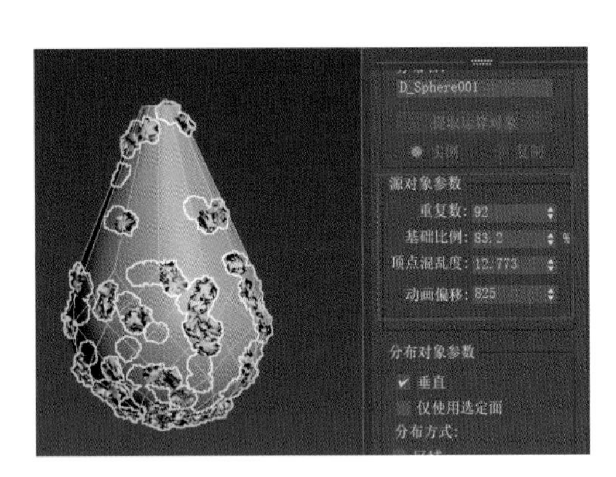

图4.2.1　散布对象介绍

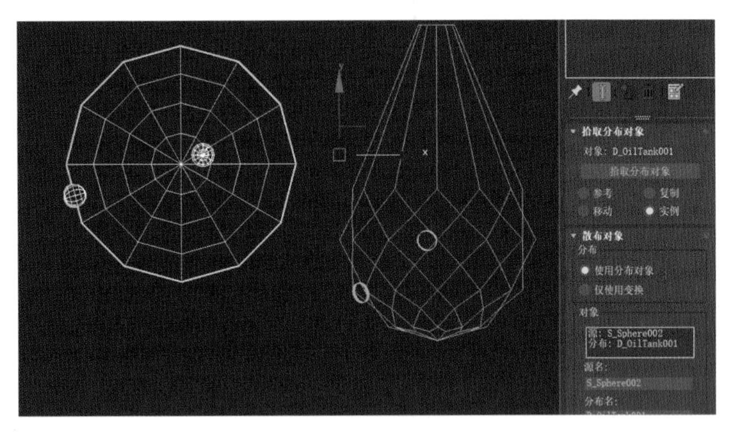

图4.2.2　使用分布对象

仅使用变换：该选项不用分布对象，用“变换”卷展栏下的平移值来定位源对象(A对象)的重复数，如图4.2.3所示。

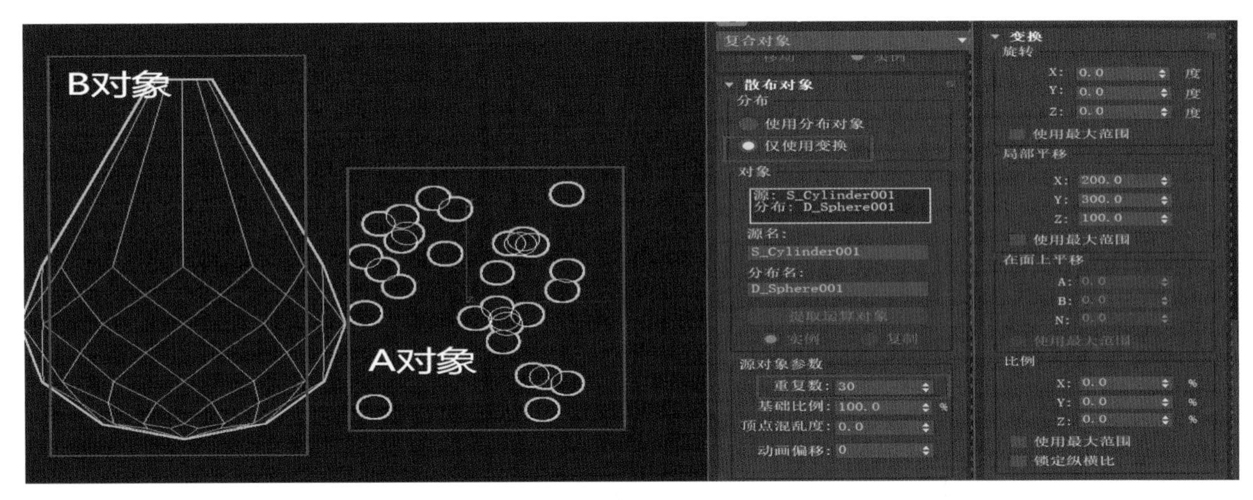

图4.2.3　仅使用变换

分布对象参数：可以设置源对象重复项相对于分布对象的排列方式，如图4.2.4所示。

变换：在该选项中可以设置散布源对象的旋转、局部平移、在面上平移、比例，如图4.2.5所示。

2.专业技能案例练习

专业技能案例练习最终效果图如图4.2.6所示。

步骤一：创建一个球体，修改段数为12，鼠标单击右键“转化为可编辑多边形”，选择“面”，进行删除。打开“石墨工具”，选择“多边形建模”下的“生成拓扑”工具，在弹出的选项中选择“边方向”。然后在右侧“修改器列表”下拉选项中选择“球形化”，单击“边界”，按住Shift键并单击“选择并移动”工具对模型的边进行向上移动，再单击“选择并缩放”工具进行适当的调整，如图4.2.7所示。

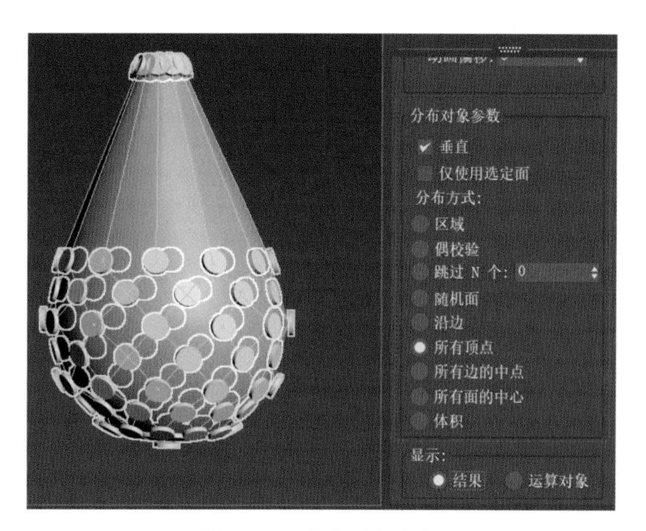

图 4.2.4 分布对象参数

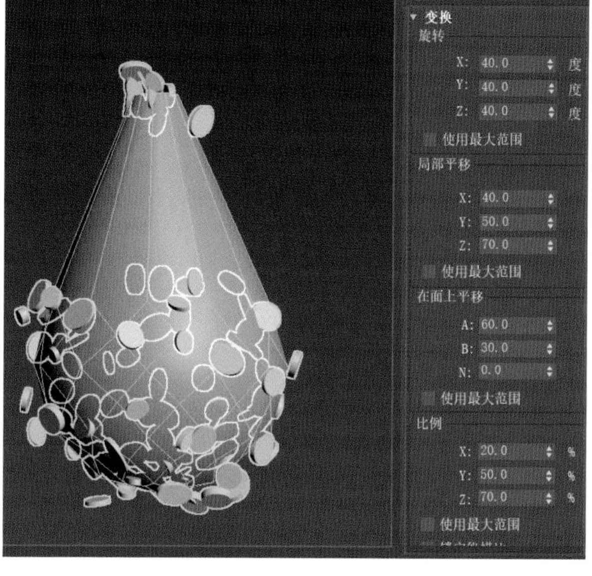

图 4.2.5 变换操作

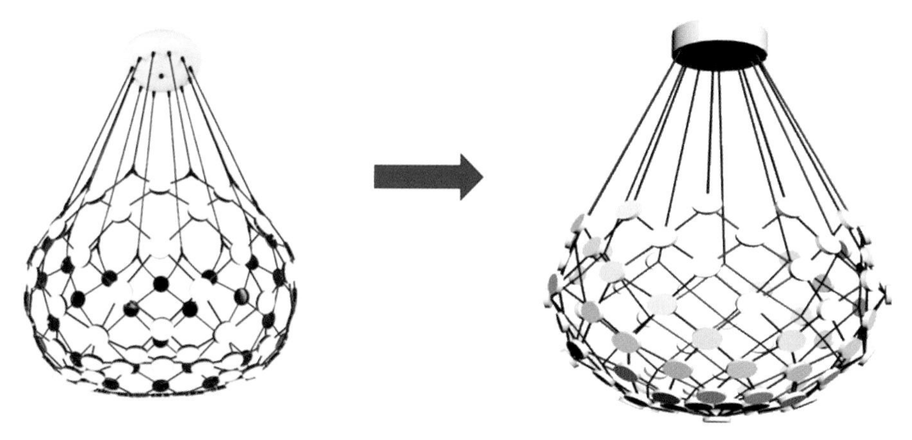

图 4.2.6 专业技能案例练习最终效果图

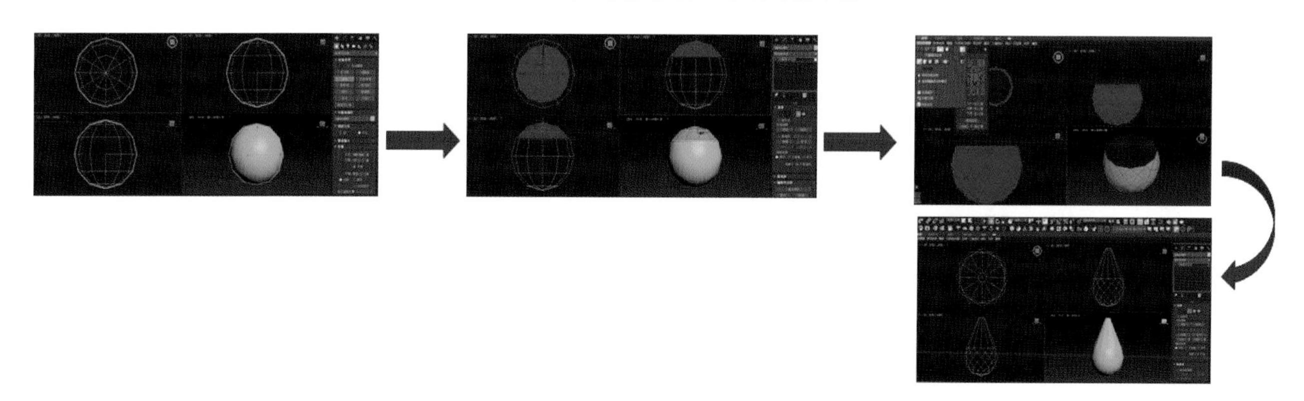

图 4.2.7 专业技能案例练习步骤一

步骤二:选择“边”层级,选择模型中间的边进行删除,全选模型,单击右键选择“创建图形”;创建一个半径为 90 mm、高度为 60 mm 的圆柱体,并移动到模型的顶部,继续创建一个圆柱体,修改半径为 30 mm、高度为 10 mm;选择圆柱体,单击“复合对象”,选择“散布”命令,单击“拾取分布对象”,单击球体,如图 4.2.8 所示。

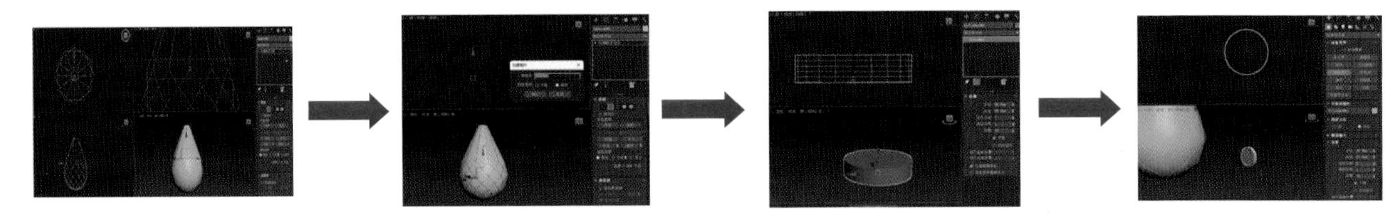

图 4.2.8　专业技能案例练习步骤二

步骤三：单击“复合对象”，选择“散布”命令，单击“拾取分布对象”，单击“球体”，勾选“所有顶点”，勾选“隐藏分布对象”，选择模型并单击右键选择“隐藏分布对象”，如图 4.2.9 所示。

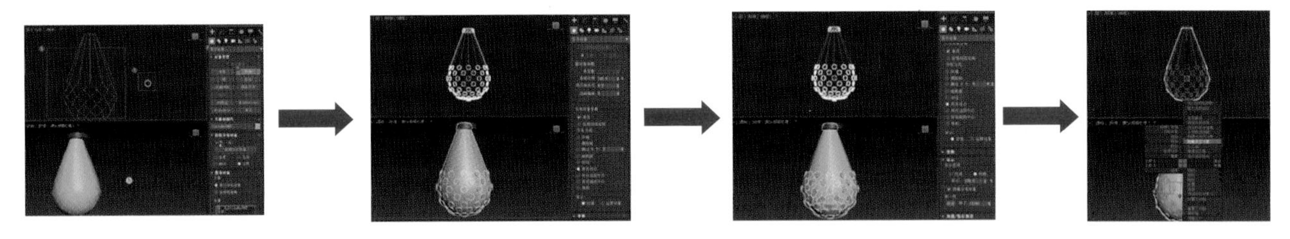

图 4.2.9　专业技能案例练习步骤三

步骤四：单击模型选择“可编辑样条线”，勾选“在渲染中启用”和“在视口中启用”，修改“厚度”为 5 mm，然后给模型修改相应的颜色，单击“选择并挤压”按钮，适当地调整模型的外观形状，如图 4.2.10 所示。

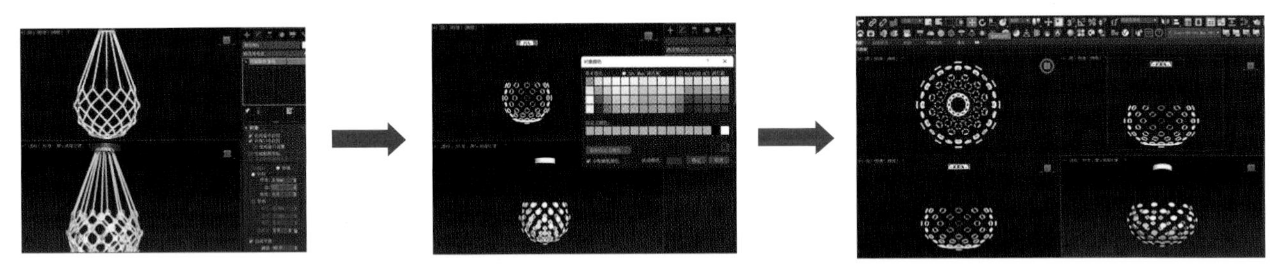

图 4.2.10　专业技能案例练习步骤四

重要提示：① 如果散布之后感觉圆柱装饰片的大小不合适，可单击圆柱装饰片，在右侧面板栏中选择“对象”下的“源”，再单击散布下的“Cylinder”，在弹出的“参数”下可以修改圆柱体的参数，如图 4.2.11 所示。

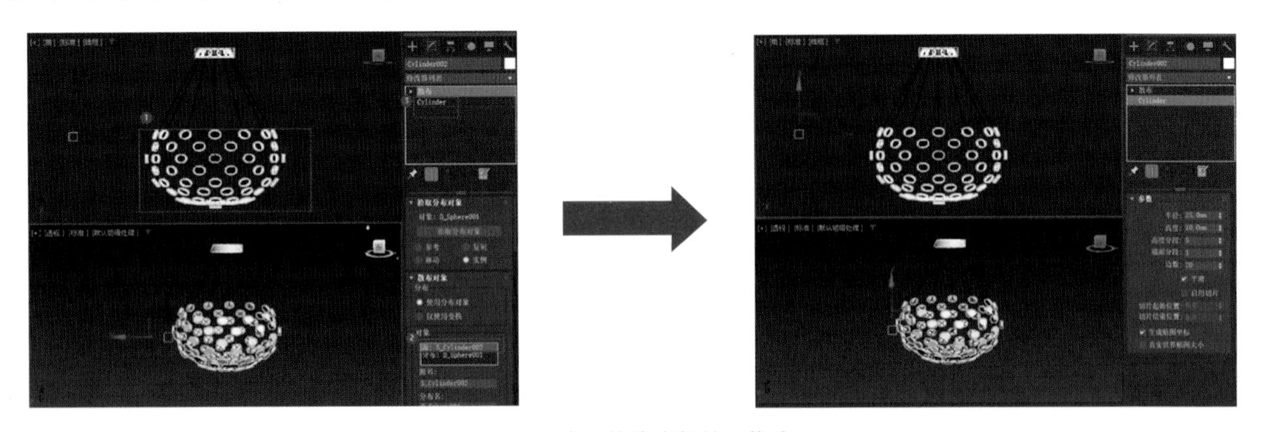

图 4.2.11　专业技能案例练习修改一

② 如果需要装饰片大小随机变化，就调整“变换”卷展栏内的比例，可勾选“锁定横纵比”使圆球等比缩放，完成后通过源对象参数内的“基础比例”调整所有球体的整体大小，如图 4.2.12 所示。

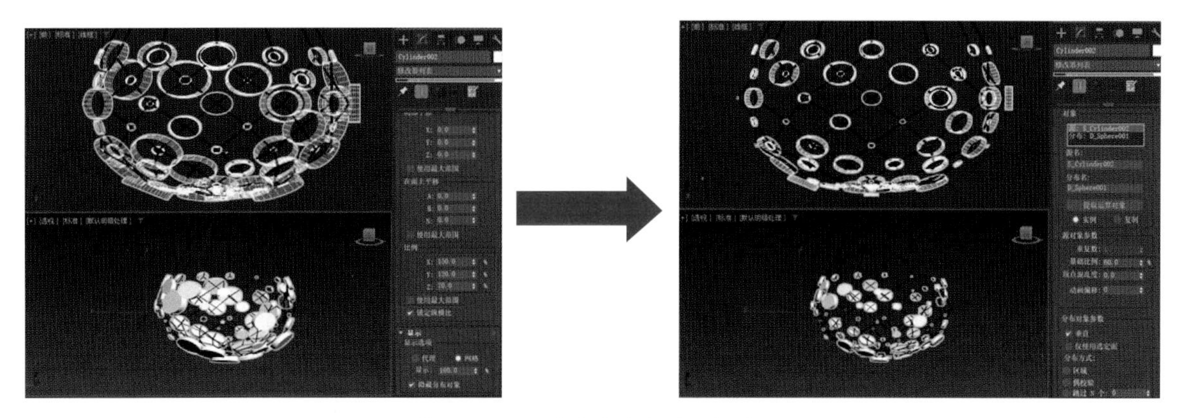

图4.2.12 专业技能案例练习修改二

—— 本阶段学习的主要思考 ——

散布的主要操作知识点集中在源对象参数、使用分布对象、仅使用变换、分布对象参数、变换，应多根据实际效果进行实践练习。

学习领域五
常用二维图形建模

□ 学习领域概述

本部分主要讲解线、矩形、圆、椭圆、弧、圆环、多边形、星形、文本、螺旋线、徒手线、卵形、截面。为满足构建复杂的场景,二维建模是与三维建模并列的一种建模方式,是优质模型生成的重要组成部分。

学习情境5.1　二维图形绘制

学习目标

知识要点	知识目标	能力目标
二维线形建模的基本知识	① 理解二维图形的基本概念； ② 掌握二维图形的创建方法； ③ 熟悉二维图形的编辑技巧； ④ 理解二维图形的布尔运算； ⑤ 了解二维图形的附加属性	① 独立创建多种二维图形； ② 灵活使用二维图形； ③ 运用布尔运算创造复杂形状； ④ 优化二维图形建模流程； ⑤ 将二维图形转化为三维模型
专业技能基本练习	掌握样条线通常搭配修改器和复合对象使用，能够熟练操作效果图模型创建	

学习任务

（1）一般知识。

（2）专业技能案例实践。

学习方法

对重点内容，以课堂讲授、实操为主。对一般内容，以自学为主，并在实际操作中加以深化和巩固。教学过程中宜采用多媒体教学或其他数字化教学手段以提高教学效果。

内容分析

在“创建”面板中选择“图形”即可进入样条线创建工具面板，包括线、圆、弧、多边形、文本、卵形、徒手、矩形、椭圆、圆环、星形、螺旋线、截面，如图5.1.1所示。

图5.1.1　样条线创建工具面板

1. 二维线形建模的操作常识

1）线

线是建模中比较常用的一种工具，其灵活、不受约束、可封闭可开放、拐角可尖锐也可圆滑的特点使其可以创建任意线条。选定后，按Delete键可以删除点、线、样条线。线的创建如图5.1.2所示。

顶点，快捷键1，重按退出

线段，快捷键2，重按退出

样条线，快捷键3，重按退出

（1）二维线的中线和顶点。

① 线条顶点的四种状态：Bezier（贝塞尔有曲柄）、Bezier角点（有曲柄和直角）、角点（无曲柄，直角）、光滑（自然平滑）。可选择一点设为首顶点，使其成为起始点，顶点的修改如图5.1.3所示。

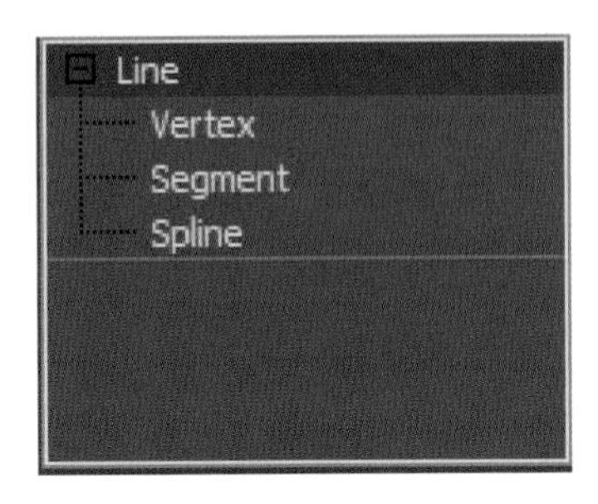

图5.1.2 线的创建

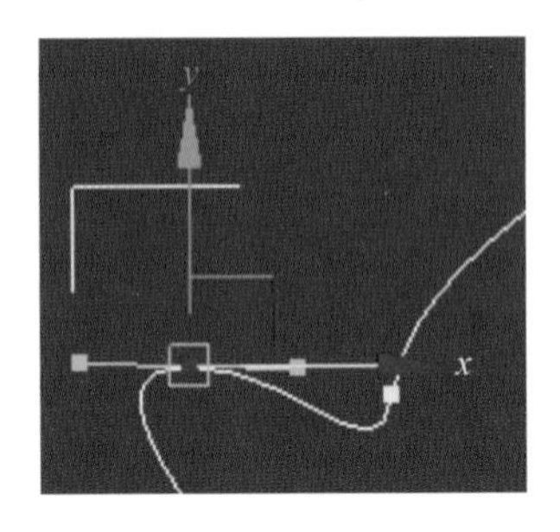

图5.1.3 顶点的修改

提示：有曲柄，+号和-号扩大坐标轴；如果控制杆不能动，按F8键。

② 优化 Refine ：用于在曲线上加入节点。

③ 断开 Break ：把一条线在顶点处断开成两段。

④ 焊接 Weld 0.1mm ：把两个顶点焊接成一个顶点，右边是焊接的范围。

⑤ 插入：在线的一个端点上接着画线。

⑥ 连接 Connect ：两点之间搭桥。

⑦ 圆角 Fillet 0.0mm ：把线的尖角倒成圆角，可以手动拉半径，也可输入半径，效果如图5.1.4所示。

⑧ 切角 Chamfer 0.0mm ：把线的尖角变成切角，效果如图5.1.5所示。

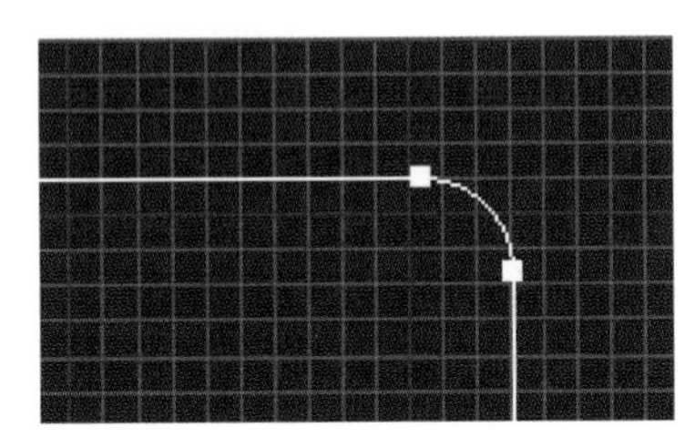

图5.1.4 圆角效果

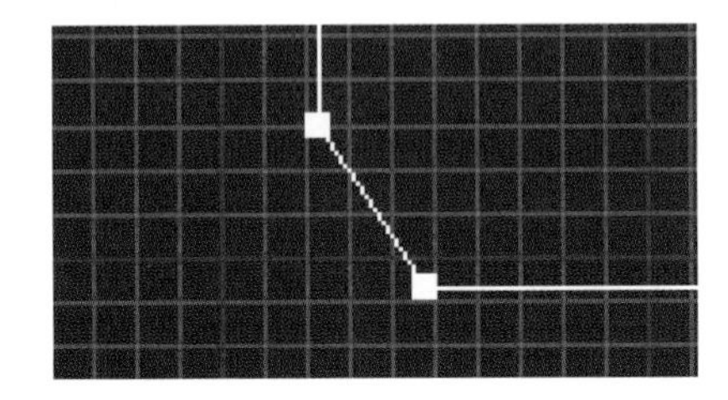

图5.1.5 切角效果

⑨ 不可渲染性，按Shift+Q键（快速渲染当前视角的内容）是出现不了的。

提示：直接点击“Line”就可以画了，可以通过Shift键约束直线。曲线与Photoshop中的钢笔差不多。按Backspace键可以撤销上一步绘画的直线，按右键停止绘画直线。

（2）二维线的线段。

线段的修改如图5.1.6所示。

① 优化：添加点（见图5.1.7），线上加点。

② 拆分：把线等分成几部分，平均加点（见图5.1.8），先写数字，再按Divide，如果是级弧就不能平均分。

③ 分离：将选中的线段单独提取出来作为新的二维线，如果勾选“Copy”（见图5.1.9），就是复制分离，将选中的线段复制出来作为新的二维线，原二维线不变。线的分离如图5.1.10所示。

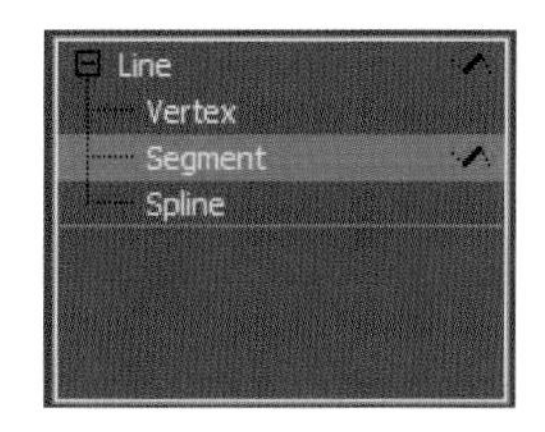

图5.1.6　线段的修改

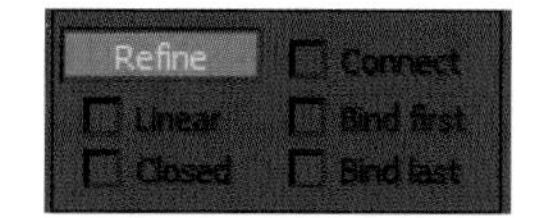

图5.1.7　添加点

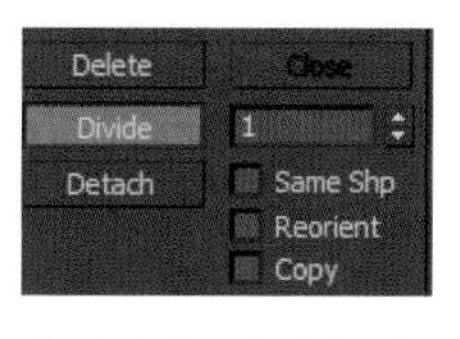

图5.1.8　平均加点

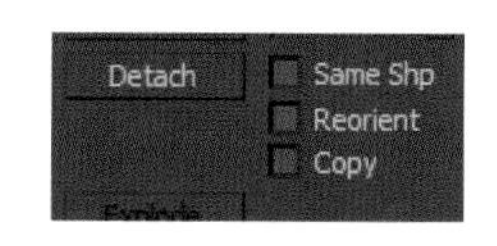

图5.1.9　勾选"Copy"

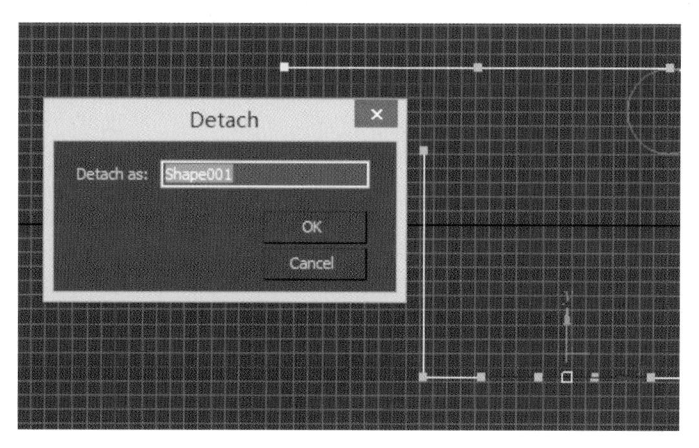

图5.1.10　线的分离

复制分离：复制、复印、克隆，勾选"Copy"（见图5.1.11）后再按Detach键。

④ 步数：控制线的分段数，即"圆滑度"。

⑤ 附加：将两条曲线结合在一起。"Attach"也可在选择集中附加多个，如图5.1.12所示。

⑥ 修剪：与CAD的修剪命令一样（修剪前必须附加在一起，修剪后必须顶点焊接）。

（3）样条线的学习。

编辑样条线如图5.1.13所示。

图5.1.11　勾选"Copy"

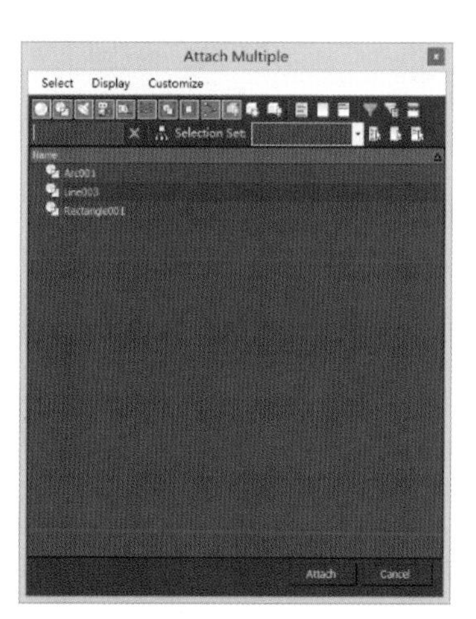

图5.1.12　线的附加

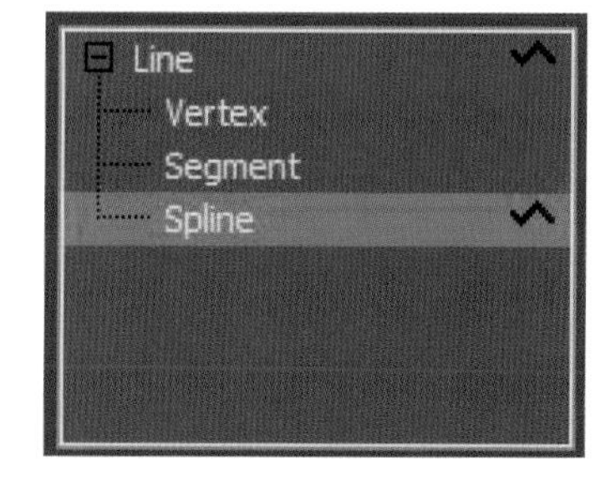

图5.1.13　编辑样条线

① 编辑样条线：右键单击，选择"转化为"，选择"可编辑样条线"，其作用是对除了"线"以外的其他二维图形进行修改。

② 轮廓：将当前曲线按偏移数值复制出另外一条曲线，形成双线轮廓，如果曲线不是闭合的，则在加轮廓的同时进行封闭。负数为外偏移，正数为内偏移。扩边效果如图5.1.14所示。

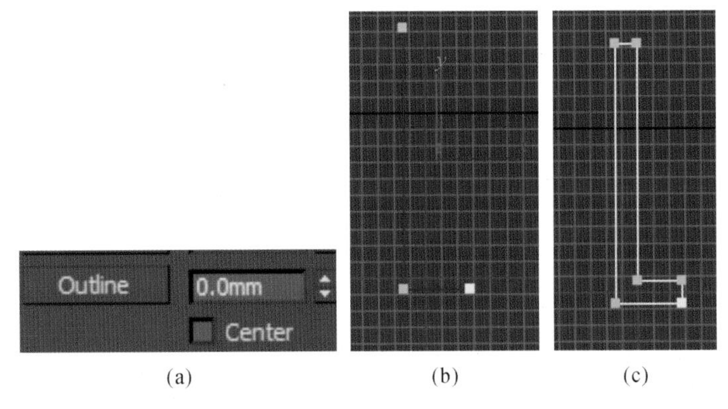

(a) (b) (c)

图5.1.14 扩边效果

2）矩形

矩形是由一条闭合的样条线构成的长方形平面图形。可以创建长方形和正方形。矩形的四个角可以是直角，也可以是圆角。需要强调的是：创建时既可以以矩形的一个角点（点边界选钮），也可以以矩形的中心（点中心选钮）作为起始点进行创建。

3）圆

圆形是由一条闭合的样条线构成的圆形平面图形，大小可以通过"半径"设置。

4）椭圆

椭圆是由一条闭合的样条线构成的椭圆形平面图形。

5）弧

弧是由一条闭合或开放的样条线构成的圆弧形平面图形。可以创建圆弧和扇形。"端点-端点-中点"单选钮：按下鼠标左键确定圆弧的起点，拖曳鼠标确定另一个端点，释放鼠标后形成圆弧的弦长，再拖曳鼠标确定圆弧的大小（即圆弧半径）。

"中心-端点-端点"单选钮：按下鼠标左键确定以圆弧对应的圆心，拖曳鼠标确定圆的半径，释放鼠标后再拖曳即确定出圆弧的弧长。

6）圆环

同心圆是由两个大小不同的圆构成的圆环形平面图形。

7）多边形

多边形是由一条闭合的样条线构成的正多边形平面图形。可以创建棱角的正多边形和圆角的正多边形。将鼠标指针移到视图区的任意一个视图中，在视图的适当位置按下鼠标左键，并沿对角线方向拖曳鼠标到合适的位置再释放鼠标，即可绘出一个正多边形。

8）星形

星形是由一条闭合的样条线构成的多角星形平面图形。可以创建尖角的星形和圆角的星形。

9）文本

文本是一种特殊的样条平面图形。它简化了文字在3ds Max中的建模。用户可以很方便地在视图中创建文字，还可以对文字进行编辑，并且可以修改字体的类型和大小。

10）螺旋线

螺旋线是由一条分布在二维平面或三维空间的螺旋曲线。螺旋线创建方式为单击"螺旋线"，将鼠标指针移到视图区的任一个视图中，在适当位置按下鼠标左键，作为螺旋线底部的中心，并向外拖曳鼠标到合适的位置，释放鼠标后确定螺旋线底部的半径。移动鼠标到合适的位置，单击可确定出螺旋线的高度。继续移动鼠标到合适的位置，再单击确定螺旋线顶端的半径，同时绘出一条螺旋线。若要创建多圈的螺旋线，则可在“Turns”（圈数）数值框输入相应的圈数；若要改为逆时针旋转，则单击“CCW”（逆时针）单选钮即可。

11）截面

截面是一种特殊的平面图形，是将平面与几何物体相交，由相交线构成的平面图形。在创建命令面板中，单击截面按钮，将鼠标移到视图中要创建几何体截面的位置，按下鼠标左键并拖曳鼠标，绘出一个平面并使其与几何体相交，绘制完毕释放鼠标，然后在命令面板的Section Parameters（截面参数）卷展栏中，单击“Create Shape”（创建图形）按钮，屏幕上弹出“Name Section Shape”（命名截面图形）对话框。在该对话框的“Name”（组合名称）文本框中，使用默认的截面名称，或输入截面的名称，再单击“OK”，即可创建一个截面。由于截面是不可见的，可以单击主工具栏中的“Select by Name”（按名称选择），在弹出的“Select Objects”（选择对象）对话框中，将创建的截面选中，再通过移动工具将这个截面移到可以看见的位置，即可看到创建的截面形状。

Update（更新）栏：用于设置截面的更新方式。在该栏有三个单选钮，单击“When Section Move”（移动截面时）单选钮，当移动截面时即可更新；单击“When Section Select”（选择截面时）单选钮或“Manual”（手工）单选钮，可激活“Update Section”（更新截面）按钮，当截面的位置改变时，选择截面后，再单击“Update Section”按钮即可更新截面。

Section Extents（截面区域）栏：用于设置生成截面的范围。该栏有三个单选钮，单击“Infinite”（无限）单选钮，表示截面为无穷大；单击“Section”（截面）单选钮，表示截面的有效区域由其尺寸确定；单击“Off”（关闭）单选钮，表示将截面关闭，并将“Create Shape”（创建图形）按钮禁止。

12）徒手

选择徒手工具后，在视图中按住鼠标后，滑动鼠标就可以徒手画一些图形。

2.专业技能案例实践

1）线、螺旋线，参考制作示例——制作休闲椅

制作休闲椅案例参考示例图如图5.1.15所示。

熟练掌握二维图形转三维模型的技术——样条线渲染。通过本例的学习熟练掌握样条线渲染技术，这是二维图形转三维图形的一种方法，在制作过程中，要用到镜像、旋转、复制、样条线的点级别编辑、螺旋线等技术。

图5.1.15 制作休闲椅案例参考示例图

第1步：在顶视图画一个矩形，在修改面板中选择“在渲染中启用”和“在视口中启用”，并调整径向厚度为1.5 cm，然后设置长度和宽度都为50.0 cm、角半径为8.0 cm，如图5.1.16所示。

第2步：画一条水平线，保证线的两个端点与上一步画的矩形边对齐，如图5.1.17所示。

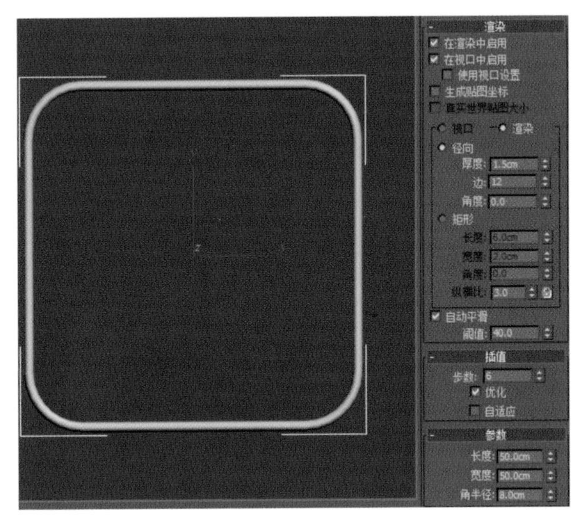

图 5.1.16　制作圆管

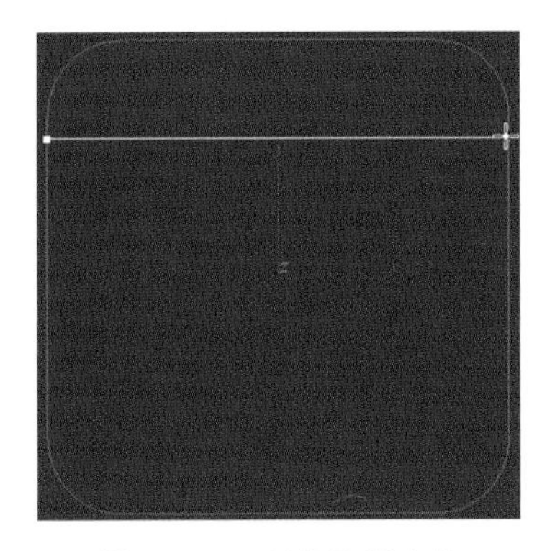

图 5.1.17　制作编制坐垫

第3步：把上一步画好的线的插值中的步数改为0，然后以实例形式复制出多条线，并调整到合适的位置，如图5.1.18所示。

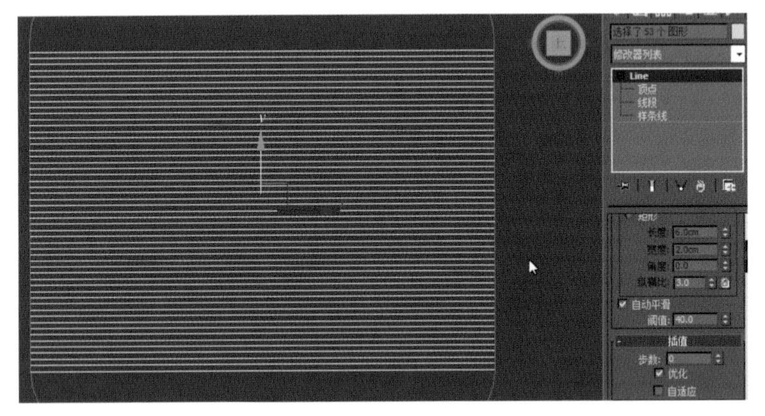

图 5.1.18　编辑样条线

第4步：选中这些水平线，在修改面板中选择"在渲染中启用"和"在视口中启用"，并调整径向厚度为0.3 cm，如图5.1.19所示。

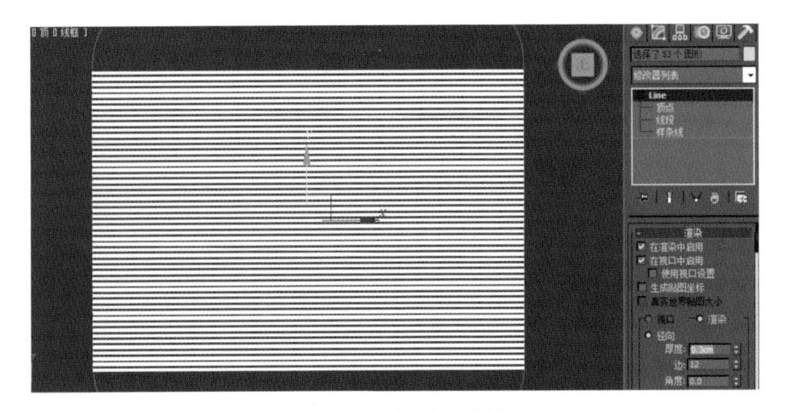

图 5.1.19　调整样条线厚度

第5步：在前视图，将这些水平线向下移动2 mm，如图5.1.20所示。

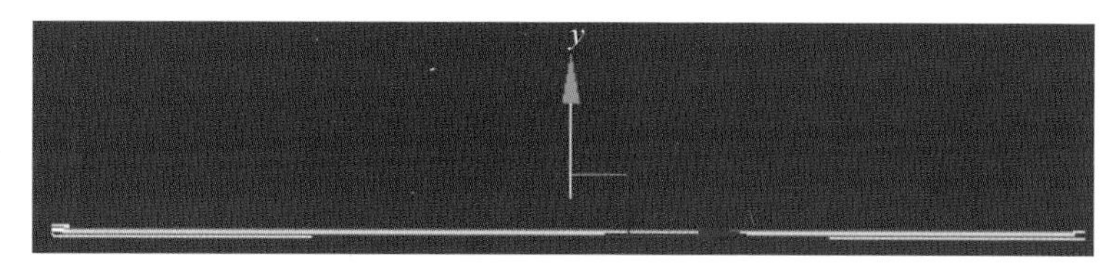

图 5.1.20　移动水平线

第 6 步：在顶视图中画一条竖线，如图 5.1.21 所示。

第 7 步：把上一步画的竖线在前视图中向上移动，避免与水平线交叉，如图 5.1.22 所示。

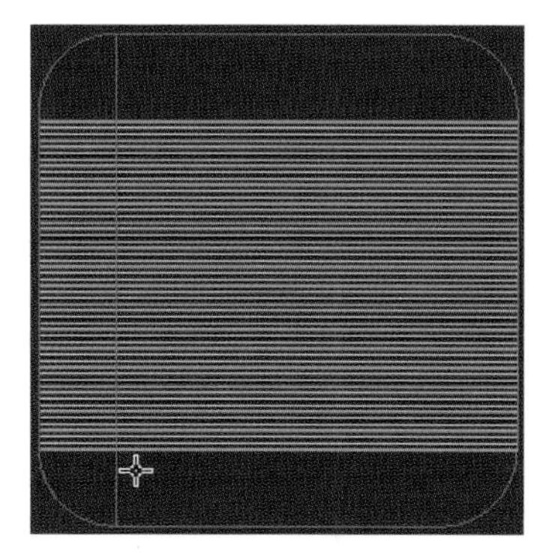

图 5.1.21　画竖直线

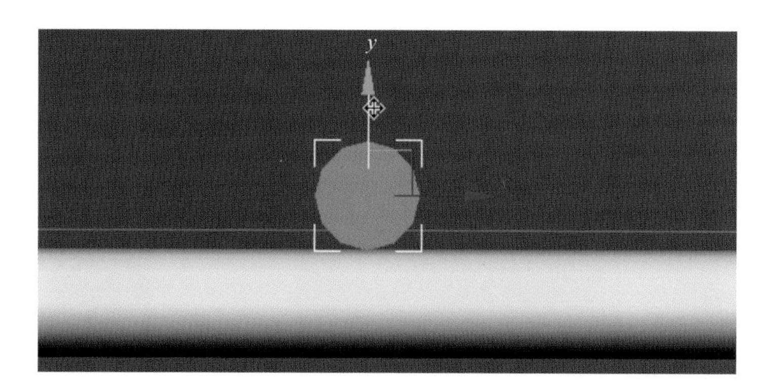

图 5.1.22　调整竖线位置

第 8 步：对竖线进行实例复制，并调整位置，如图 5.1.23 所示。

第 9 步：制作螺旋线，设置参数，如图 5.1.24 所示。

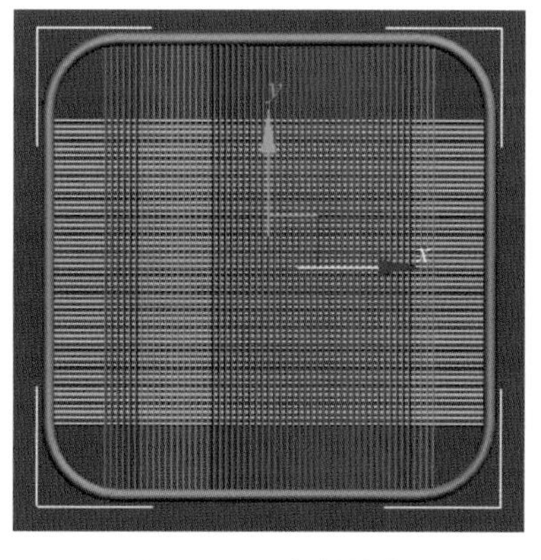

图 5.1.23　复制线条

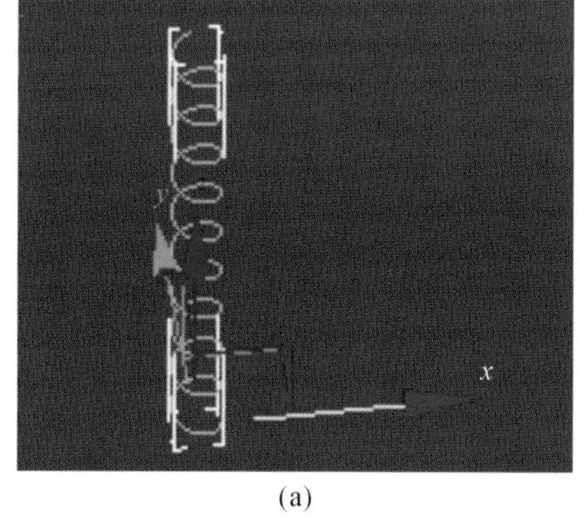

(a)

参数	
半径 1:	0.75cm
半径 2:	0.75cm
高度:	15.214cm
圈数:	9.74
偏移:	0.0

(b)

图 5.1.24　制作螺旋线

第 10 步：在上步制作的螺旋线修改面板中，选择“在渲染中启用”和“在视口中启用”，调整径向厚度为 0.3 cm，并通过旋转和移动把螺旋线放到合适位置，如图 5.1.25 所示。

第 11 步：通过移动复制的方法，复制螺旋线如图 5.1.26 所示。

第 12 步：通过复制的方法，制作椅子背，如图 5.1.27 所示。

第 13 步：用线单击创建，制作椅子腿，如图 5.1.28 所示。

第 14 步：在点级别下选中线段下面的两个点，在前视图中向左移动，如图 5.1.29 所示。

第 15 步：在点级别下利用圆角命令对下面的两个点进行圆角修改，如果想得到更圆滑的效果，可以适当放置插值较高的突变以提高插值中的步数，如图 5.1.30 所示。

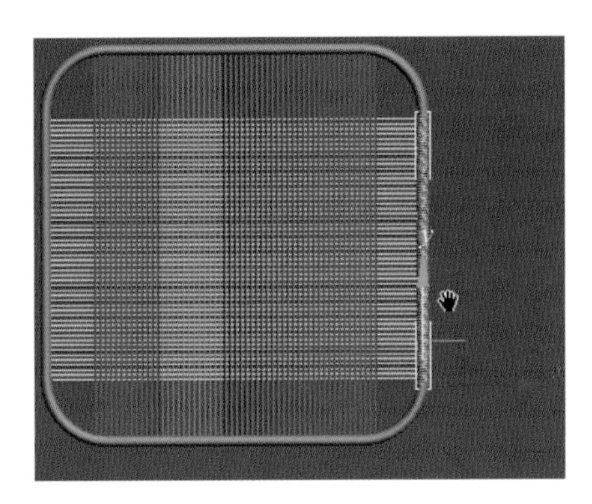

图 5.1.25　螺旋线归位

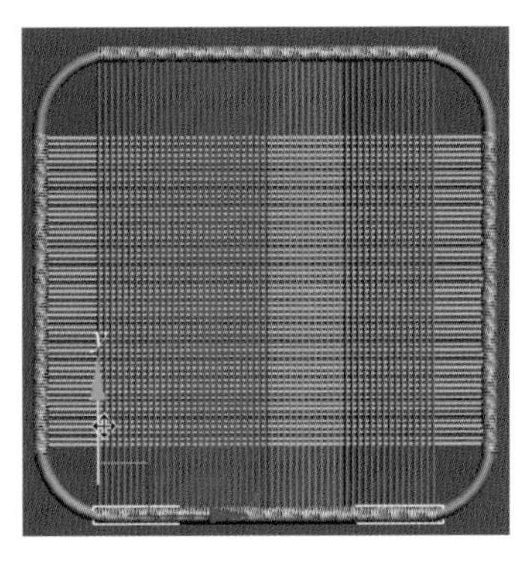

图 5.1.26　复制螺旋线

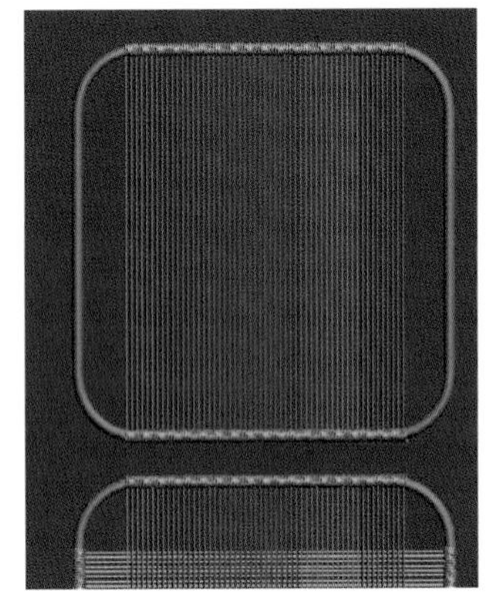

图 5.1.27　制作椅子背

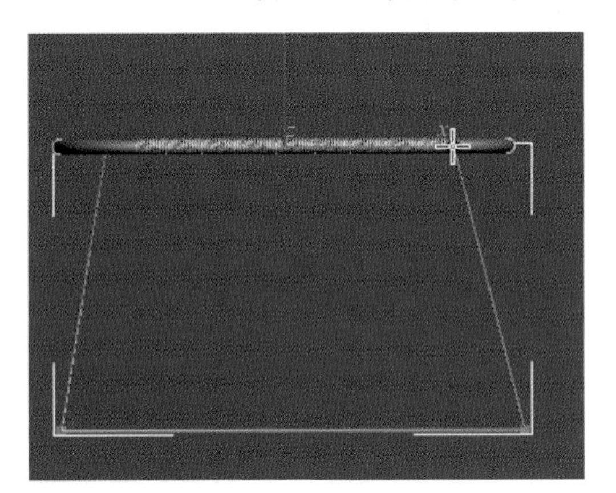

图 5.1.28　制作椅子腿

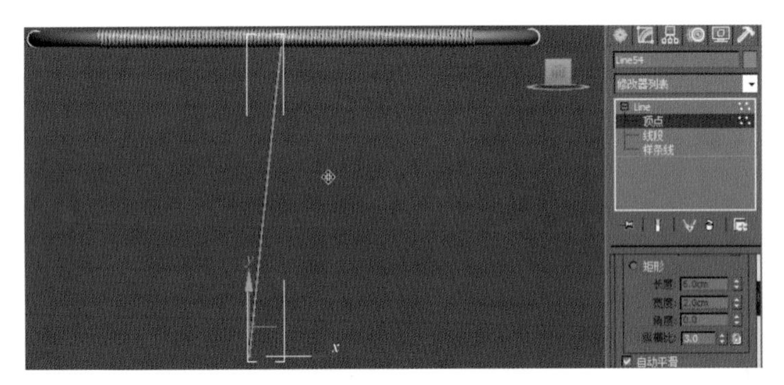

图 5.1.29　编辑线段顶点

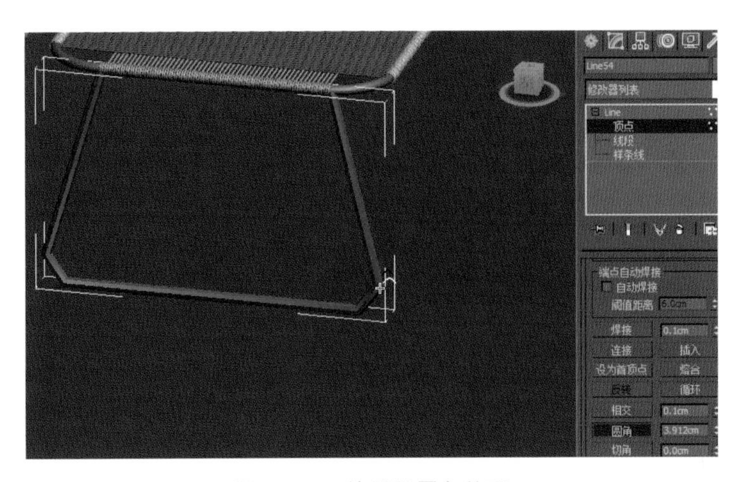

图 5.1.30　椅子腿圆角处理

第16步：选择上一步调整好的椅子腿，单击工具栏镜像图标“ ”，在弹出的对话框中选择“复制”，并调整偏移值，如图5.1.31所示。

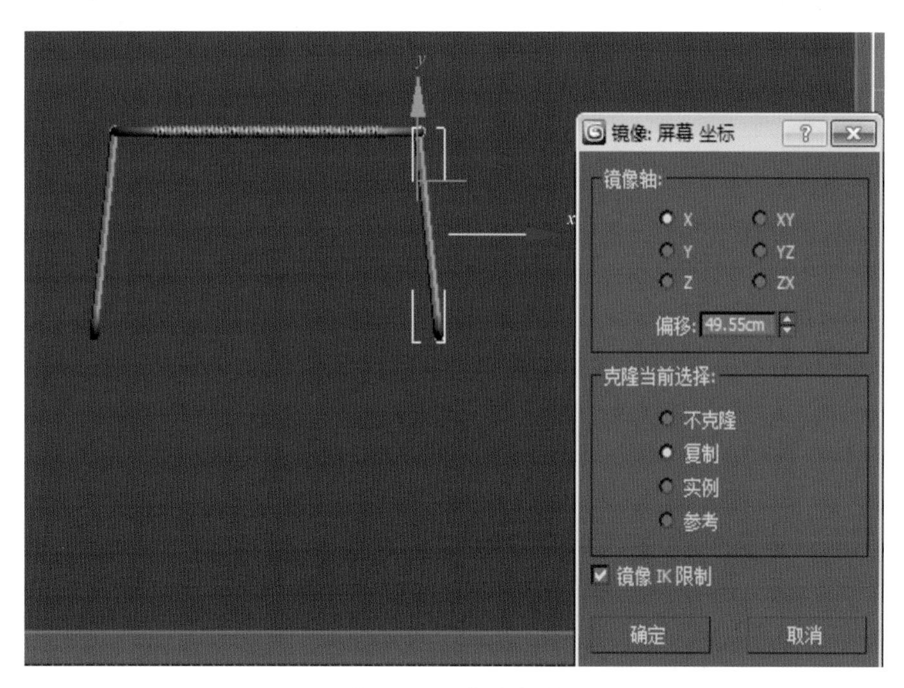

图5.1.31　偏移复制

第17步：对椅子背旋转和移动，调整椅子腿位置，如图5.1.32所示。

第18步：在左视图利用线工具(打开“在渲染中启用”和“在视口中启用”)画出椅子扶手，再利用第15步使用到的圆角命令进行调整，如图5.1.33所示。

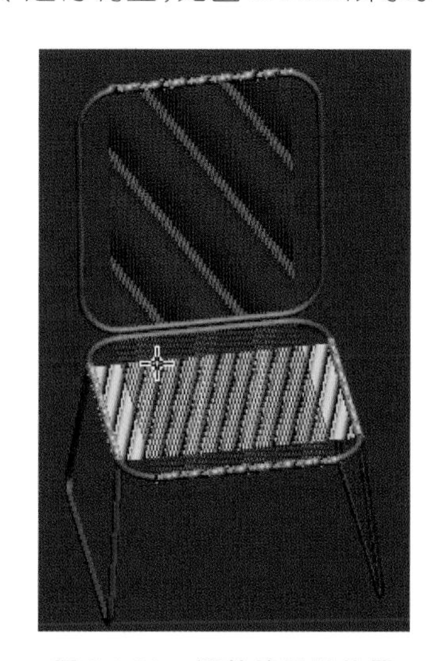

图5.1.32　调整椅子腿位置

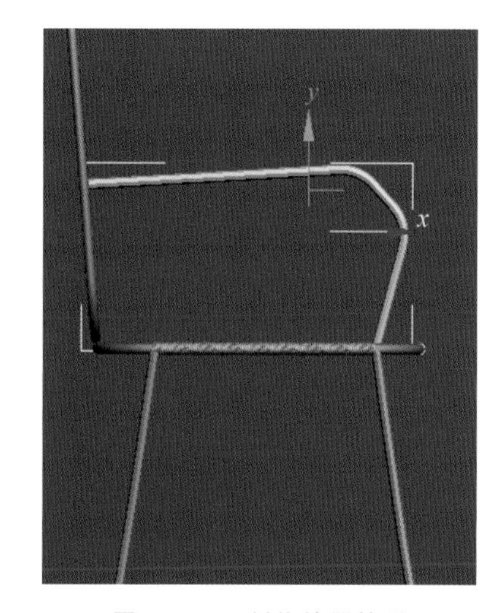

图5.1.33　制作椅子扶手

第19步：调整椅子扶手的位置，参照第9步和第10步加一个螺旋线，如图5.1.34所示。

第20步：复制另一面的扶手，并在底座与靠背相连处加一个螺旋线，制作效果如图5.1.35所示。

第21步：对制作好的模型赋简单的材质，如图5.1.36所示。

第22步：渲染输出并保存，最终效果如图5.1.37所示。

图 5.1.34　制作椅子扶手螺旋线

图 5.1.35　复制椅子扶手螺旋线

图 5.1.36　给椅子赋材质

图 5.1.37　椅子最终效果

2）圆、弧自主拓展制作示例图——创意水果架

创意水果架案例示意图如图 5.1.38 所示。

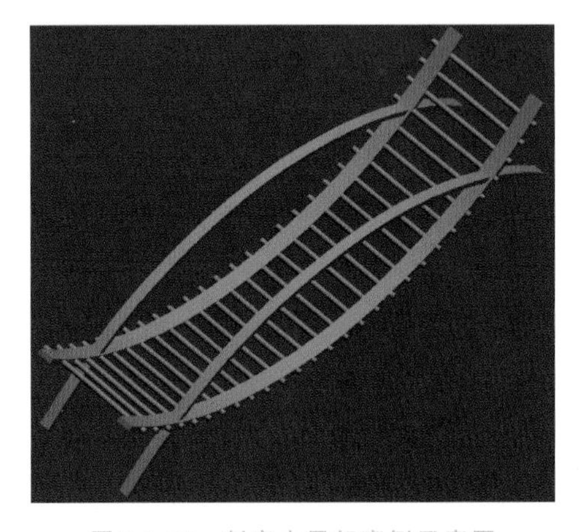

图 5.1.38　创意水果架案例示意图

— 本阶段学习的主要思考 —

（1）在建模工作中，掌握既方便、快捷又实用的样条线渲染技术。

（2）熟练掌握镜像复制、旋转、旋转复制、移动复制、样条线的点级别编辑、创建螺旋线等。

学习情境5.2　二维扩展样条线建模

学习目标

知识要点	知识目标	能力目标
二维扩展样条线建模的基本知识与专业技能案例实践	① 理解二维扩展样条线的概念； ② 理解二维扩展样条线的创建方法； ③ 了解二维扩展样条线的编辑技巧； ④ 理解二维扩展样条线的转换与建模； ⑤ 了解布尔运算在二维扩展样条线建模中的应用	① 独立创建和编辑二维扩展样条线； ② 灵活运用修改器将二维扩展样条线转换为三维模型； ③ 运用布尔运算创造复杂形状； ④ 优化建模流程； ⑤ 综合应用能力

学习任务

（1）一般知识。

（2）专业技能案例实践。

学习方法

对重点内容，以课堂讲授、实操为主。对一般内容，以自学为主，并在实际操作中加以深化和巩固。教学过程中宜采用多媒体教学或其他数字化教学手段以提高教学效果。

内容分析

下面进行二维扩展样条线建模的操作常识与专业技能案例练习。

（1）所有图形除了线以外都是没有子集的，即不可编辑，但是可以通过二维线的可编辑性编辑：编辑样条线命令把不可编辑的二维线变得可以编辑。以圆为例，当画好二维线的圆后，点击编辑菜单后在“Modifier List”（修改器）中点击“Edit Spline”（编辑样条线）即可对圆形进行顶点等的修改，左侧的灯泡图标可以启用或禁用圆的编辑功能，如图5.2.1所示。

（2）挤出命令。在可编辑命令修改器找到挤出，形成三维物体，挤出修改器效果如图5.2.2所示。

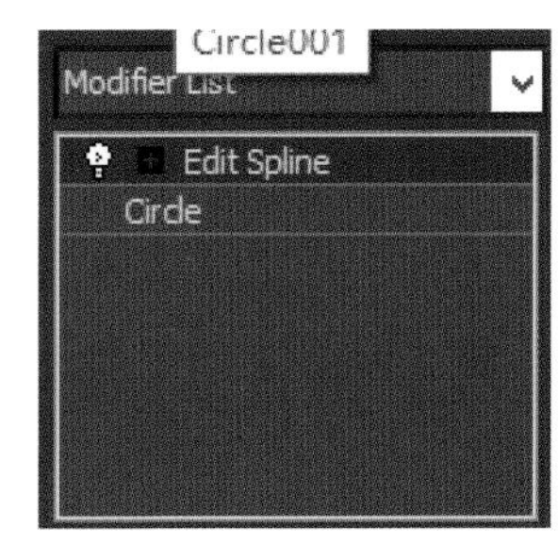

图5.2.1　修改功能

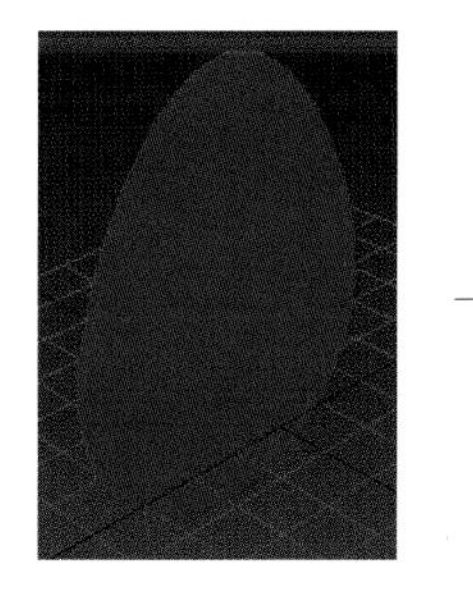

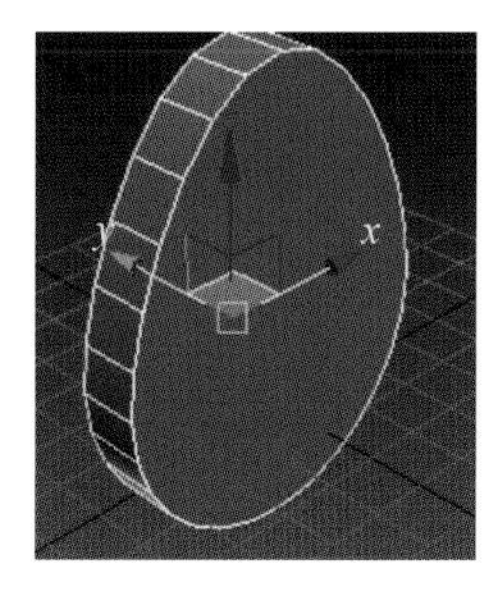

图5.2.2　挤出修改器效果

通过改变参数改变物体大小，挤出面板参数如图5.2.3所示。

提示：

封口处理时应注意以下几点。

① 线是否闭合决定了挤出物体是否是实体，不闭合就仅仅只有围墙效果。

② 线是否交叉决定了挤出的物体是否是实体，交叉后同样会出现围墙效果(同一条线)。

③ 线的两层关系——两两形成实体，两两形成空体，从外面往里数，轮廓扩充。

④ 命令不可重叠使用。

⑤ 多条线同时加挤出命令，挤出的几何体是相互关联的。

⑥ 将多条二维线群组后加挤出命令，挤出的几何体是相互关联的。

封口处理如图5.2.4所示。

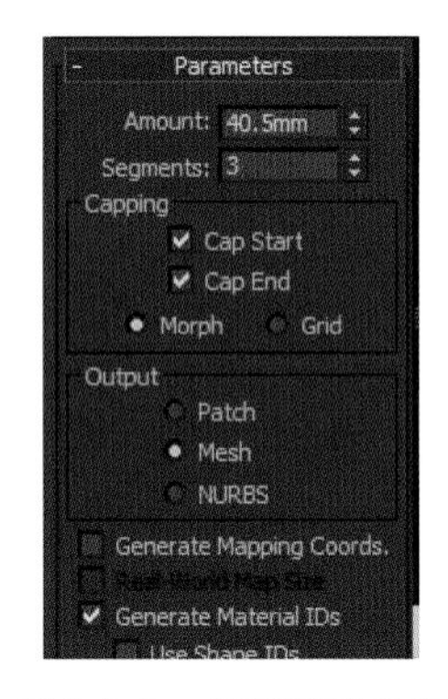

图5.2.3 挤出面板参数

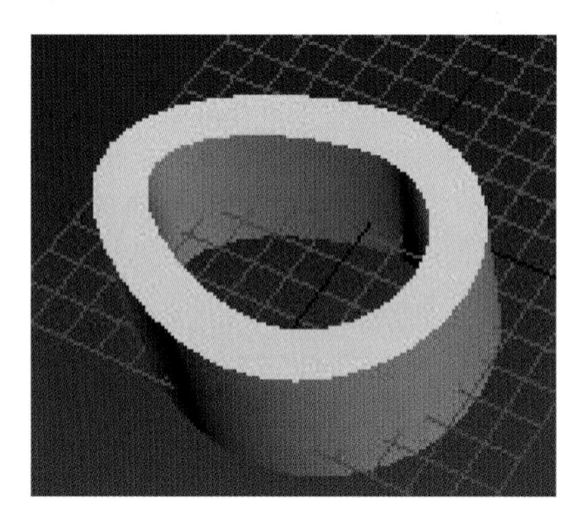

图5.2.4 封口处理

—— 本阶段学习的主要思考 ——

(1) 对象选择的常用方法及步骤。

(2) 对象选择的操作注意事项。

学习情境5.3 放样建模

学习目标

知识要点	知识目标	能力目标
放样建模的基本知识	将一个或多个二维线形沿着一个方向排列，系统会自动将这些二维线形串联起来生成表皮，从而最终将二维线形转化为三维模型	可以进行多截面放样，并通过“缩放”“扭曲”“倾斜”“倒角”“拟合”修改命令进行随意变形操作
专业技能练习与案例实践	理解放样的原理，分清楚被排列的线形为截面图形，排列的方向为路径	

学习任务

（1）一般知识。

（2）专业技能基本练习。

学习方法

对重点内容，以课堂讲授、实操为主。对一般内容，以自学为主，并在实际操作中加以深化和巩固。教学过程中宜采用多媒体教学或其他数字化教学手段以提高教学效果。

内容分析

复合对象是将多种基本体复合在一起的建模方式，可以将单个或多个二维图形沿图形的局部 *Z* 轴负方向投射到网格对象上去，并在网格中嵌入曲线或移除网格对象曲面外部的图像（位投射到网格对象上的曲线部分）。

提示：有许多工具是未激活的，这说明要使用这些工具，必须有初始对象才行。

1.放样建模的操作常识

可以将一个二维图形沿某个路径挤出一个三维几何体。

（1）在“复合对象”中选择“放样”。

（2）在“创建方法”中选择“获取路径”或“获取图形”。

（3）在“曲面参数”下的“平滑”中勾选“平滑长度”或“平滑宽度”。

（4）在“贴图”中选择“应用贴图”，规定贴图的长度重复和宽度重复；在“材质”中勾选“生成材质 ID”或“使用图形 ID”；在“输出”中选择“面片”或“网格”。

（5）在“路径参数”中规定路径、捕捉（勾选启用）的数值，选择百分比或距离或路径步数。

（6）在“蒙皮参数”的“封口”中勾选“封口始端”“封口末端”“变形”和“栅格”；“选项”中规定“图形步数”和“路径步数”的数值，点“优化图形”“优化路径”“自适应路径步数”“轮廓”“倾斜”“恒定横截面”“线性插值”“翻转法线”“四边形的边”“变换降级”，在“显示”中勾选“蒙皮”“明暗处理视图中的蒙皮”，如图 5.3.1 所示。

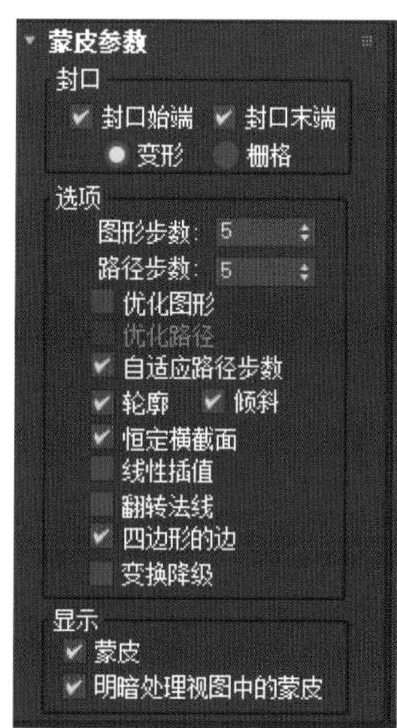

图 5.3.1 放样的基本认识

提示：处理好模型后切换到“修改”面板，还可以在“变形”卷展栏下对原对象进行编辑，创建“面板”“几何体”“复合物体”“放样”。

2.专业技能案例练习与实践

1）葫芦花瓶案例

葫芦花瓶案例练习示例图如图 5.3.2 所示。

步骤一：创建装饰花瓶的剖面样条线。

单击“创建”面板，单击“图形”，选择“样条线”，单击“线”，在“初始类型”下选择“平滑”，在“拖动类型”下选择“Bezier”，在前视图中创建出线，如图5.3.3所示。

步骤二：为剖面样条线添加车削修改器。

选择创建的线，单击“修改”面板，在“修改器列表”中选择“车削”修改器，在“方向”下选择“Y”，在“对齐”下选择“最大”，如图5.3.4所示。

图5.3.2　葫芦花瓶案例练习示例图

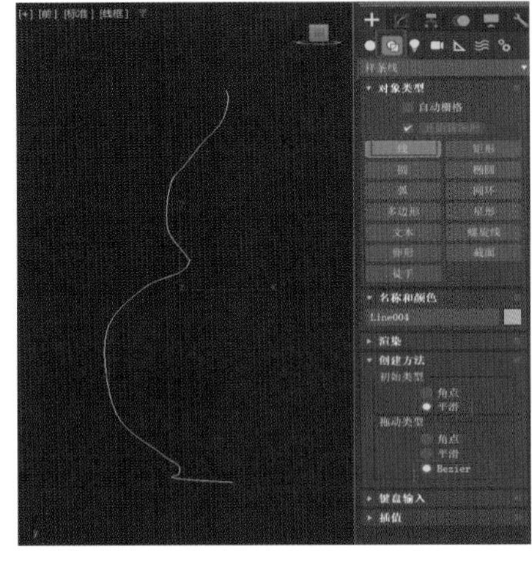

图5.3.3　创建装饰花瓶的剖面样条线

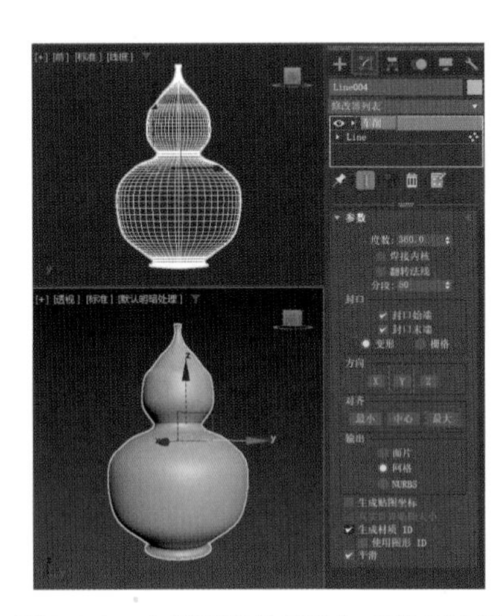

图5.3.4　为剖面样条线添加车削修改器

步骤三：在修改面板中进行参数设置。

单击“Line”，点“显示最终结果”按钮，选择“顶点”，单击“选择并移动”工具，然后按照参考图片所示调整装饰花瓶的形状，如图5.3.5所示。

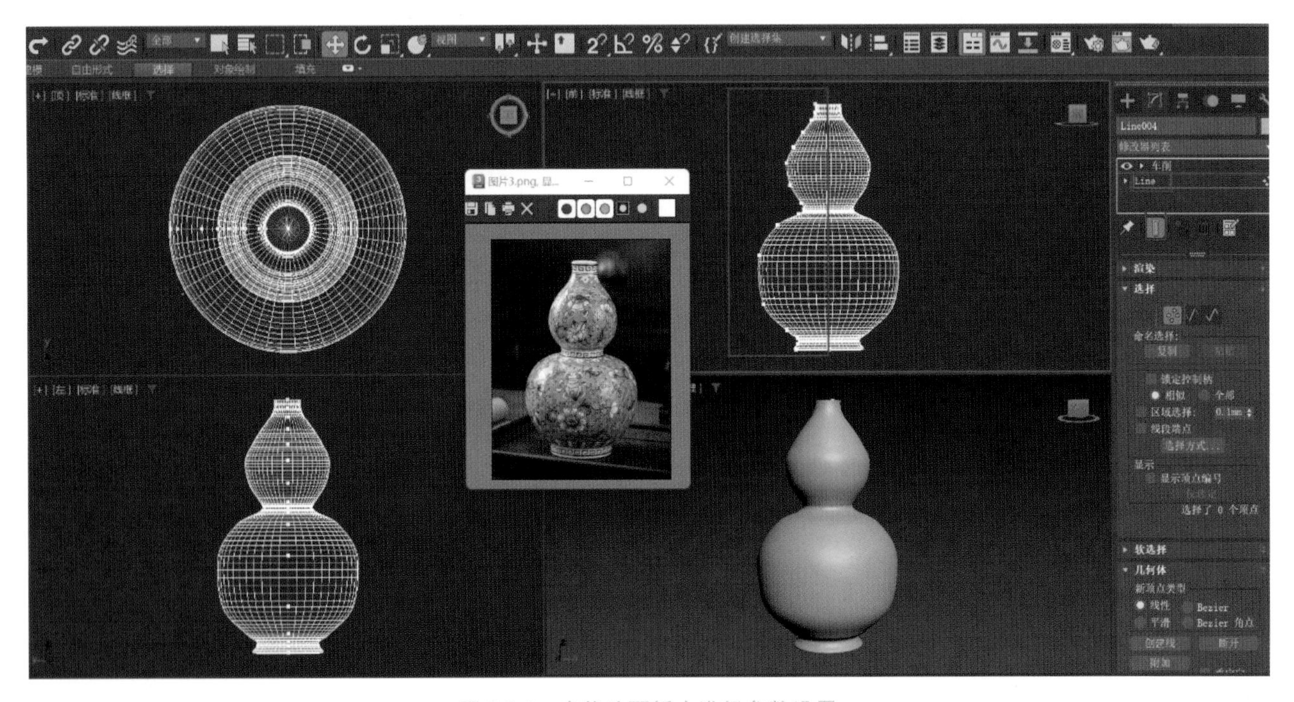

图5.3.5　在修改面板中进行参数设置

2）装饰酒瓶案例实践

酒瓶放样的练习示例图如图5.3.6所示。

图5.3.6　酒瓶放样的练习示例图

步骤一：在右边显示栏中点击“样条线”中的“线”，在绘图区域进行绘制，再点击“样条线”中的“圆”，绘制出大、中、小三个圆。

步骤二：选中“线”，在“几何体”中选择“复合对象”中的“放样”，鼠标左键点击获取图形，在绘图区选中第二大的圆（发现线条变成圆柱体），在“路径参数”中输入15.0（拾取点下移），瓶口创建完成，鼠标左击获取图形，在绘图区拾取小圆，最后在“路径参数”的“路径”中输入100.0，瓶体下部创建完成，酒瓶建模完成，如图5.3.7所示。

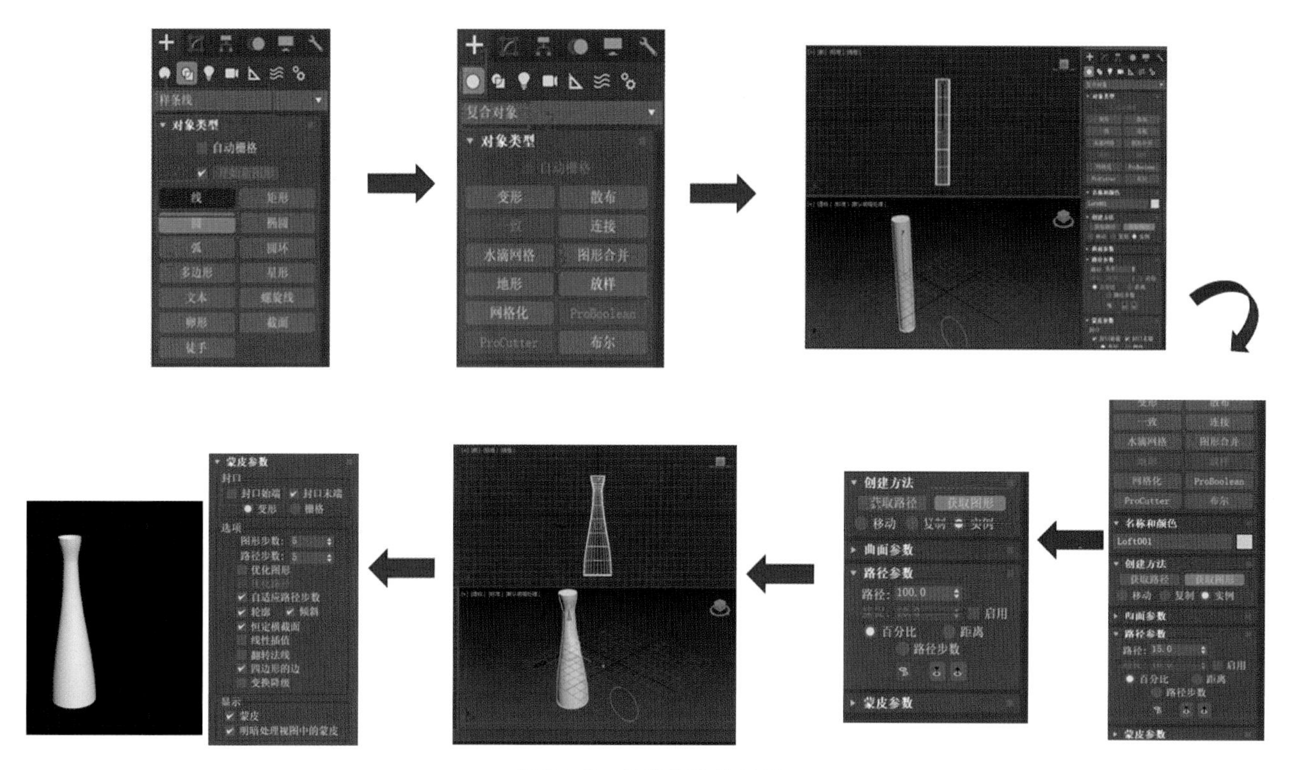

图5.3.7　放样练习的步骤

—— 本阶段学习的主要思考 ——

（1）通过物体的创建体会放样的一般操作：获取图形，获取路径。

（2）进行物体建模与放样修改：修改图形，修改路径。

（3）创建物体模型，理解放样的变形：缩放，扭转，倾斜等。

（4）进行稍复杂的多截面（如石膏脚线、像框等）放样的模型操作及修改。

（5）制作具造型物体等放样图形，深知“居左、居中、居右”的不同表达形式。

学习情境5.4　二维图形修改器建模

学习目标

知识要点	知识目标	能力目标
二维图形修改器建模的基本知识与专业技能练习及案例综合实践	① 掌握二维图形建模与修改器搭配使用的方法； ② 掌握车削、挤出和倒角将二维图形转成三维模型的方法	① 能够熟练地在3ds Max界面中创建和编辑二维图形（如线、圆、矩形等）； ② 能够准确地将选定的二维图形应用车削、挤出和倒角修改器调整相关参数，以达到预期的三维效果； ③ 实践不同修改器参数调整对最终三维模型形态的影响，如车削的角度、挤出的厚度、倒角的边缘形状等

学习任务

（1）一般知识。

（2）专业技能案例实践。

学习方法

对重点内容，以课堂讲授、实操为主。对一般内容，以自学为主，并在实际操作中加以深化和巩固。教学过程中宜采用多媒体教学或其他数字化教学手段以提高教学效果。

内容分析

1.基本知识

修改器是加载在对象上的。

1）基本理解

第1步：选中需要加载修改器的对象。

第2步：切换到“修改”面板，在“修改器列表”中选择“修改器”。

（1）修改器的顺序。

一个对象可以加载任意数量的修改器，但修改器的效果和加载顺序是相关的，不同的顺序会造成不同的效果。

（2）启用/禁用修改器。

在修改器堆栈中，每个修改器前面都有一个小灯泡图标，这个图标用于激活或关闭（不是删除，效果类似CAD图层开关命令）修改器。

（3）塌陷修改器堆栈。

将塌陷修改器堆栈经塌陷处理后的对象转换为可编辑网格对象，在保持形态效果不变的情况下删除所有修改器，这样可以简化对象，同时减少对象的占用空间，但是塌陷后的对象是不能对修改器进行调整的，也不能将修改器的历史恢复到基准值。塌陷修改器堆栈如图5.4.1所示。

（4）复制修改器。

修改器是可以复制的，即把一个对象上的修改器复制到另一个对象上，方法有两种：在修改器上单击鼠标右键，然后在弹出的下拉菜单中选择“复制”，接着在另一个对象的修改器堆栈中单击鼠标右键，在菜单中选择“粘贴”即可；直接将修改器拖曳到场景中的对象上，修改器将自动复制到该对象上。

（5）修改器的种类。

修改器有很多种，在默认情况下，修改器分为选择修改器、世界空间修改器和对象空间修改器三种，如图5.4.2所示。

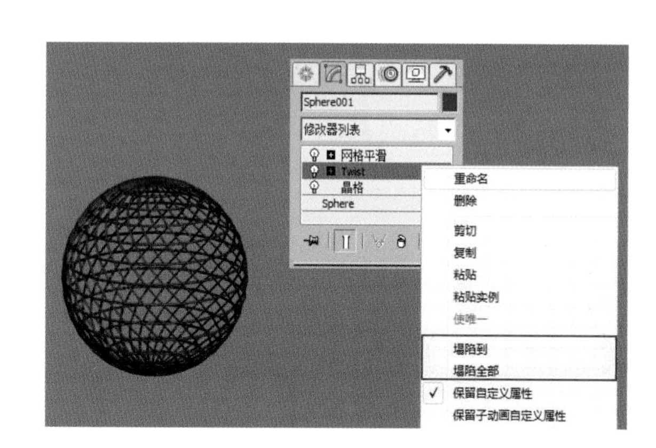

图5.4.1　塌陷修改器堆栈

(a)

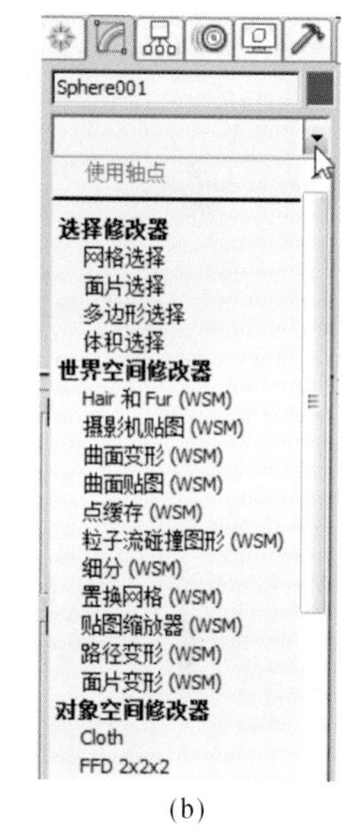

(b)

图5.4.2　修改器的种类

2）二维图形修改器建模的操作常识

常用的二维转三维的命令如下。

（1）挤出：使二维图形产生厚度。

（2）车削：可使二维图形沿着一轴方向旋转生成三维图形。

（3）倒角：与拉伸相似，但能产生倒角效果。

（4）可渲染线条：使线条产生厚度，变成三维线条，可以是圆形的，也可以是方形的。

（5）倒角剖面：使用另一个图形路径作为“倒角截剖面”挤出一个图形。

提示：“线”工具是现在最常用的一种基础建模工具，在做一些简单的三维对象时，可以先使用“线”工具构建出轮廓，然后再通过激活车削、挤出和倒角等修改器完成建模。在此特别说明：必须先选择二维图形，然后在“修改器列表”中才会出现修改器工具。

2. 专业技能练习

1）挤出修改器

当选择好二维图形后，可以在“修改器列表”中的“网格编辑”组里找到挤出修改器，挤出修改器能为二维图形添加深度。挤出效果如图5.4.3所示。

2）车削修改器

车削修改器位于“面/样条线编辑”集中，它只能作用于由线构成的二维图形，可以通过围绕坐标轴旋转一个度数（默认为360°）图形来生成3D对象。

（1）先选择创建的线，然后单击“修改”面板，在修改器列表中选择车削修改器，如图5.4.4所示。

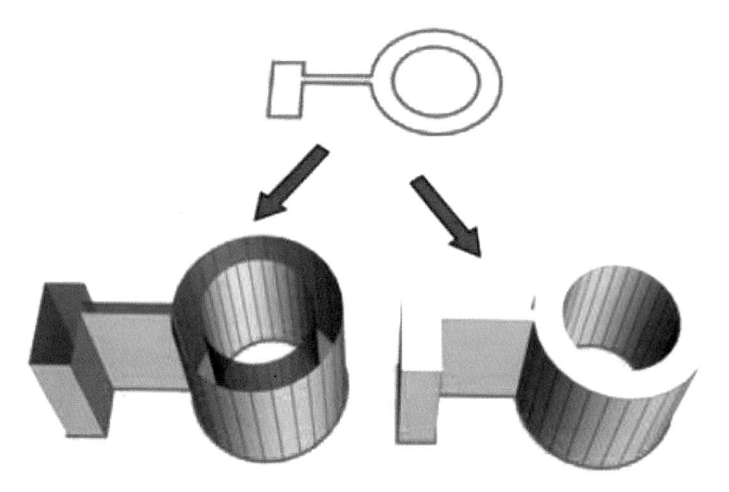

图5.4.3　挤出效果

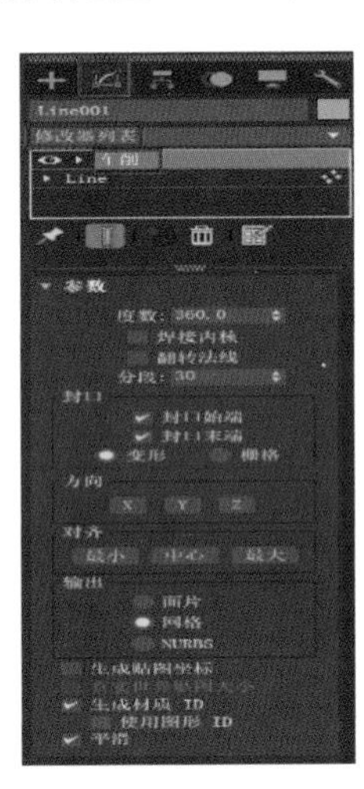

图5.4.4　车削修改器

（2）参数设置。

① 度数：设置对象绕轴旋转的角度。180°和360°对比图如图5.4.5所示。

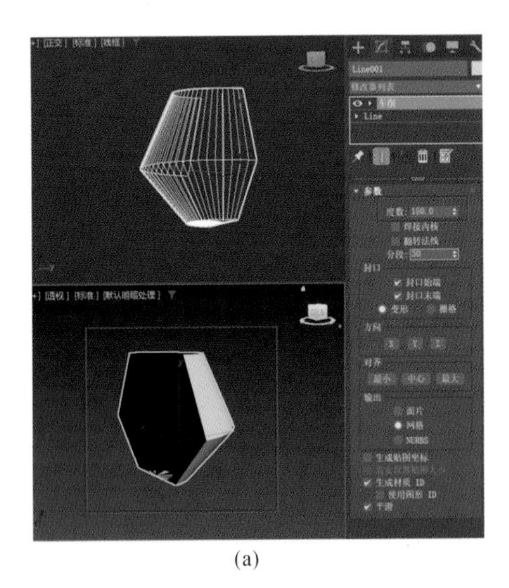

(a)

(b)

图5.4.5　180°和360°对比图

② 焊接内核：焊接旋转轴中的顶点来简化网格，点和点之间的相差在0.1 mm之内。未勾选焊接内核和勾选焊接内核的对比图如图5.4.6所示。

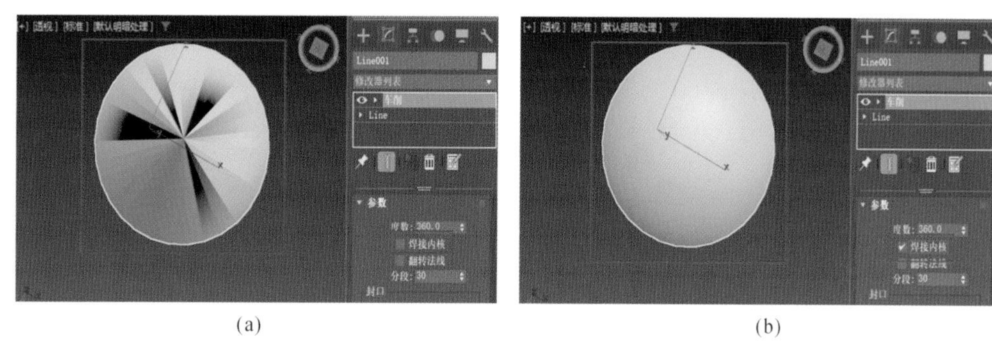

(a) (b)

图 5.4.6 未勾选焊接内核和勾选焊接内核的对比图

③ 翻转法线：该选项会使模型产生内外面翻转的效果，有时车削后模型会变黑，在勾选翻转法线后就会消失。未勾选翻转法线和勾选翻转法线的对比图如图 5.4.7 所示。

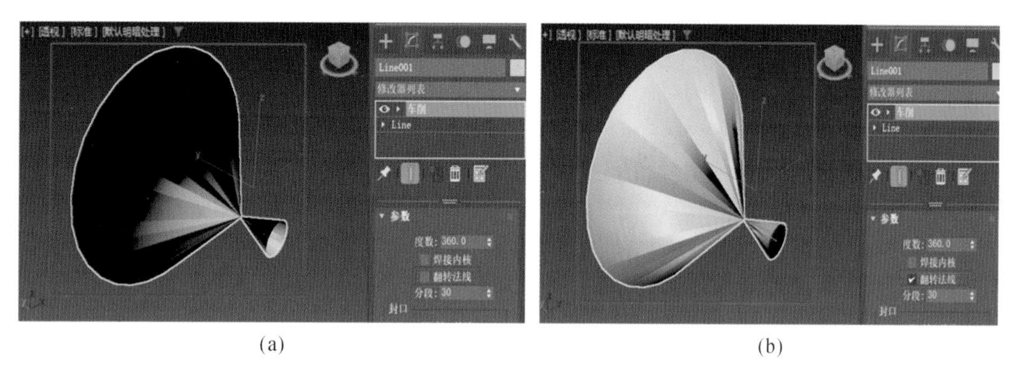

(a) (b)

图 5.4.7 未勾选翻转法线和勾选翻转法线的对比图

④ 分段：设置模型的段数，数值越大，模型越光滑。分段数为 10 和分段数为 50 的对比图如图 5.4.8 所示。

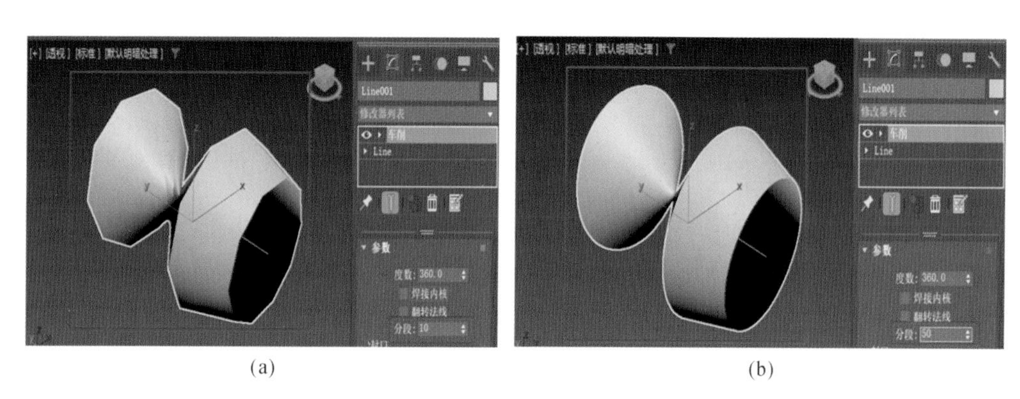

(a) (b)

图 5.4.8 分段数为 10 和分段数为 50 的对比图

封口：可选择封口始端/封口末端、变形、栅格形式。

方向：设置 *X*、*Y*、*Z* 轴的旋转方向。

对齐：设置旋转轴和模型的最小、中心、最大范围对齐。

3）倒角

倒角修改器同样位于“网格编辑”组里，它可以将图形挤出为 3D 对象，并在边缘应用平滑的倒角效果，其参数设置面板包含“参数”和“倒角值”两个卷展栏。倒角效果如图 5.4.9 所示。

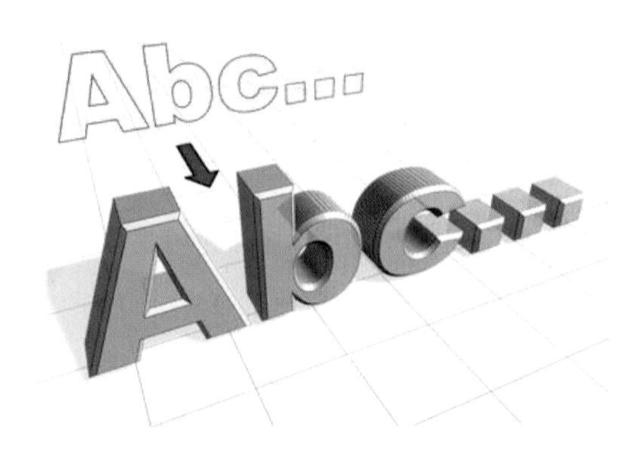

图5.4.9　倒角效果

图5.4.10　修改器堆栈

3. 专业技能案例综合实践

1）堆栈的学习

修改器堆栈如图5.4.10所示。

锁定：锁定到一个物体上，不变。

显示最终结果：按此按钮后，无论在哪个层，强行点满，“ ”“ ”，无论怎样改变都可以看到全景图。

使唯一（解除关联）：确定是否具有关联性，点击此选项后，就会使选择的物体不具有与其他物体相关的关联性。

删除修改器：删除带灯泡的修改器。

修改器设置：按此按钮后点击“配置修改器集”可设置修改器，如图5.4.11所示。

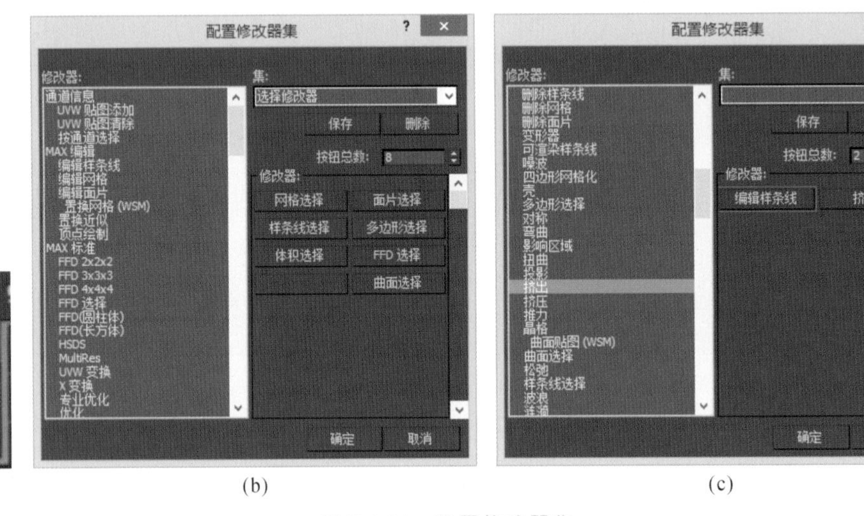

(a)　(b)　(c)

图5.4.11　配置修改器集

按“修改器列表”按钮后点击“显示”按钮，如图5.4.12所示。

2）捕捉的详细学习

（1）各按钮“ ”就是捕捉命令，左键点击就是打开，右键点击捕捉按钮就可以进行维度捕捉设置，如图5.4.13所示。

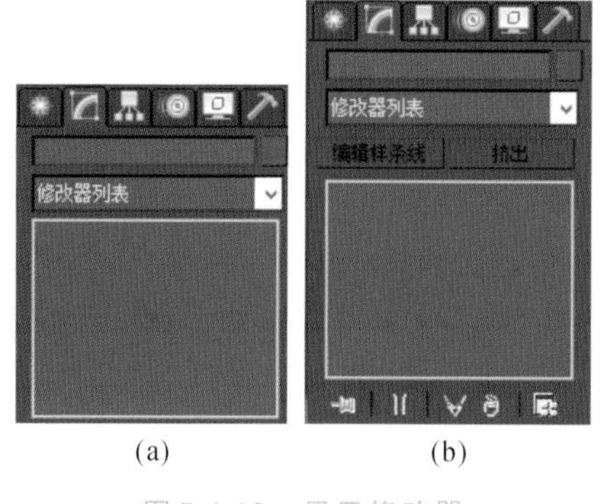

(a)　(b)

图5.4.12　显示修改器

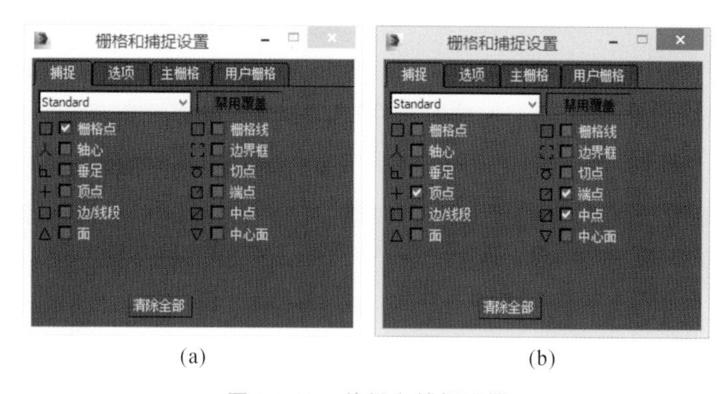

(a)　(b)

图5.4.13　格栅和捕捉设置

（2）选项设置界面如图5.4.14所示。

维度捕捉含义如下。

2维捕捉：可以捕捉到在同一平面上的点。

2.5维捕捉：可以捕捉到不在同一平面上点的正投影，描的是影子，经常使用。

3维捕捉：可以捕捉到空间中任何一个点。

（3）CAD图形放在3D中，CAD文件以.dwg格式导入。

提示：导入前需要先进行单位设置。

在“单位设置”中选择“自定义”，如图5.4.15所示。

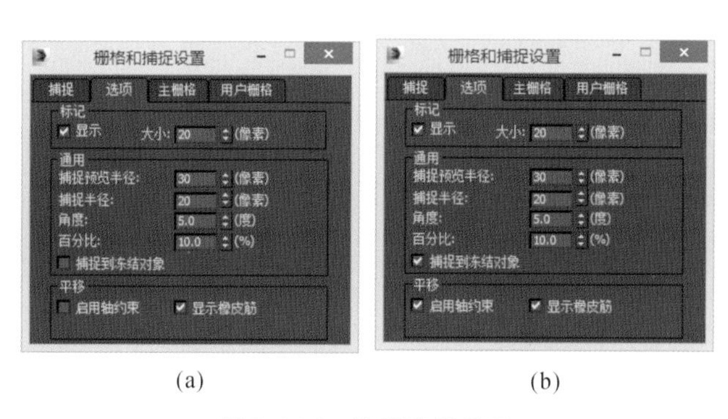

(a)　(b)

图5.4.14　选项设置界面

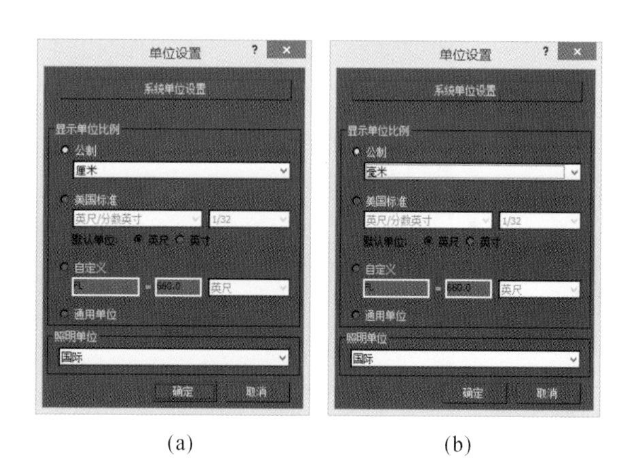

(a)　(b)

图5.4.15　CAD导入设置（厘米修改成毫米）

（4）系统单位设置如图5.4.16所示。

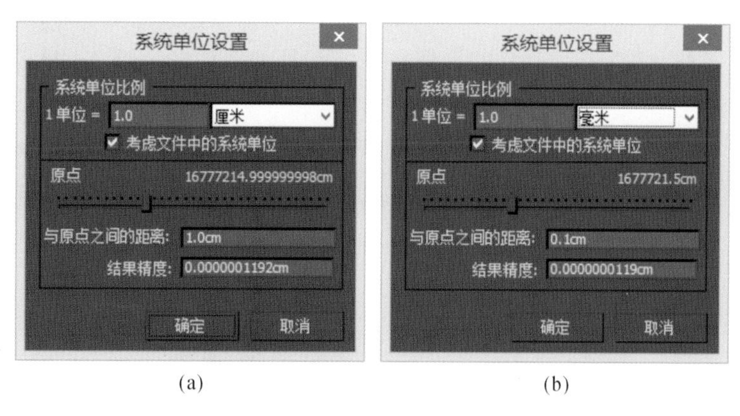

(a)　(b)

图5.4.16　系统单位设置（厘米修改成毫米）

（5）CAD文件导入如图5.4.17、图5.4.18所示。

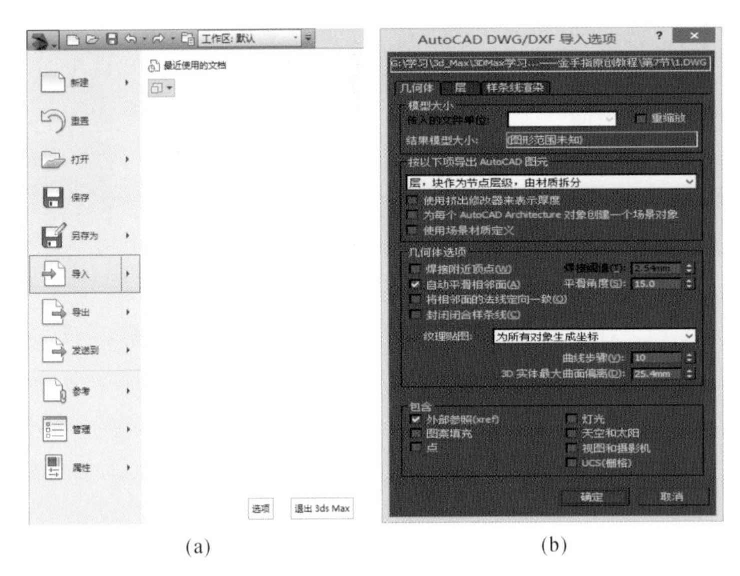

(a)　　　　(b)

图5.4.17　CAD文件导入（选择要导入的图像，默认确定）

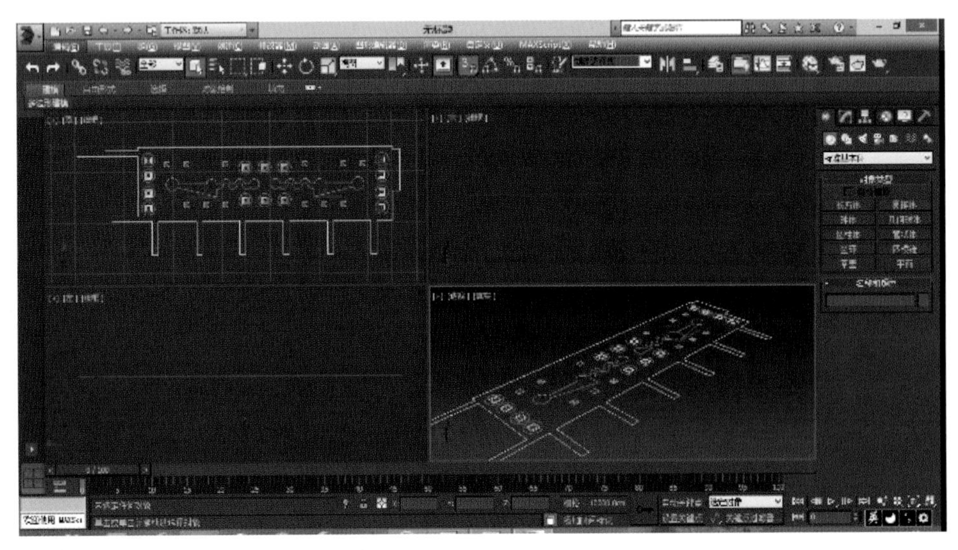

图5.4.18　CAD文件导入效果

提示：

① 显示线条：如果你的3ds Max里面描的线不能显示，在任意的区间做一个三维的物体即可显示线条；

② 快速查看线条并还原：如果不知道描的线怎么样，可以把描线的左键拉出来，看完后如果觉得满意，不松开左键，直接点击右键就可还原。

（6）群组。

群组：按Ctrl+A快捷键全选后线条成组，如图5.4.19所示。

（7）线条坐标归零。

线条导入后坐标要归零，工具：切换到选择并移动状态，将坐标归零，再最大化居中显示，如图5.4.20所示。

提示：击右键“◆”按钮归零。

图5.4.19　线条成组

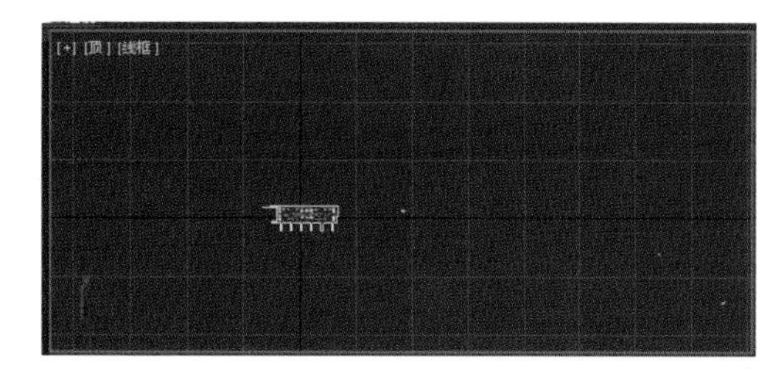

图5.4.20　线条坐标归零

(8) 图形冻结。

选择物体并击右键，冻结当前选择，冻结后不可移动。

提示：修改冻结物体的颜色。

操作：选择“自定义”“自定义用户操作”；在颜色里面选择“几何体”“冻结”，一般把右边的颜色调成灰色；完成后立即应用颜色，如图5.4.21所示。

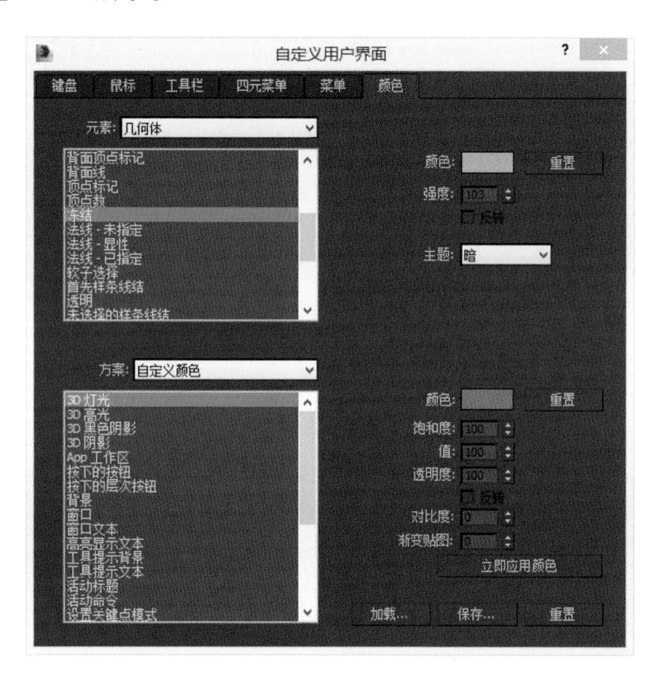

图5.4.21　修改冻结物体

(9) 开启捕捉设置，如图5.4.22所示。

(10) 调整选项设置面板，如图5.4.23所示。

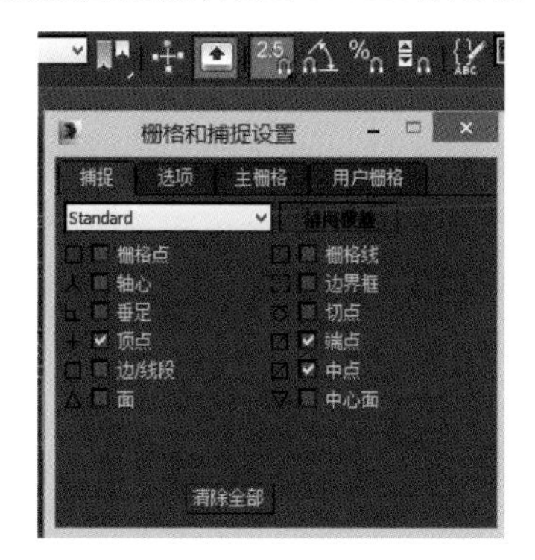

图5.4.22　开启捕捉设置

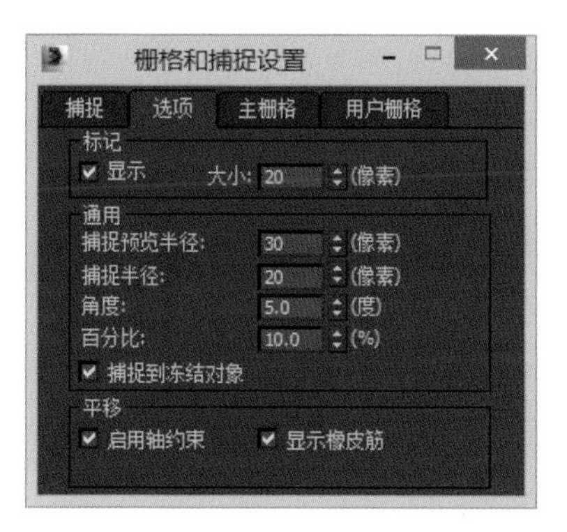

图5.4.23　调整选项设置面板

一般开启2.5维捕捉，按右键进行捕捉设置。

（11）描线。

创建用线描闭合的线。

视图跟随鼠标移动，最好在顶视图里面放大并去除栅格，描线后如果有失误可以使用Backspace取消上一步的线条，不要中途断开，如图5.4.24所示。

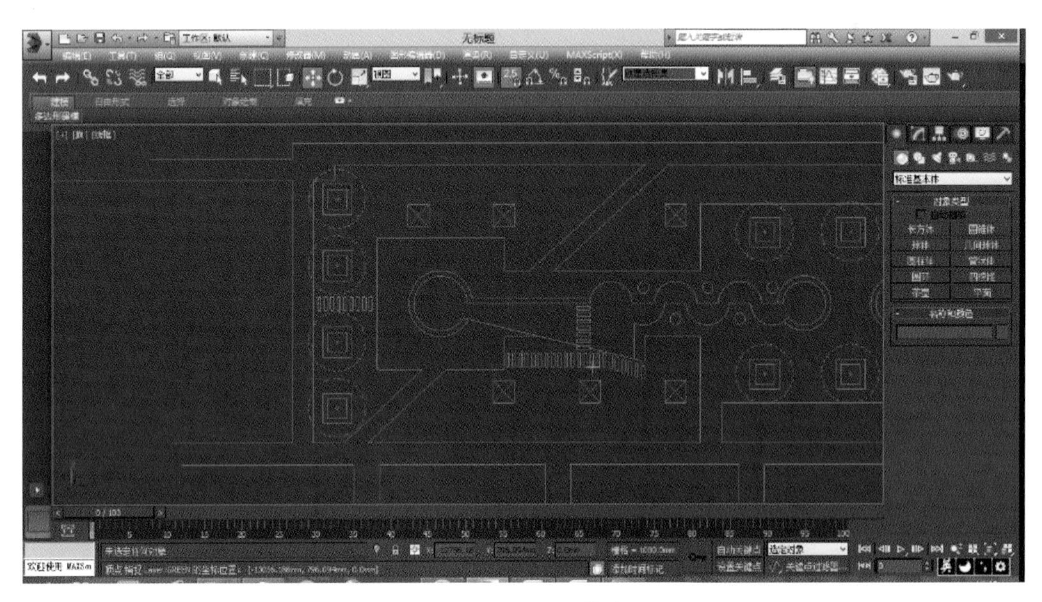

图5.4.24　图形描线

（12）图形挤出。

给二维线挤出一定的高度，使用挤出命令，按F3键可以实体显示，如图5.4.25所示。

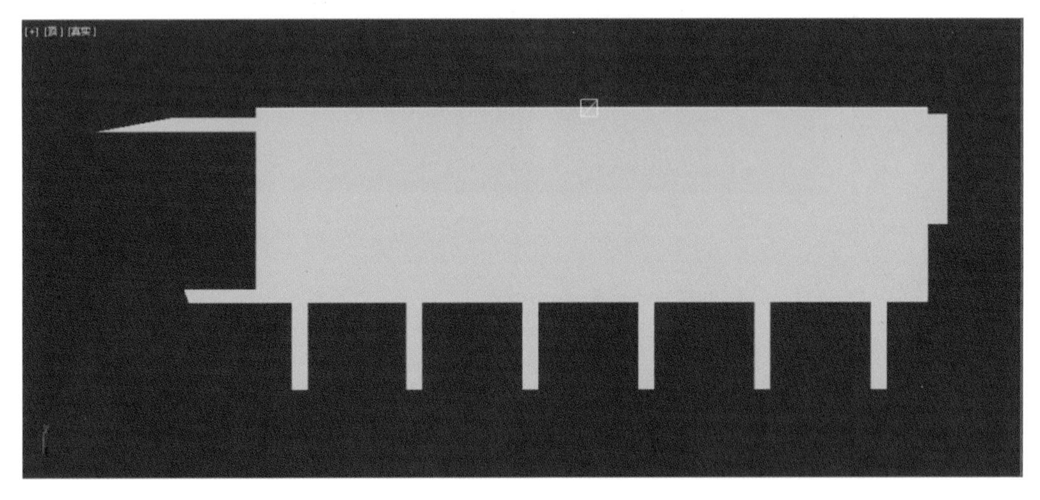

图5.4.25　图形挤出

（13）隐藏。

要学会把做好的物体隐藏，然后再做其他的物体。

为了不影响操作，选择隐藏当前对象，之后重复其他的就可以了。在修改面板里附加绿色草坪等，使这些成为一个整体，如图5.4.26所示。

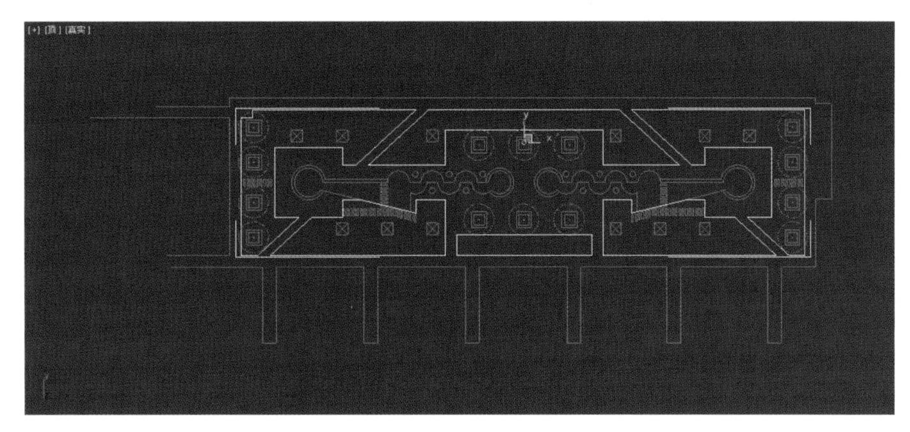

图 5.4.26 草坪的描线

（14）水池部分的绘制需要用到弧线，点击第一个弧点，不放开鼠标，点击另一个弧点，再拉成弧就可以了，直线与弧线的部分使用“焊接”可以焊接成为封闭的图形，如图 5.4.27 所示。

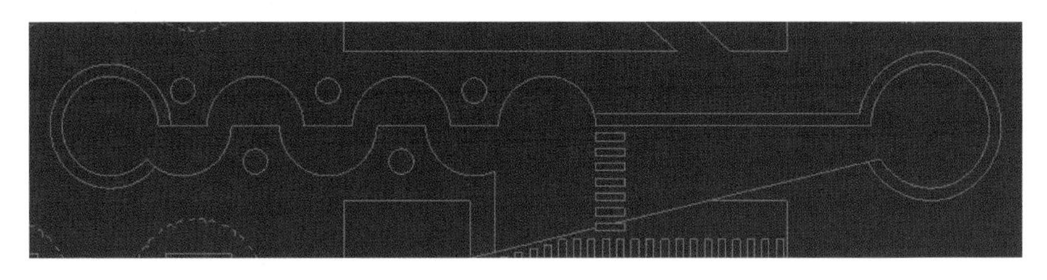

图 5.4.27 水池弧线的绘制

（15）附加多个图形，效果如图 5.4.28 所示。

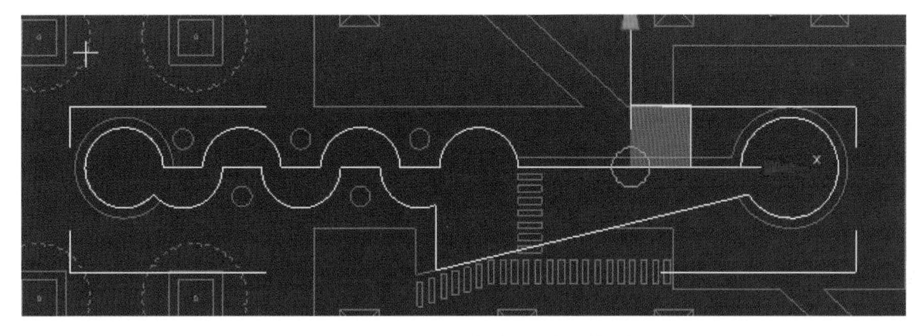

图 5.4.28 附加多个图形的效果

（16）在“Line”的“顶点”里面可以看到图形是不封闭的线条，使用“焊接”焊接所有的顶点，如图 5.4.29 所示。

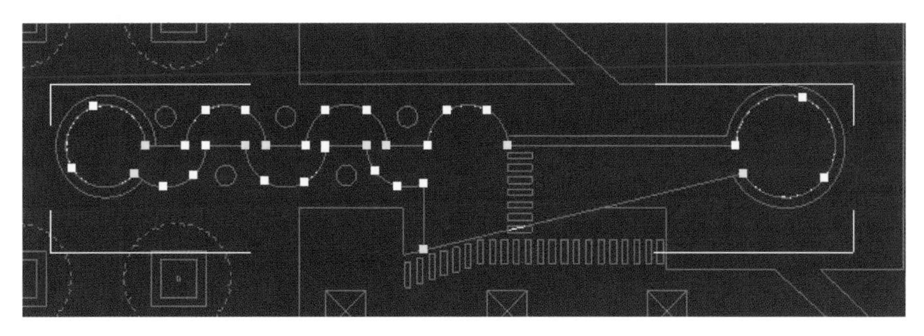

图 5.4.29 焊接所有的顶点

（17）焊接后挤出，如图5.4.30所示。

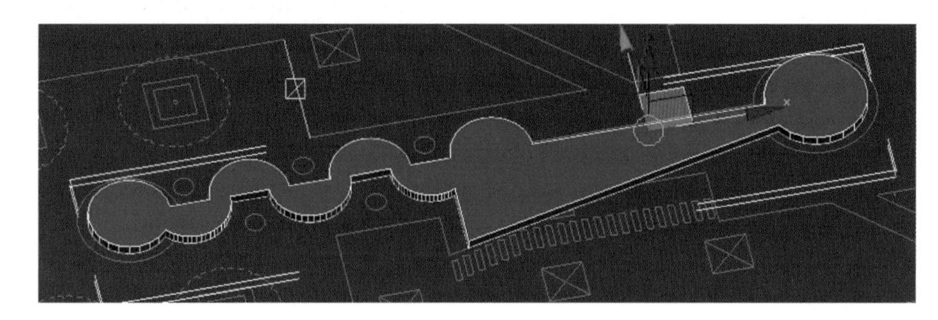

图5.4.30　图形挤出成型

（18）水池的边直接进行“轮廓”扩边就可以了，前提是在“Line”的“样条线”里修改。勾选“复制”，点击“分离”后就出现了水池线条，直接进行“轮廓”就可以扩边，然后挤出，如图5.4.31所示。最终效果如图5.4.32所示。

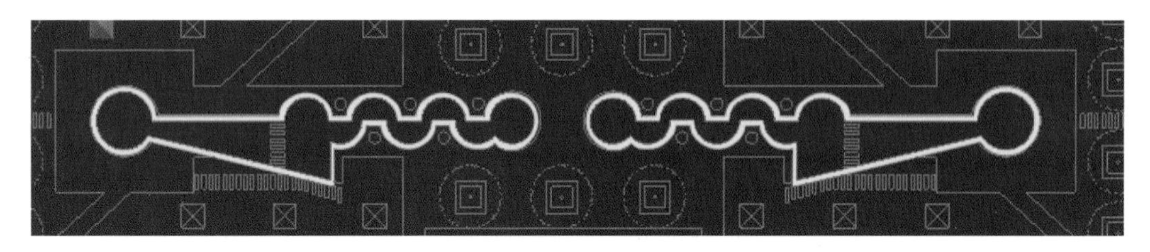

图5.4.31　水池挤出成型

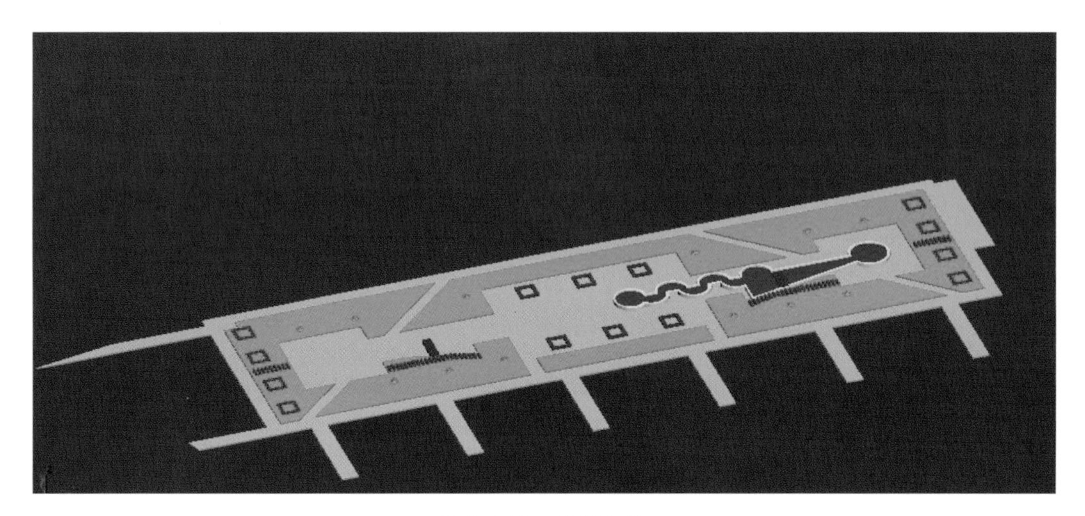

图5.4.32　最终效果

—— 本阶段学习的主要思考 ——

（1）熟悉二维图形转三维模型常用的修改器、命令。

（2）可以通过挤出、车削、倒角修改器较精准地创建预期三维模型效果。

学习领域六

摄影机及灯光设置

□ 学习领域概述

本部分主要讲解摄影机的种类、参数和设置方法，常用的有目标摄影机和VRay物理摄影机，运用摄影机达到预期效果图展示效果。

学习情境6.1　摄影机设置

学习目标

知识要点	知识目标	能力目标
摄影机的基本知识与技能练习及案例实践	① 掌握摄影机的创建方法； ② 掌握安全框的使用方法； ③ 掌握构图纵横比的设置方法； ④ 掌握目标摄影机的使用方法； ⑤ 掌握景深效果的制作方法	能熟练使用摄影机，运用摄影机达到预期效果图展示效果

学习任务

（1）摄影机的创建方法。

（2）摄影机的基本创建步骤。

（3）专业技能基本练习。

（4）专业技能案例实践。

学习方法

对重点内容，以课堂讲授、实操为主。对一般内容，以自学为主，并在实际操作中加以深化和巩固。教学过程中宜采用多媒体教学或其他数字化教学手段以提高教学效果。

内容分析

1.摄影机设置的操作常识

在制作效果图中，摄影机不仅可以确定渲染视角、出图范围，还可以调节图像的亮度，或添加诸如景深、运动模糊等特效。摄影机的创建直接关系效果图的构图内容和展示视角，对效果图的展示效果有最直接的影响。

加载了VRay渲染器后的3ds Max可以使用三种摄影机面板：标准、VRay和Arnold。对象类型分别是物理、目标、自由、VRay穹顶相机、VRay物理相机、VR Camera、Fisheye、Spherical、Cylindrical，如图6.1.1所示。

目标摄影机类似灯光中带有目标点的灯光，由摄影机和目标点构成。摄影机代表观察者的眼睛，目标点指示要观察的点，可以独立地变换摄影机和目标点位置，但是摄影机方向总对着目标点，如图6.1.2所示。

图 6.1.1　摄影机介绍

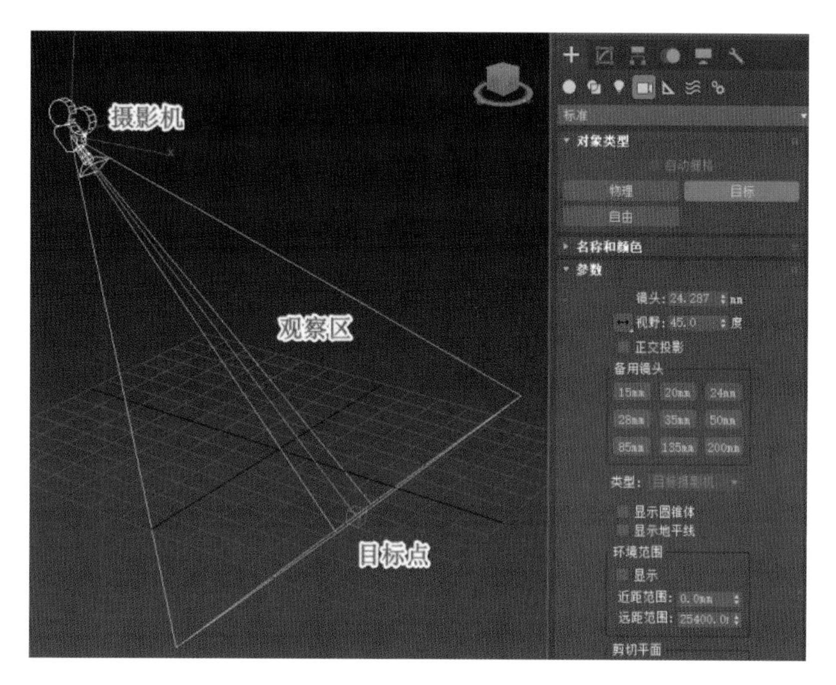

图 6.1.2　目标摄影机

2. 摄影机参数

1）镜头

“镜头”选项用于显示和调整摄影机镜头的焦距。

2）视野

“视野”选项用于显示和调整摄影机的视角。左侧的按钮用于设置摄影机视角的类型，摄影机视角有对角、水平和垂直三种，分别表示调整摄影机观察区域对角、水平和垂直方向的角度，如图6.1.3所示。

3）正交投影

勾选此选项后，摄影机无法移动到物体内部进行观察，且渲染时无法使用大气效果。

4）备用镜头

单击该选项组中的任一按钮，即可将摄影机的镜头和视野设为该备用镜头的焦距和视野。

5）显示地平线

勾选此选项后，在摄影机视口中将显示一条黑色的直线，表示远处的地平线。

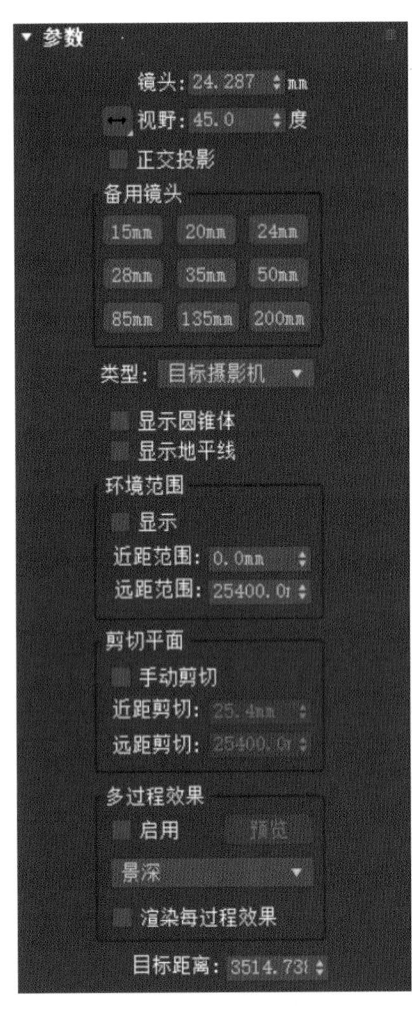

图 6.1.3 摄影机参数设置面板

6）环境范围

该选项组中的参数用于设置摄影机观察区中出现大气效果的范围。

7）剪切平面

该选项组中的参数用于设置摄影机视口中显示哪一范围的对象。此功能常用于观察物体内部的场景，勾选“手动剪切”选项可开启此功能。“近距剪切”和“远距剪切”数值框用于设置近距剪切平面和远距剪切平面与摄影机图标之间的距离。

8）多过程效果

该选项组中的参数用于设置渲染时是否对场景进行多次偏移渲染，以产生景深或运动模糊的摄影特效。勾选“启用”选项即可开启此功能；下方的“效果”下拉列表框用于设置使用哪种多过程效果（选择某一效果后，“修改”面板中将显示该效果的参数，默认选择“景深”选项）。

9）目标距离

该数值框用于显示和设置目标点与摄影机图标之间的距离。

3. 操作专业技能案例练习

1）目标摄影机的创建

（1）单击“创建”面板“摄影机”选项卡中的“目标”按钮，然后在Top（顶）视图中单击并拖动鼠标到适当位置后释放鼠标，即可创建一个目标摄影机。选中“摄影机”和“目标点”，将Z轴坐标改为900。在透视图中按C键，切换到摄影机视图查看效果。选择摄影机，进入修改面板，调整视野参数，一般室内设计视野范围可设置为69～84。

（2）在透视图中调整到合适视角，按快捷键Ctrl+C创建摄影机。操作技巧如下。

① 在透视图中按C键，可以切换到摄影机视图，按P键切换回透视图。

② 定好摄影机视角后切换回透视图进行图形观察。

③ 摄影机和目标点一般在同一平面上平行拍摄，角度也可按实际情况调整；拍摄高度可选择900（狗视图）或1200。

2）摄影机调整

（1）图像纵横比。

“图像纵横比”在“渲染设置”面板中，按F10键可以打开“渲染设置”面板。用户可以直接设置“图像纵横比”的比值来确认构图比例，也可以设置“长度”和“宽度”的分辨率来控制比例。

（2）安全框。

由于渲染图形的长宽比例与视图框中不同，为保证内容不被裁剪掉，可运用安全框。

在视图框中单击左上角第二个菜单，选择“显示安全框”，激活安全框，按快捷键Shift+F，视图中会出现三个不同颜色的框，安全框内的内容在渲染时不会被裁剪掉。

（3）景深效果。

所谓景深，就是一张照片中，背景被模糊处理，主体物体被清晰地展示出来。景深效果可以使清晰的物体有一种跃然纸上的感觉，因此，常用景深做镜头特写、产品概念等。

影响景深的因素有三个，分别是光圈、焦距和摄影距离。它们与景深的关系是：光圈越大，景深越小；光圈越小，景深越大；焦距越长，景深越小；焦距越短，景深越大；摄影距离越近，景深越小；摄影距离越远，景深越大。景深可以凸显主题，使景深范围和焦平面落在被拍摄物体上。

操作步骤如下。

① 选择目标摄影机，打开“参数”卷展栏，调整镜头和视野参数，选择“景深”选项。

② 按F10键打开“渲染设置”对话框，切换到“VRay”选项卡，打开“摄影机”卷展栏，勾选“景深”选项，调整“光圈”“焦距”数值，勾选“从摄影机获取”选项。

③ 渲染摄影机视图，查看景深效果。

（4）剪切摄影机。

剪切摄影机通常是为了保证摄影机内场景界面的完整性，将摄影机移出墙体外，利用近景剪切将遮挡摄影机的物体或家具进行剪切。

（5）镜头矫正。

通常情况下，摄影机位置和目标点处在同一水平线上，保证视线内墙体或竖向的物体不变形。如果场景层高过低，有意从视觉上突出场景的视觉高度，则会采用仰视摄影机位，将目标点高于摄影机位，这时竖向的物体会产生变形。需要右键点击摄影机机头，在左上角选择矫正摄影机，通过修改器面板的参数调整保证摄影机内墙体或竖向的物体不变形。

（6）全景摄影机。

渲染图尺寸和摄影机类型调整如图6.1.4所示。

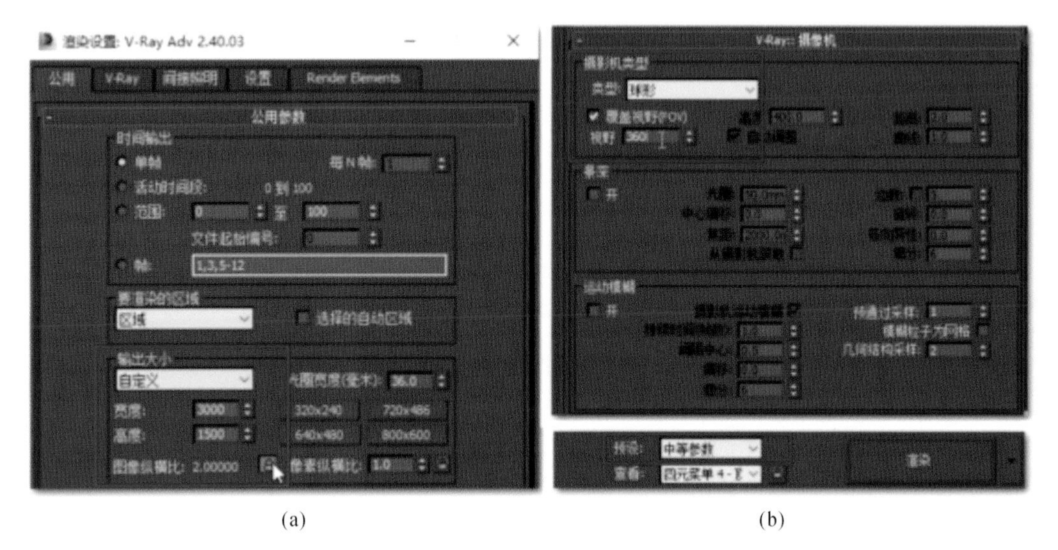

(a)　(b)

图6.1.4　渲染图尺寸和摄影机类型调整

—— 本阶段学习的主要思考 ——

(1) 熟悉创建摄影机和各项命令，使效果图达到预期效果。

(2) 可以通过创建多个摄影机观察三维模型的效果。

学习情境6.2　灯光的设置

学习目标

知识要点	知识目标	能力目标
灯光的基本知识	① 掌握灯光的创建方法； ② 掌握VRay灯光、VRay太阳、目标灯光的使用方法； ③ 掌握半封闭空间灯光的制作方法； ④ 掌握封闭空间灯光的制作方法	能够创建真实、舒适的灯光环境

学习方法

对重点内容，以课堂讲授、实操为主。对一般内容，以自学为主，并在实际操作中加以深化和巩固。教学过程中宜采用多媒体教学或其他数字化教学手段以提高教学效果。

内容分析

1.灯光类型及参数

加载了VRay后，3ds Max中有三种类型的灯光，分别是标准、光度学和VRay，如图6.2.1所示。

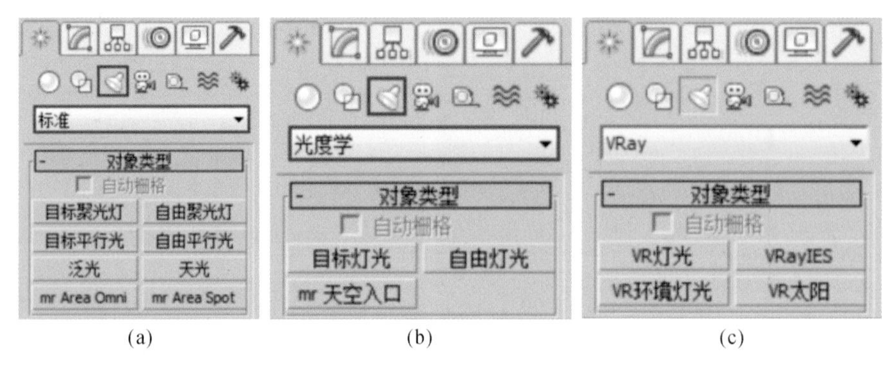

图6.2.1　VRay灯光类型

(1) 目标聚光灯：可以产生锥形照射区域，包括投射点和投射目标点。照射区域外物体不受灯光的影响。

(2) 自由聚光灯：它的发射点和目标点不能分别调整，只能对它进行整体移动或旋转。

(3) 目标平行光:产生平行照射区域,可以用来模拟阳光照射,并且照射区域为圆柱体。

(4) 自由平行光:只能对它进行整体移动或旋转。

(5) 泛光:向四周发散光线,用来照亮场景。

(6) 目标点光源:可以产生周围光晕的效果。

(7) 目标线光源:可以产生直线形光线,做出灯巢发出的效果,如灯管。

(8) 目标区域光:可以产生区域的光线,如壁灯。

(9) VRay太阳:太阳光。

(10) VRay灯光:可以用来模拟室内灯光,是使用频率非常高的一种灯光。VRay灯光设置面板如图6.2.2所示。

"VRay太阳"主要用来模拟真实的室外太阳光。VRay太阳的参数比较简单,只包含一个"VRay太阳参数"卷展栏,如图6.2.3所示。

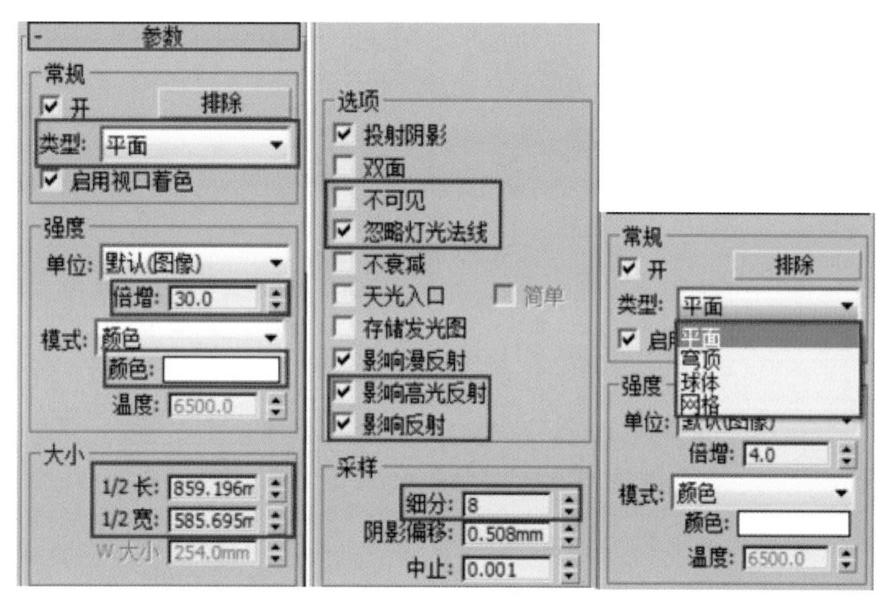

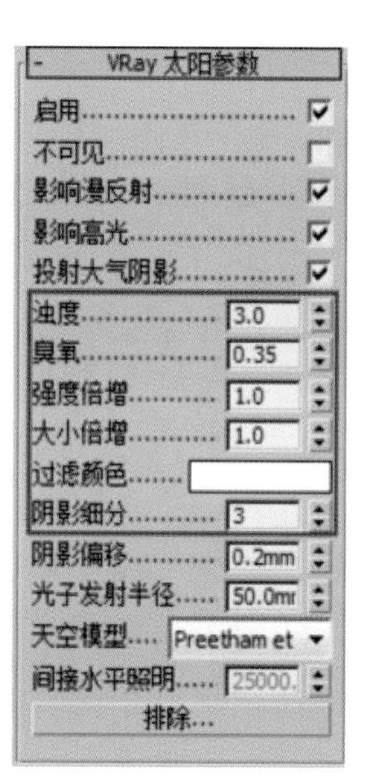

图 6.2.2 VRay灯光设置面板

图 6.2.3 "VRay太阳参数"卷展栏

目标灯光有一个目标点,用于指向被照明物体,目标灯光主要用来模拟现实中的筒灯、射灯和壁灯等,其默认参数包含10个卷展栏,如图6.2.4所示。

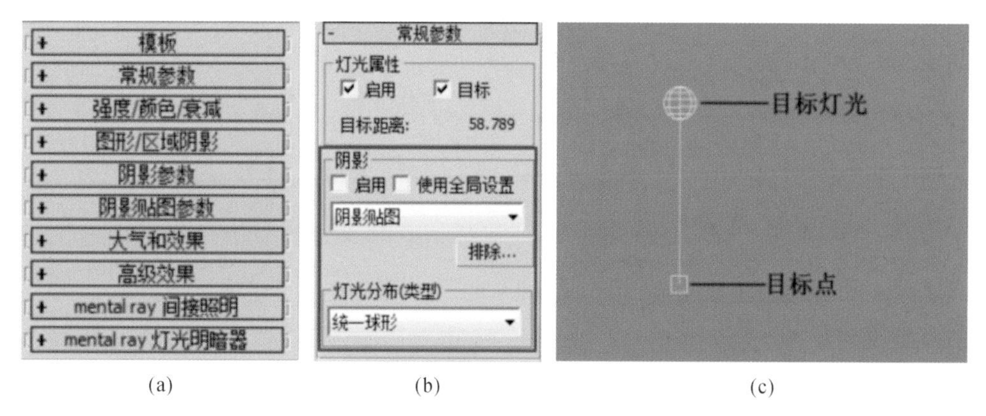

(a) (b) (c)

图 6.2.4 目标灯光卷展栏与灯光组成

2.布光方法

1）半封闭空间的布光

半封闭空间是一种比较常见的空间环境，有进光口的空间都可以称为半封闭空间。这类空间的灯光特点是环境光（太阳光）作为主光照亮空间，人造光作为点缀灯光烘托氛围。

2）封闭空间的布光

在三维设计中，封闭空间并不是只有完全封闭的空间，在场景中，如果室外灯光的照明作用非常小，该空间可以称为封闭空间，如夜晚空间。因此，在全封闭空间中，其主光源和点缀光都应该是人造光，即使有室外灯光，也仅仅是作为背景出现。

3）室外建筑布光

相对于室内场景来说，室外建筑的布光要简单很多。通常情况下，我们要的都是这种室外建筑的日景效果，即使用太阳光和天光即可，重点在于把握好太阳的照射角度。

4）三点照明布光

三点照明又称为区域照明，一般用于较小范围的场景照明。如果场景很大，则可以把它拆分成若干个较小的区域进行布光，一般有三盏灯即可，分别为主体光、辅助光与背景光。

主体光：通常用它来照亮场景中的主要对象与其周围区域，并且担任给主体对象投影的功能。主要的明暗关系由主体光决定，包括投影的方向。主体光的任务根据需要可以用几盏灯光共同完成。主体光在15°到30°的位置上称顺光，在45°到90°的位置上称为侧光，在90°到120°的位置上成为侧逆光。主体光常用聚光灯完成。

辅助光：又称为补光，用一个聚光灯照射扇形反射面，以形成一种均匀的、非直射性的柔和光源，用它填充阴影区以及被主体光遗漏的场景区域、调和明暗区域之间的反差，同时能形成景深与层次，这种广泛均匀布光的特性使它为场景打一层底色，定义了场景的基调。由于要达到柔和照明的效果，通常辅助光的亮度只有主体光的50%～80%。

背景光：它的作用是增加背景的亮度，从而衬托主体，并使主体对象与背景分离。一般使用泛光灯，亮度宜暗、不可太亮。

布光顺序：先定主体光的位置与强度，再决定辅助光的强度与角度，然后分配背景光与装饰光，遵循由主题到局部、由简到繁的过程，达到主次分明，互相补充。

布光需要注意以下几点。

（1）灯光宜精，不宜多。

（2）灯光要体现场景的明暗分布，要有层次性。

3.操作专业技能案例练习

1）光度学灯光

（1）单击“光度学”下的“目标灯光”，在前视图中从上往下拖曳一个目标灯光，黄色的大圆球是灯光本体，下面方框是目标点，如图6.2.5所示。

切换顶视图，将灯光本体和目标点都移动到靠墙体的位置，如图6.2.6所示。注意，目标点的位置并非光线的终点，它只是一个参考的方向点。

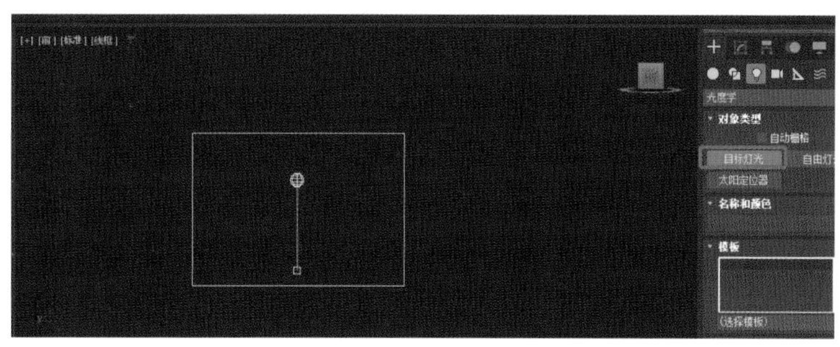

图 6.2.5　光度学目标灯光

图 6.2.6　移动灯光靠墙

（2）选中灯光的本体，进入修改面板，参数如图 6.2.7 所示。“常规参数”卷展栏只有勾选了“启用”选项，灯光才会有效。“目标”选项主要用于激活目标点，如果勾选，就是“目标灯光”，可以利用目标点自由操控灯光的目标方向；如果不勾选，灯光就会变成“自由灯光”，即没有目标点。

（3）加载光度学文件。灯光分布有四种类型，如图 6.2.8 所示，选择“光度学 Web”后，会出现“分布(光度学 Web)”卷展栏，单击“选择光度学文件”按钮，选择“光度学文件”，系统会弹出窗口让选择“光度学文件”。光度学文件是以 .ies 为后缀的光域网文件，渲染出来的就是各种射灯的光效。加载好光域网文件后，卷展栏会发生变化，光域网的效果样式会出现在面板中，如图 6.2.9 所示。

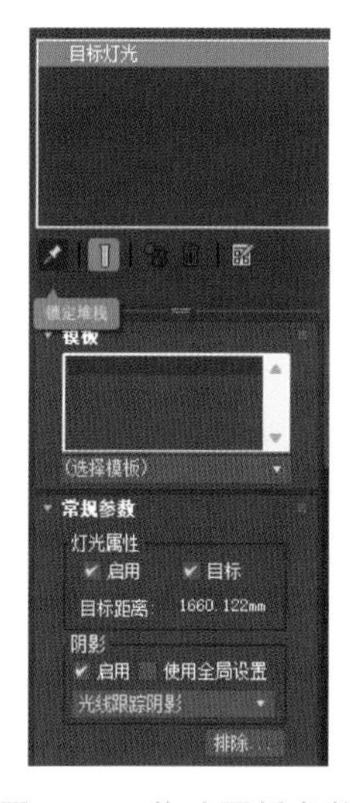

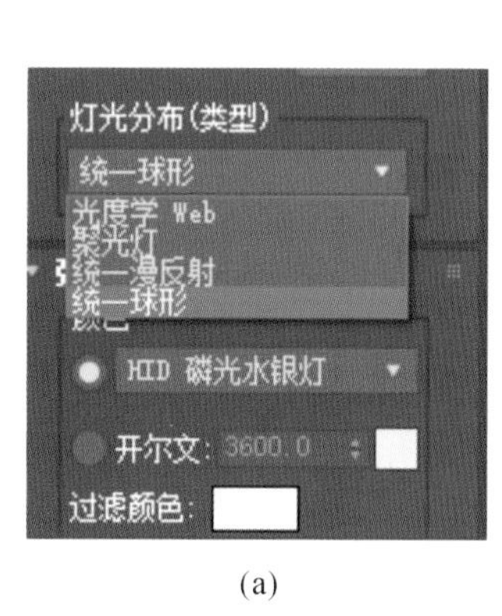

(a)　(b)

图 6.2.7　修改面板参数

图 6.2.8　灯光分布类型

（4）设置灯光的颜色和强度。打开“强度/颜色/衰减”卷展栏，可以设置灯光的颜色和强度，选择强度为 cd，强度大小根据实际效果调节。

2）VRay 太阳

（1）切换到顶视图，单击“创建面板”“灯光”“VRay”“VRay 太阳”，在顶视图拖曳出太阳光，其结构与“目标灯光”一样。

（2）在创建过程中，系统会弹出一个对话框，询问是否自动添加一张 VRay 天空环境贴图，“VRay 太阳”通常配合“VRay 天空”一起使用，所以选择“是”。

（3）调整太阳光的位置，需要通过不断测试、不断调整得到。

（4）按 8 键打开“环境和效果”对话框，在“环境贴图”贴图通道中有“VRay 天空”，然后按 M 键打开“材质

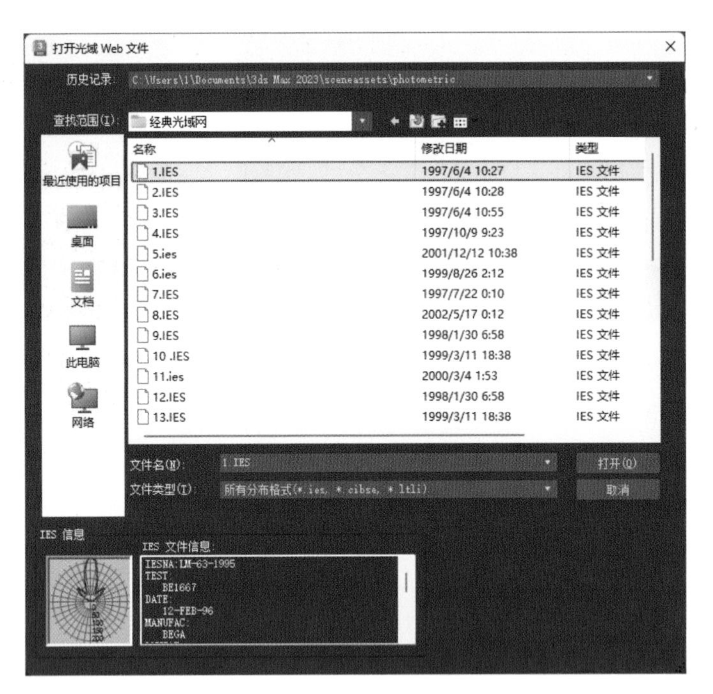

图 6.2.9　选择光度学文件

编辑器”，将“环境贴图”中的“VRay天空”拖曳到任一空白材质球上(以实例的形式)。

（5）“VRay天空”的参数勾选“指定太阳节点”激活，然后单击“太阳光”后的按钮，接着在视图中单击太阳光的本体，把天空和太阳关联起来。适当调整参数浊度、强度倍增、大小倍增。

—— 本阶段学习的主要思考 ——

（1）练习摄影机的创建方法，并结合安全框和图像纵横比进行构图。

（2）练习景深的制作方法，尽量使用VRay物理摄影机控制景深范围。思考决定景深效果的参数有哪些。

（3）VRay灯光是一种非常重要的灯光，请用VRay灯光练习台灯、吊灯和灯带的制作方法。

（4）布光是三维设计的一个难点，请根据书中的布光法则并结合书中的场景制作自己理想的灯光效果。

学习领域七

材质编辑与贴图技术

□ 学习领域概述

本部分主要讲解常用材质编辑与贴图的制作方法。

学习目标

知识要点	知识目标	能力目标
材质编辑的基本知识及技能实践	① 掌握材质编辑器的使用方法； ② 掌握材质编辑器常用参数的作用； ③ 掌握常用材质的参数设置	掌握常规材质及贴图的制作方法，如玻璃、地板、布料等
贴图技术基本知识	① 掌握位图、衰减、噪波程序贴图的使用方法； ② 掌握材质ID的分配方法； ③ 掌握UVW贴图修改器的使用方法	

学习任务

（1）一般知识。

（2）专业技能案例实践。

学习方法

对重点内容，以课堂讲授、实操为主。对一般内容，以自学为主，并在实际操作中加以深化和巩固。教学过程中宜采用多媒体教学或其他数字化教学手段以提高教学效果。

内容分析

1.材质编辑与贴图技术的操作常识

材质主要用于表现物体的颜色、质地、纹理、透明度和光泽等特性，依靠各种类型的材质可以制作出现实世界中的任何物体。与建模不同，材质是模拟对象的本质，而不是外观，所以对象的逼真度、精细度都与材质直接相关。从本学习领域开始，我们将进入效果图制作的另一个重要技术——材质与贴图技术，本学习领域将介绍重要材质球和贴图的使用方法，以及如何使用材质球结合不同的程序贴图制作出简单的材质。

1）材质的物理属性

所谓材质，就是对象的制作材料，简单来讲就是物体的可见属性，即大部分对象的表面物理现象，如颜色、发光度、反射、折射、高光、透明度、软硬和凹凸等直观物理属性，都是对象的材质。材质的表现和制作其实就是通过3ds Max模拟这些特性。

材料的基本属性：常见材料的基本属性包括固有色、反射、折射、凹凸、透明、置换等。除此之外，3ds Max为了能够创建出比较复杂的材质，增加了发光贴图、混合贴图、环境贴图等贴图样式。

（1）固有色。

固有色就是物体本身所呈现的固有的色彩。固有色在3ds Max虚拟环境中就是漫反射，主要分为两种：一种是只有颜色、没有贴图的材质类型，这种占场景中物体的绝大部分，如墙体、塑料、不锈钢、镜面等颜色单一和表面基本无肌理的物体；另一种是有贴图纹理的材质，如木纹、壁纸、大理石、布料等有特殊肌理和风格特征的物体。固有色的处理要结合UVW贴图进行贴图纹理位置和大小的调整，效果图的失真往往与贴图的比例失调有关，如地板或壁纸纹理过大，视觉上会感觉房屋空间过小。

（2）反射。

光在镜面、玻璃以及其他许多物体的表面都会发生反射。在3ds Max虚拟环境中，反射是体现效果图真实度的重要因素。反射高的物体有镜面、不锈钢、抛光大理石等，反射低的物体有哑光处理的塑料、木地板、石材等。一般来说，不存在没有反射的物体，3ds Max虚拟环境中，大面积反射的缺失（如墙体）影响整个环境光能传递的过程，会造成场景偏暗，反射属性的高低影响光子数量的分配，分配较少的物体可能会出现噪点。

反射涉及很多物理属性，如前面所说的颜色问题，其实就是反射造成的。对于反射，生活中的对象都或多或少地具有菲涅耳反射效果：当视线垂直于物体表面时，反射较弱；当视线非垂直于物体表面时，夹角越小，反射越强烈。

对于高光，大家可能觉得有点抽象；如果说光滑，大家应该就能理解了。回想一下，我们如何判定物体是否光滑？当然最直接的是摸一下；除此之外，我们凭目测也能分辨出物体是否光滑，当有灯光照射时，物体有光亮区域，或者有明显的反射成像效果，如玻璃、金属、瓷器和清漆等。

（3）折射。

光从一种透明介质斜射入另一种透明介质时，传播方向会发生变化。在3ds Max虚拟环境中具有折射属性的物体一般是指具有透明度属性的物体，透明度是通过折射控制的，对于有折射率的物体，它们都具有一定的透明度，即可以透过介质看物体，而且观察到的物体或多或少会出现变形。透明度高的物体有玻璃、水晶、宝石等，透明度较低的有磨砂玻璃、半透明亚克力、有色塑料等。

一般来说，折射属性与渲染中的光子贴图有关，折射属性的物体越多，光子分配的时间越长，渲染速度越慢。

（4）凹凸。

凹凸属性与纹理粗糙程度有关，受光面能够体现出材质真实的纹理特征。在3ds Max虚拟环境中凹凸属性主要应用于近景或主体物体上，能够在保证渲染速度的前提下最大限度地保证材质的真实性。

（5）透明。

3ds Max虚拟环境中的透明属性主要用于镂空贴图制作，半透明的物体通常会通过折射属性进行调整。室内常见的镂空贴图主要包括带孔洞的穿孔板，金属网或特殊形状的图案，利用透明贴图能够优化模型面数，节省建模时间。

（6）置换。

置换属性是凹凸属性的补充，置换贴图实际上更改了曲面的几何体或面片细分(而凹凸贴图仅设置了一种视觉上的错觉来产生凹凸感)。置换贴图应用贴图的灰度生成位移，但也会产生较多的面数。

2）认识材质编辑器

单击“渲染”菜单下的“材质编辑器”，或快捷键M，弹出“Slate材质编辑器”窗口，如图7.1.1所示。

单击“模式”菜单下的“材质编辑器”可进行窗口切换，如图7.1.2所示。

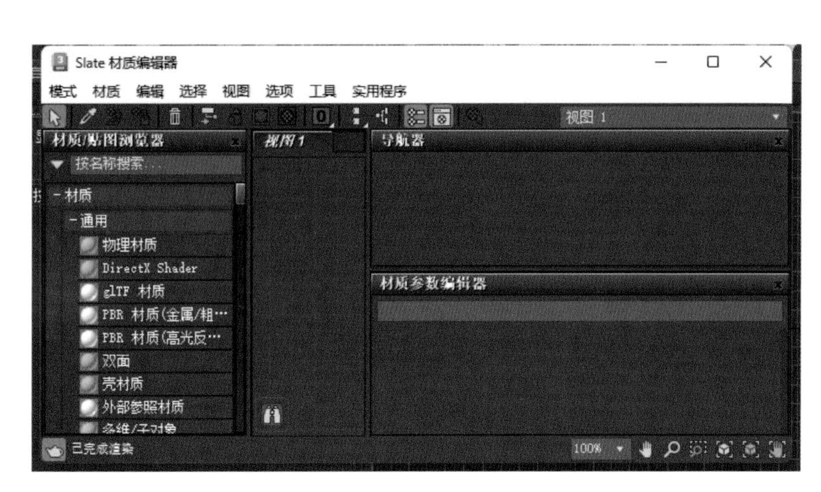

图 7.1.1 “Slate材质编辑器”窗口

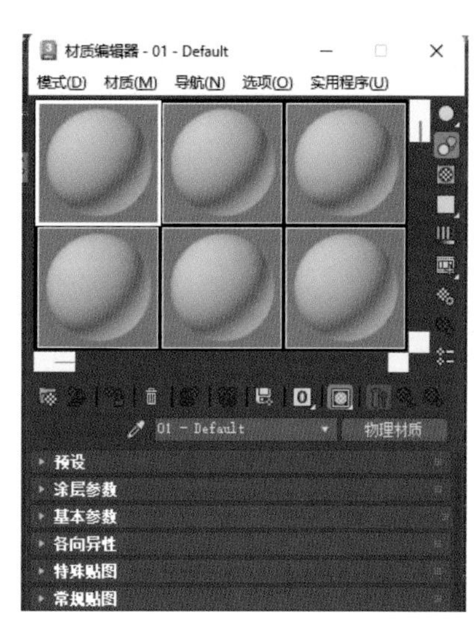

图 7.1.2 “材质编辑器”窗口

（1）3ds Max中的常用材质如图7.1.3所示。单击“物理材质”按钮，然后在弹出的“材质/贴图浏览器”对话框中可以观察到所有的材质类型。

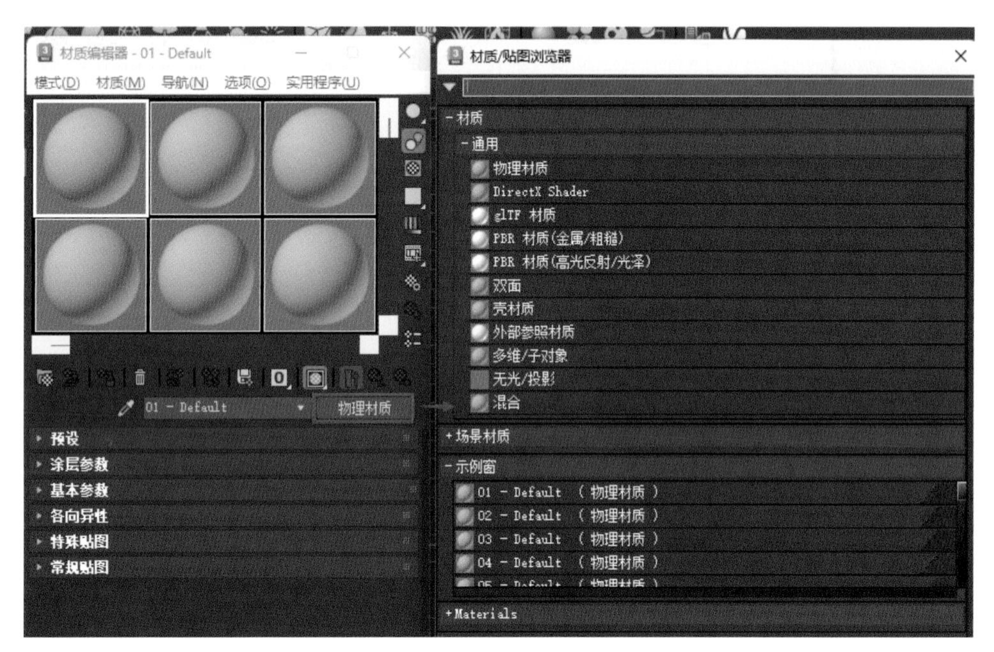

图 7.1.3 3ds Max中的常用材质

（2）物理材质是3ds Max默认的材质，也是使用频率最高的材质之一，它几乎可以模拟真实世界中的任何材质。

（3）VRayMtl材质是使用频率非常高的一种材质，也是使用范围最广的一种材质，常用于制作室内外效果图，如图7.1.4所示。

（4）VRay灯光材质主要用来模拟自发光效果，是制作电脑、电视、发光灯管等的常用材质，如图7.1.5所示。

（5）混合材质可以在模型的单个面上将两种材质通过一定的百分比进行混合，如图7.1.6所示。

（6）多维/子对象可以采用几何体的子对象级别分配不同的材质，如图7.1.7所示。

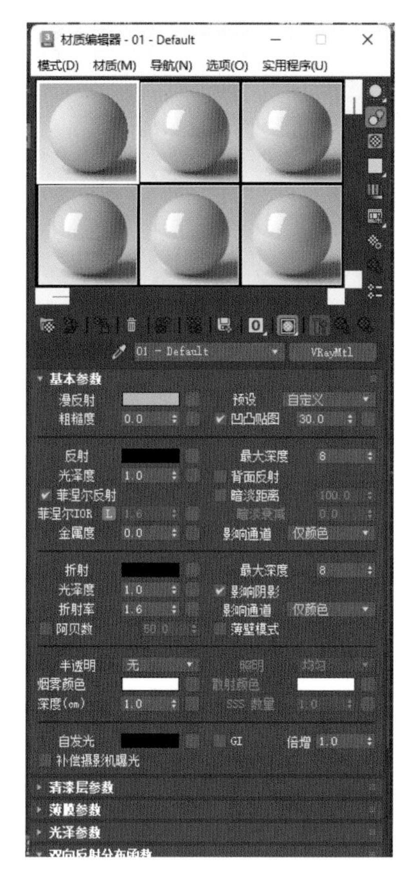

图 7.1.4　VRayMtl 材质

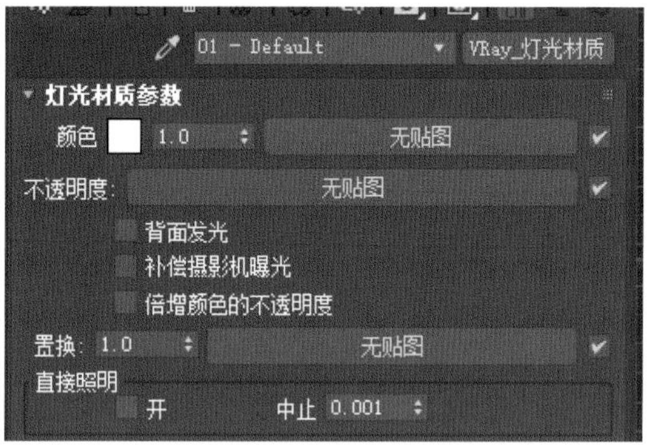

图 7.1.5　VRay 灯光材质

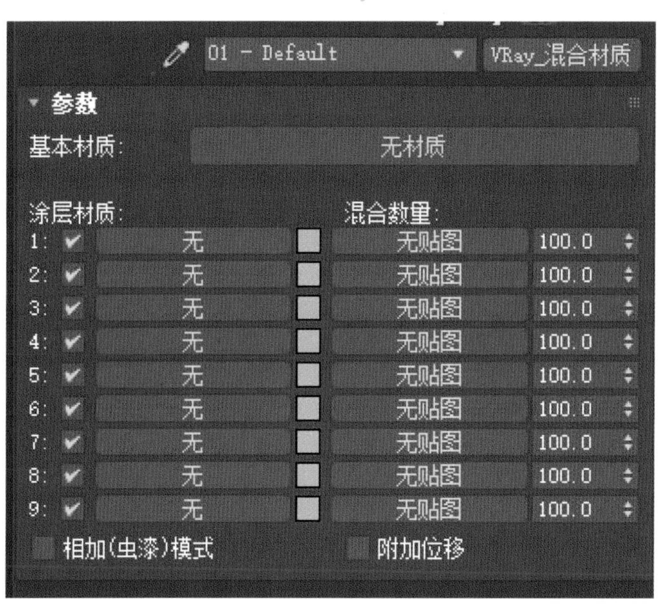

图 7.1.6　混合材质

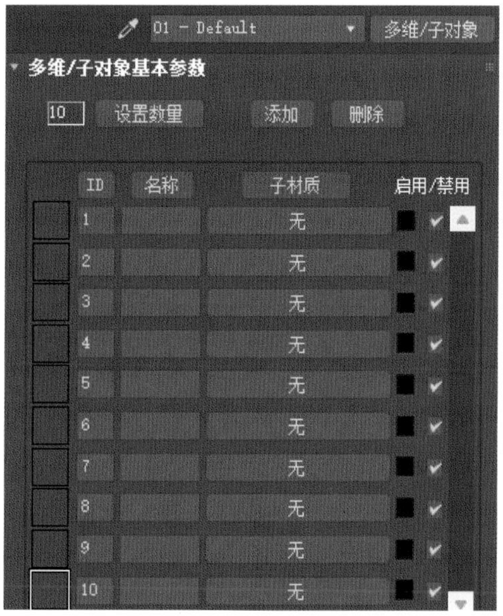

图 7.1.7　多维/子对象

2.3ds Max 中的常用贴图

贴图主要用于表现物体材质表面的纹理，利用贴图不用增加模型的复杂程度就可以表现对象的细节，并且可以创建反射、折射、凹凸和镂空等多种效果。通过贴图可以增强模型的质感，完善模型的造型，使三维场景更加接近真实的环境。3ds Max 中的常用贴图如图 7.1.8 所示。

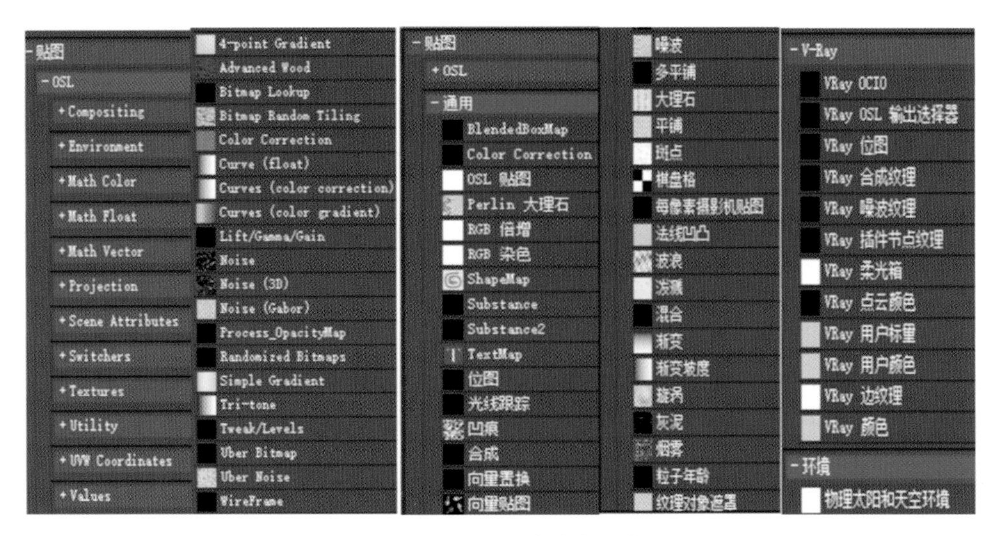

图 7.1.8　3ds Max 中的常用贴图

位图是一种最基本的贴图类型，也是最常用的贴图类型。位图贴图支持很多种格式，包括 FLC、AVI、BMP、GIF、JPEG、PNG、PSD 和 TIFF 等主流图像格式。

1）衰减

衰减程序贴图可以用来控制材质强烈到柔和的过渡效果，使用频率比较高，如图 7.1.9 所示。

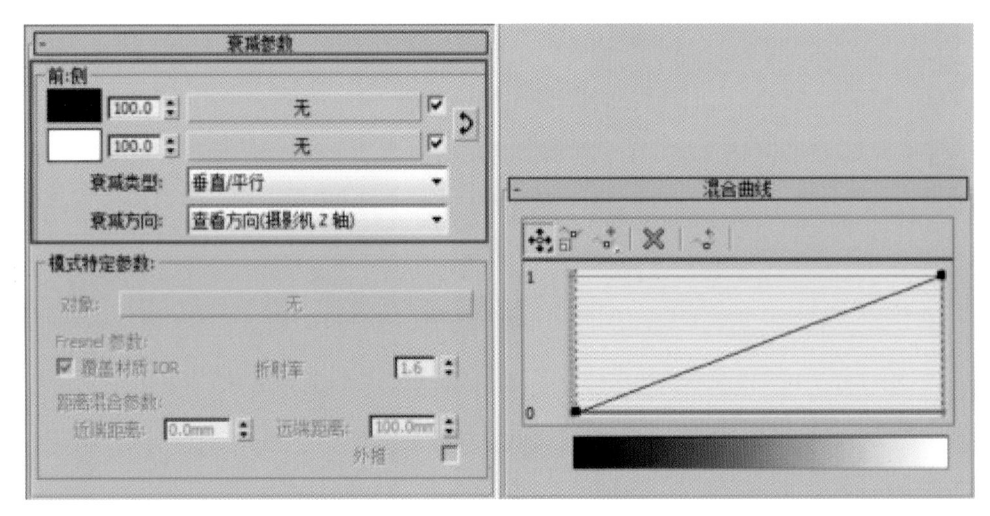

图 7.1.9　衰减程序贴图

2）噪波

使用噪波程序贴图可以将噪波效果添加到物体的表面，以突出材质的质感。噪波程序贴图通过应用分形噪波函数来扰动像素的 UV 贴图，从而表现出非常复杂的物体材质，如图 7.1.10 所示。

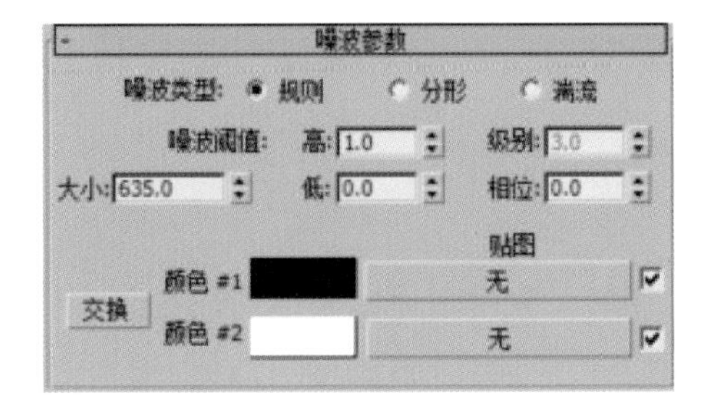

图 7.1.10　噪波程序贴图

3. 专业技能案例练习

1）乳胶漆材质设置方法

（1）运行 3ds Max 2023，打开“乳胶漆 .max”，该场景使用了默认的扫描线渲染器，场景中除墙面材质没有设置好以外，其他材质已经设置好，灯光和物理相机也已经设置好。

（2）按下键盘上的M键或者单击工具栏中的材质编辑器按钮“”，打开“Slate材质编辑器”对话框，如图7.1.11所示。

（3）选择“模式”菜单下的“材质编辑器”，打开“材质编辑器”对话框，如图7.1.12所示。

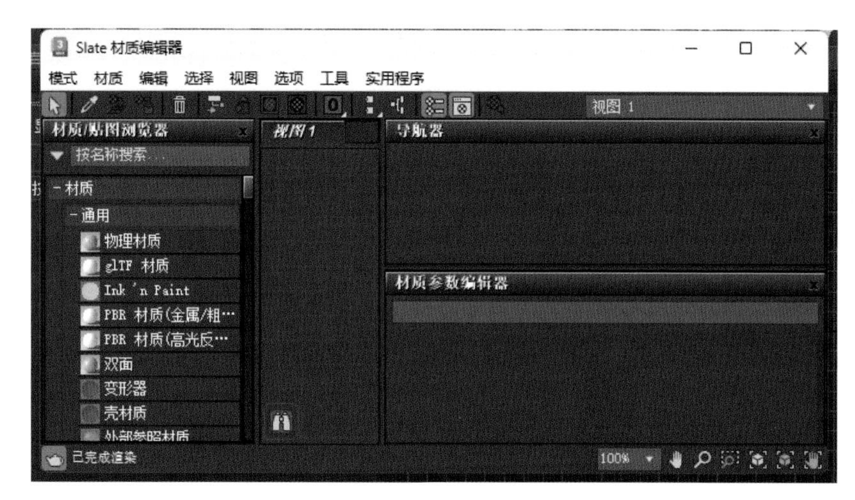

图7.1.11 “Slate材质编辑器”对话框

图7.1.12 “材质编辑器”对话框

（4）单击其中一个没有使用的材质球，作为当前材质球，这时材质球四周就出现正方形白色边框，如图7.1.13所示。

（5）在“VRayMtl”按钮前面的文本框中输入“乳胶漆”，将材质命名为“乳胶漆”，如图7.1.14所示。

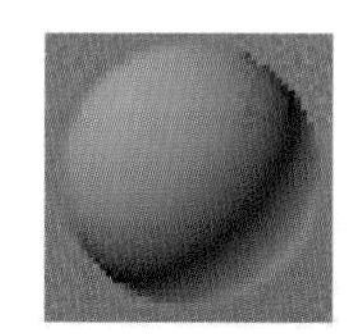

图7.1.13 当前材质球

图7.1.14 材质命名

（6）选中场景中的墙，单击“材质编辑器”工具栏中的“”按钮，将“乳胶漆”材质赋予场景中的墙。

（7）在“基本参数”卷展栏中，单击“漫反射”后面的方框“”，出现“颜色选择器：漫反射”对话框，设置颜色为红245、绿245、蓝245，如图7.1.15所示。

提示：

① 乳胶漆的颜色由漫反射的颜色决定，其他颜色的乳胶漆只需修改漫反射的颜色即可；

② 有时为了让墙面渲染得更白些，把漫反射颜色设置成略带蓝色（红241、绿245、蓝255）。

（8）单击“反射”后面的方框，出现“颜色选择器：反射”对话框，设置颜色红23、绿23、蓝23，如图7.1.16所示。

提示：

① 设置“反射”显示窗内的颜色，使材质具有反射效果。乳胶漆有较少的反射，因此反射颜色设置为红23、绿23、蓝23。

② VRay使用颜色控制材质的反射强度，这与3ds MAX的“光线跟踪”材质类型较为相似，颜色越浅，反射的效果就越强。

（9）设置“光泽度”为0.25，如图7.1.17所示。

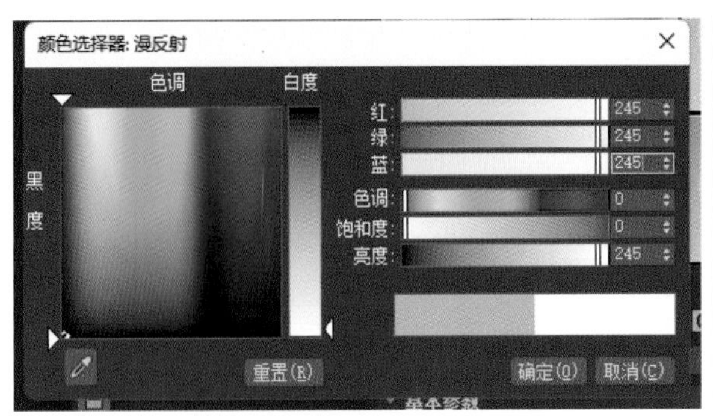

图 7.1.15　设置“漫反射”颜色

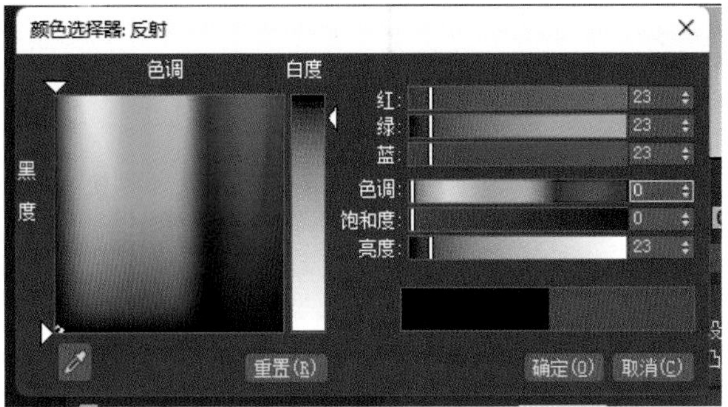

图 7.1.16　设置“反射”颜色

(10) 用鼠标按住参数区域右侧的滑块向下滑动，直到出现“选项”卷展栏。单击“选项”卷展栏的标题，将其展开，取消“跟踪反射”的选择。这样就关闭了光线的跟踪反射，使渲染出的墙面不影响真实感，渲染速度也加快，如图 7.1.18 所示。

图 7.1.17　设置“光泽度”

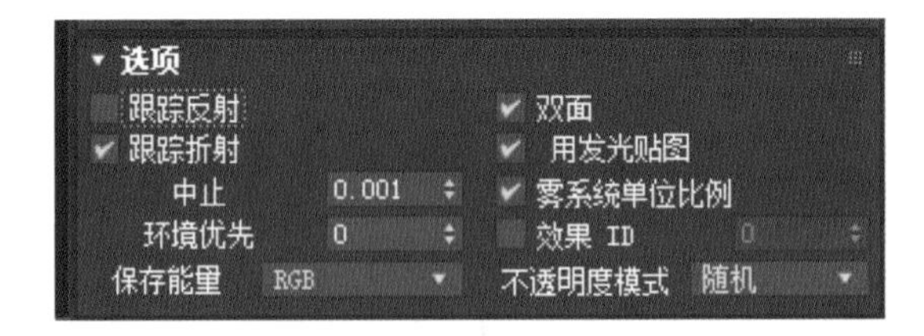

图 7.1.18　取消“跟踪反射”

(11) 按 F9 键或单击 3ds Max 2023 工具栏中的“快速渲染”按钮，对视图进行渲染。

提示：油漆材质可分为光亮油漆、无光油漆。

材质分析：光亮油漆表面光滑，反射衰减较小，高光小；无光油漆（如乳胶漆）表面有些粗糙，有凹凸。参数设置如下。

① 光亮油漆。

漫反射：漆色。反射：15（只是为了有点高光）。高光光泽度：0.88。反射光泽度：0.98。凹凸：1%，NOISE 贴图。

② 乳胶漆材质。

漫反射：漆色。反射：23（只是为了有点高光）。高光光泽度：0.25。反射光泽度：1。取消“跟踪反射”。

2) 壁纸材质的设置方法

壁纸的物理属性：表面肌理相对粗糙；没有反射；高光相对较大。根据壁纸的物理属性设置各项参数。

图 7.1.19　材质命名

(1) 运行 3ds Max 2023，打开“壁纸场景 .max”。

(2) 按下键盘上的 M 键，打开“材质编辑器”对话框。单击其中一个没有使用的材质球作为当前材质球，将材质命名为“壁纸”，如图 7.1.19 所示。

(3) 选中场景中的墙，将“壁纸”材质赋予场景中的墙。

(4) 在“基本参数”卷展栏中，单击“漫反射”后的“贴图”按钮，出现“材质/贴图浏览器”，如图 7.1.20 所示。

(5) 单击“标准”卷展栏“+贴图”，将其展开，并按下最右侧的滑块向下滑动，直到出现“衰减”贴图，如图 7.1.21 所示。

图 7.1.20　材质/贴图浏览器

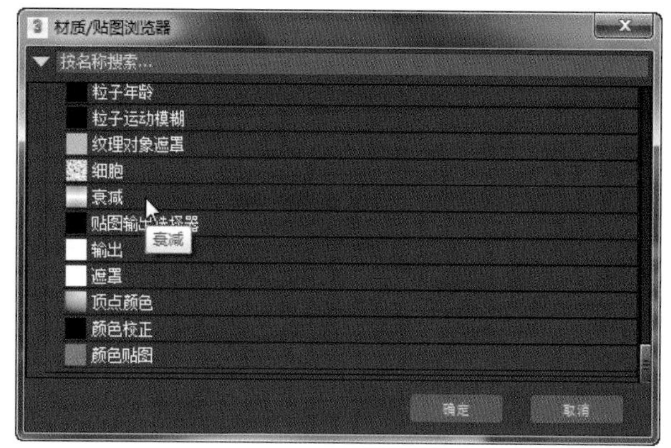

图 7.1.21　定位到“衰减”贴图

（6）双击“衰减”，这时就给“漫反射”添加了“衰减”贴图。在“衰减参数”的“前:侧”栏中，“衰减类型”选择“垂直/平行”，“衰减方向”选择“查看方向(摄影机Z轴)”，如图7.1.22所示。

（7）在“衰减参数”的“前:侧”栏中，双击上面的“无”按钮，出现“材质/贴图浏览器”，滑动右侧的滑块，找到“贴图”卷展栏的“位图”项，如图7.1.23所示。

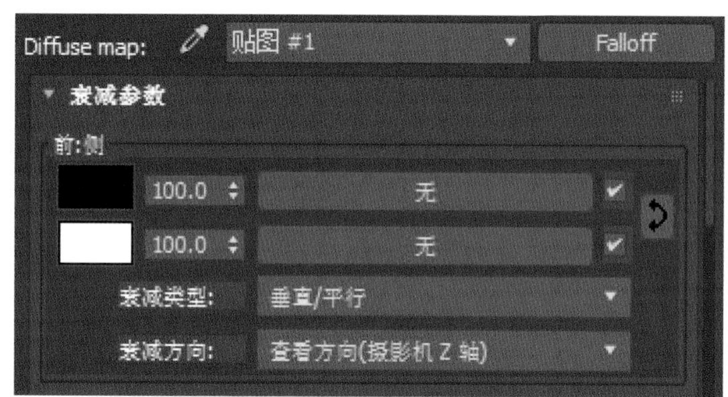

图 7.1.22　“衰减”贴图

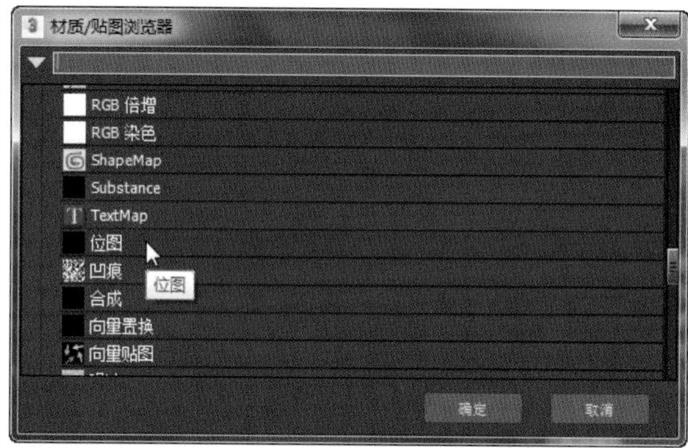

图 7.1.23　定位到“位图”贴图

（8）　双击“位图”，出现“选择位图图像文件”对话框，选择壁纸的位图贴图文件，如图7.1.24所示。

（9）　单击“打开”按钮，出现“图像文件列表控制”对话框，点击“确定”按钮，这时就添加了“位图”贴图。在“坐标”卷展栏中，设置“模糊”值为0.1，如图7.1.25所示。

图 7.1.24　选择壁纸的位图贴图文件

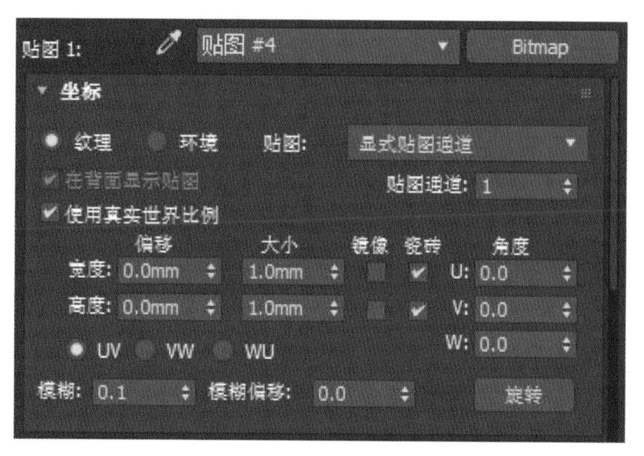

图 7.1.25　设置“模糊”值

（10）点击“转到父对象”按钮“ ”两次，返回材质编辑器“基本参数”卷展栏。单击“反射”后面的颜色设置框“ ”，设置壁纸材质的反射颜色红、绿、蓝分别为20。单击“确定”按钮，返回“基本参数”卷展栏，设置反射项的“反射光泽”值为0.66。

（11）选中场景中的墙，给墙添加“UVW贴图”修改器，具体参数设置如图7.1.26所示。

提示：

壁纸材质参数参考如下。

漫反射：壁纸贴图。反射：RGB值设为30。高光光泽度：关闭。反射光泽度：0.5。最大深度：1(这样设置反射更亮)。取消“光线跟踪”复选框。

3）木地板材质设置方法

木地板的物理属性：有木纹理；反射较强；模糊感比较强。根据木地板的物理属性设置各项参数。

（1）运行3ds Max 2023，打开“木地板场景.max”。

（2）单击工具栏的“ ”按钮，打开精简材质编辑器，单击其中的一个没有使用的材质球，作为当前材质球。

（3）在“VRayMtl”按钮前面的文本输入框中输入“木地板”，将材质命名为“木地板”。选中场景中的地面，将“木地板”材质赋予场景中的地面。

（4）在“基本参数”卷展栏中，单击“漫反射”后面的贴图按钮“ ”，出现“材质/贴图浏览器”对话框。在“材质/贴图浏览器”对话框中，定位到“位图”项，如图7.1.27所示。

图7.1.26　设置“UVW贴图”

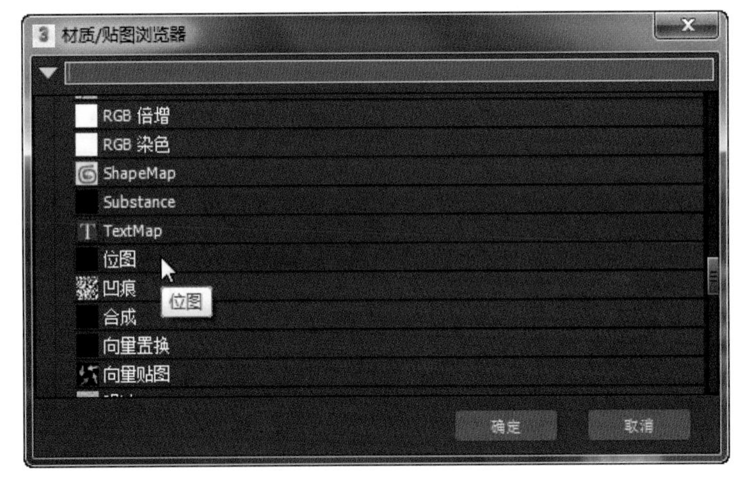

图7.1.27　定位到“位图”贴图

（5）双击“位图”贴图，出现“选择位图图像文件”对话框。在定位到木地板的纹理贴图文件后双击，如图7.1.28、图7.1.29所示。

（6）单击“打开”按钮，这时就给“漫反射”添加了“位图”贴图。在“位图”贴图的“坐标”卷展栏中，设置“模糊”值为0.1。

（7）单击“转到父对象”按钮“ ”，返回材质编辑器“基本参数”卷展栏。在“基本参数”卷展栏中，单击“反射”后面的贴图“衰减”按钮，找到“ ”，给反射添加“衰减”贴图。设置“衰减参数”的“衰减类型”和“衰减方向”，如图7.1.30所示。

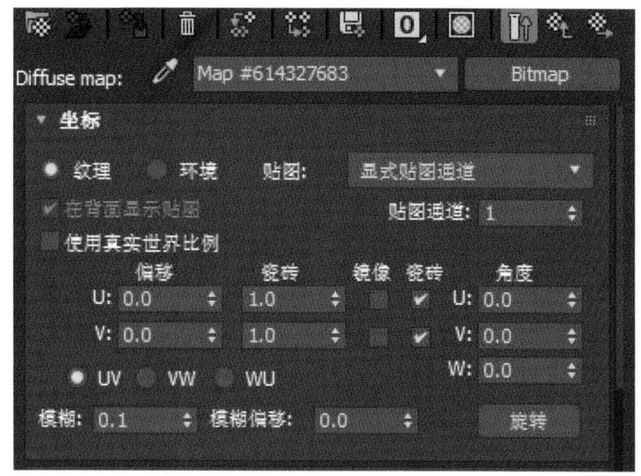

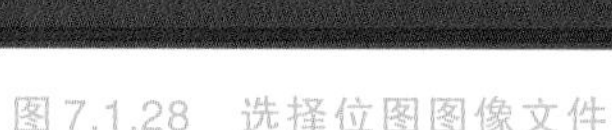
图7.1.28 选择位图图像文件

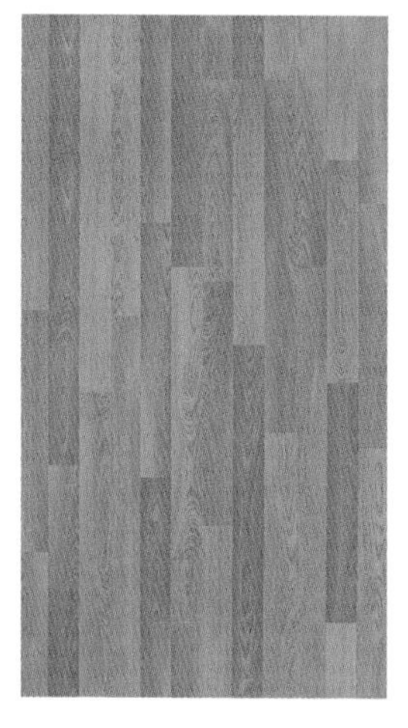
图7.1.29 木地板纹理贴图

(8) 单击“转到父对象”按钮“ ”,返回材质编辑器“基本参数”卷展栏。设置“反射光泽”为0.88、“细分”为16,如图7.1.31所示。

图7.1.30 设置“衰减参数”

图7.1.31 设置反射参数

(9) 按右侧的滑块向下滑动,定位到“贴图”卷展栏。把“漫反射”通道的贴图拖动到“凹凸”贴图通道,出现“复制(实例)贴图”对话框,选择“实例”选项,单击“确定”,如图7.1.32所示,凹凸数值设置为25。

(10) 选中场景中的地板,给墙添加修改器列表中的“UVW贴图”,具体参数设置如图7.1.33所示。

提示:

木地板材质的参数如下。

方法1 漫反射:木地板纹理贴图。反射:木地板的黑白贴图,黑调偏暗。高光光泽:0.78。反射光泽:0.85。细分:15。凹凸:60%木地板的黑白贴图,黑调偏亮。

方法2 漫反射:木地板纹理贴图。反射:衰减。高光光泽:0.9。反射光泽:0.7。凹凸:10%木地板材质。

哑面实木木地板材质参数如下。

漫反射:木地板纹理贴图,模糊值0.01。反射:RGB值均为34。高光光泽:0.87。反射光泽:0.82。凹凸:11%,复制漫反射木地板纹理贴图。模糊值0.85。

亮面清漆木纹材质设置方法如下。

漫反射:木纹贴图。反射:RGB值均为相同值,范围在18~49之间;高光光泽:0.84。反射光泽:1。

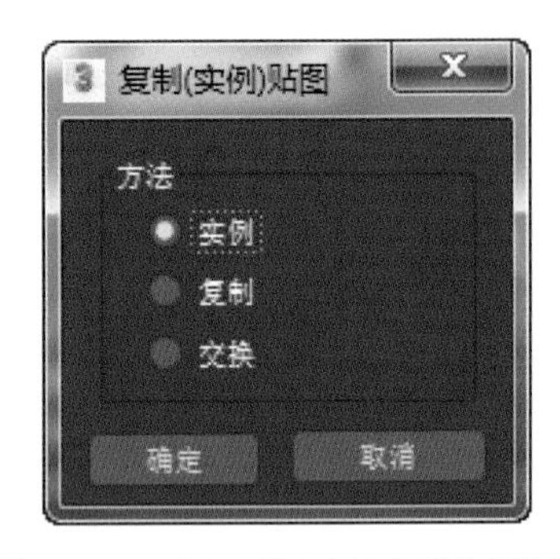

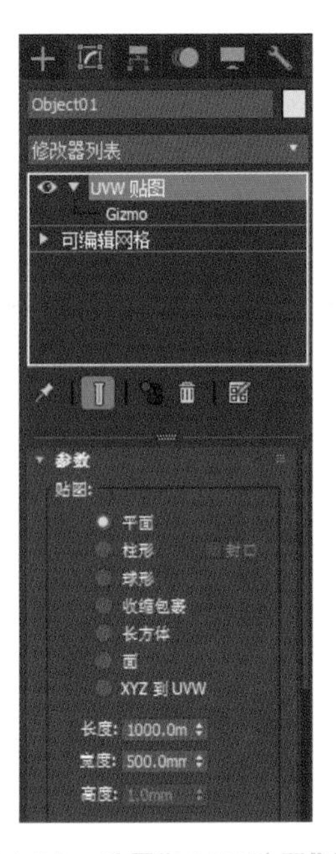

图7.1.32 “复制(实例)贴图”对话框　　图7.1.33 设置“UVW贴图”参数

4）墙砖材质的设置方法

墙砖的物理属性：表面肌理比较光滑；有一定的反射；部分墙砖有贴图纹理。

根据墙砖的物理属性设置各项参数。

（1）运行3ds Max 2023，打开“墙砖场景.max”。

（2）按下键盘上的M键，打开精简材质编辑器，单击其中一个没有使用的材质球，作为当前材质球，单击“Standard”按钮，出现“材质/贴图浏览器”对话框。在“材质/贴图浏览器”对话框中，定位到“VRayMtl”项，如图7.1.34所示。

（3）双击“VRayMtl”，“VRayMtl”材质就替换了“Standard”标准材质，在“VRayMtl”按钮前面的文本框中输入“墙砖”，将材质命名为“墙砖”，如图7.1.35所示。

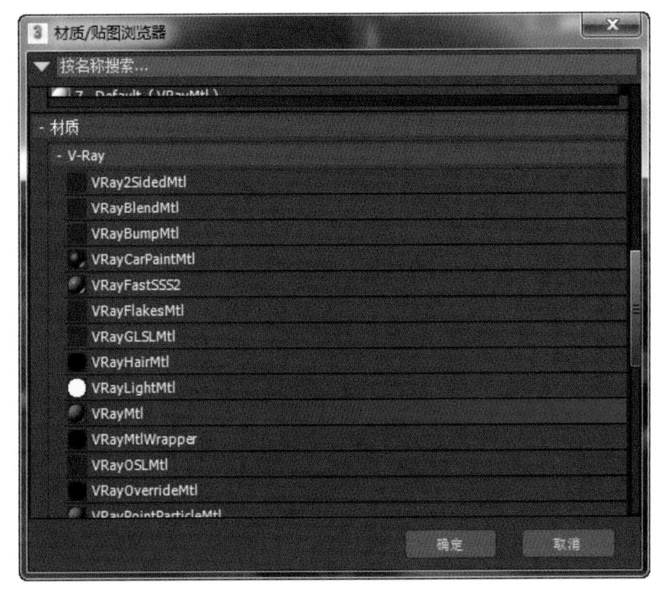

图7.1.34 定位到“VRayMtl”材质

图7.1.35 材质命名

（4）选中场景中的墙，单击“材质编辑器”工具栏中的“”按钮，将“墙砖”材质赋予场景中的墙。

（5）在“基本参数”卷展栏中，单击“漫反射”后面的贴图按钮“”，出现“材质/贴图浏览器”对话框。在“材质/贴图浏览器”对话框中，定位到“位图”贴图，如图7.1.36所示。

（6）双击“位图”贴图，出现“选择位图图像文件”对话框，定位到墙砖的纹理贴图文件后双击，如图7.1.37所示。

图7.1.36　定位到“位图”贴图

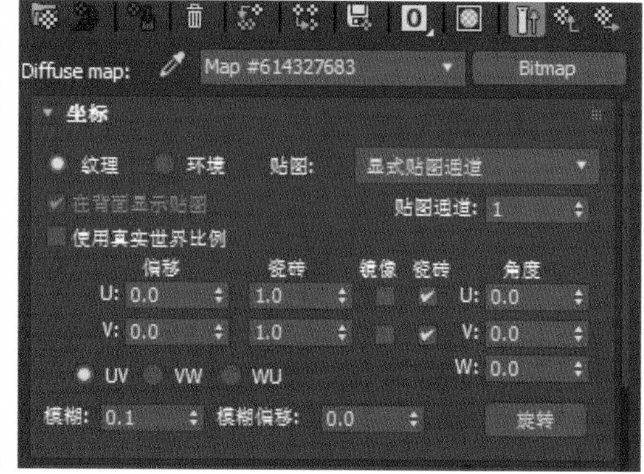

图7.1.37　选择位图图像文件

（7）单击“打开”按钮，这时就给“漫反射”添加了“位图”贴图。在“位图”贴图的“坐标”卷展栏中，设置“模糊”值为0.1。

（8）单击“转到父对象”按钮“”，返回材质编辑器“基本参数”卷展栏。在“基本参数”卷展栏中，单击“反射”后面的贴图“衰减”按钮，找到“”，给反射添加“衰减”贴图。设置“衰减参数”的“衰减类型”和“衰减方向”，如图7.1.38所示。

（9）单击“转到父对象”按钮“”，返回材质编辑器“基本参数”卷展栏，设置“反射光泽”为0.92、“细分”为24，如图7.1.39所示。

图7.1.38　设置“衰减参数”

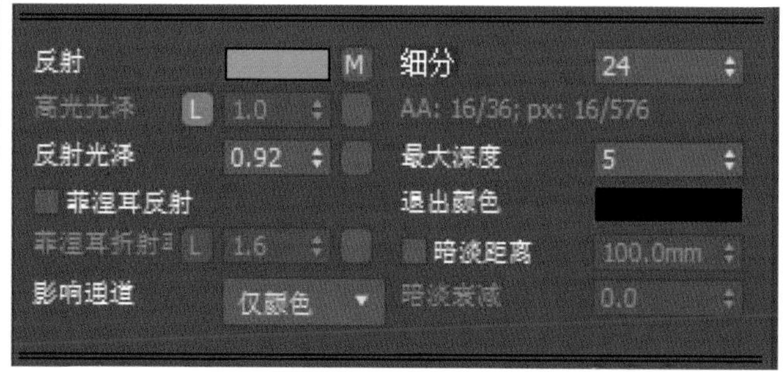

图7.1.39　设置反射参数

（10）按右侧的滑块向下滑动，定位到“贴图”卷展栏。把“漫反射”通道的贴图拖动到“凹凸”贴图通道，出现“复制（实例）贴图”对话框，选择“实例”选项，单击“确定”，如图7.1.40所示，凹凸数值设置为25。

（11）选中场景中的墙，给墙添加修改器列表中的“UVW贴图”，具体参数设置如图7.1.41所示。

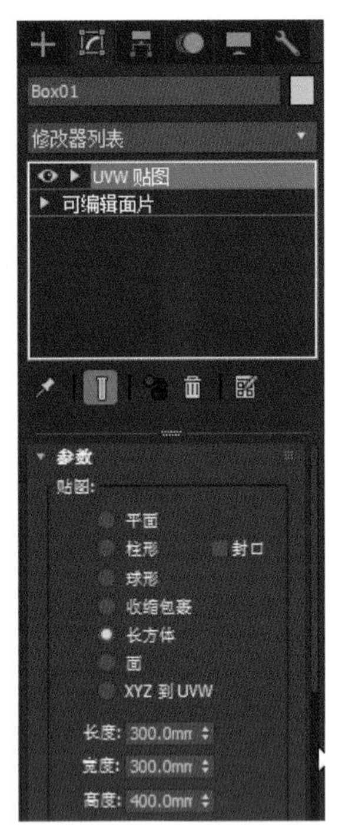

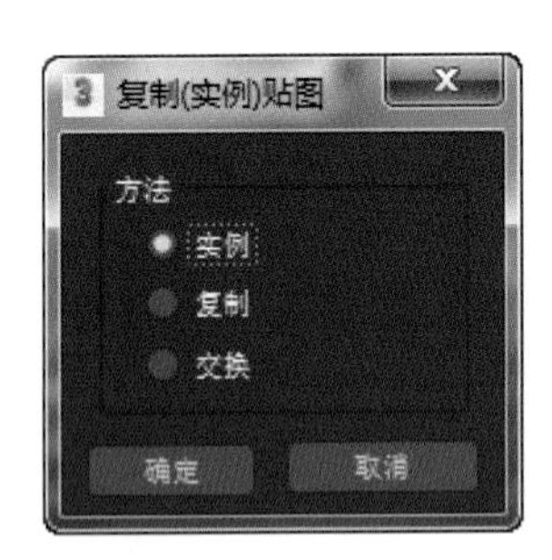

图 7.1.40 “复制(实例)贴图”对话框　　图 7.1.41 设置“UVW 贴图”参数

图 7.1.42 “Gizmo”子项

(12) 调整墙砖贴图坐标的位置，选择场景中的墙对象，再选择 3ds Max 的“修改”面板，单击“UVW 贴图”前面的“▶”，展开“UVW 贴图”的子项，单击子项“Gizmo”，视图中有一个黄色的长方体就是“Gizmo”，如图 7.1.42 所示。

“Gizmo”的大小由长度、宽度以及高度参数决定。我们可以通过调整“Gizmo”的大小参数，再在视图中调整“Gizmo”的位置，来调整贴图大小和位置。

提示：

① 表面相对光滑、反射又很细腻的墙砖材质：在漫反射贴图通道里放置一张墙砖贴图，用来模拟真实世界里墙砖的图案和色彩。高光光泽为 0.85，反射光泽设为 0.88，细分设为 15，反射次数设置为 2。在反射通道加衰减，方式为菲涅耳，设一通道色为黑色，二通道色为淡蓝色。

② 表面相对粗糙的砖材：在漫反射通道里放置一张贴图，模糊值为 0.1，让其更清晰。反射颜色为 80，在反射通道加衰减贴图，方式为菲涅耳，将高光光泽设置为 0.65(值越小高光越大)，细分设置为 20。在凹凸通道里加一张凹凸贴图来模拟墙砖的凹凸，凹凸值为 50，模糊值为 0.15。

5) 玻璃材质的设置方法

玻璃的物理属性：本身透明效果很好；能产生反射、折射现象。

玻璃材质的设置如下。

(1) 运行 3ds Max 2023，打开“玻璃场景 .max”，打开精简材质编辑器“ ”，单击其中的一个没有使用的材质球，作为当前材质球。

(2) 单击工具栏“VRayMtl”按钮前面的文本输入框，输入“玻璃”，将材质命名为“玻璃”。选中场景中的茶几，将“玻璃”材质赋予场景中的茶几。

(3) 在“基本参数”卷展栏中设置“漫反射”颜色为黑色(红0、绿0、蓝0)，如图7.1.43所示。

(4) 设置“反射”颜色为深灰色(红25、绿25、蓝25)，如图7.1.44所示。

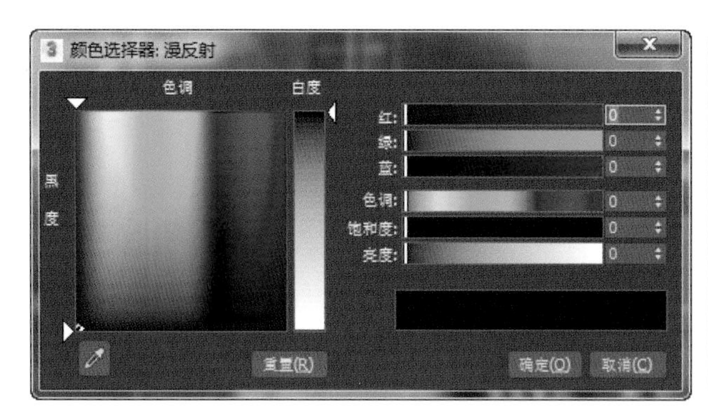

图7.1.43 设置“漫反射”颜色

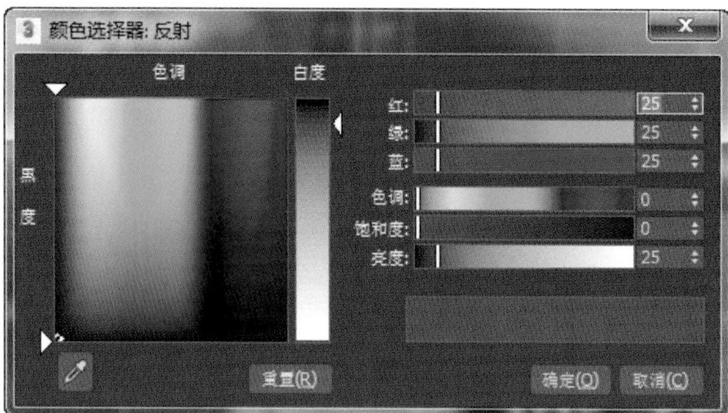

图7.1.44 设置“反射”颜色

(5) 分别设置“高光光泽”为0.9，“反射光泽”为0.8，“细分”为25，如图7.1.45所示。

(6) 在“折射”选项组内设置“折射”颜色为白色(红255、绿255、蓝255)，如图7.1.46所示。

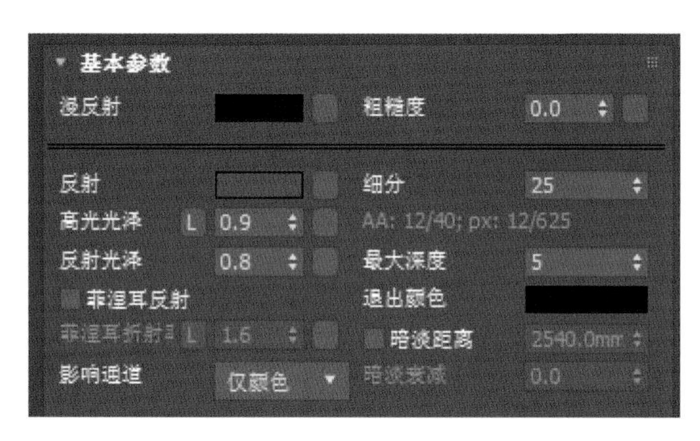

图7.1.45 设置“反射”参数

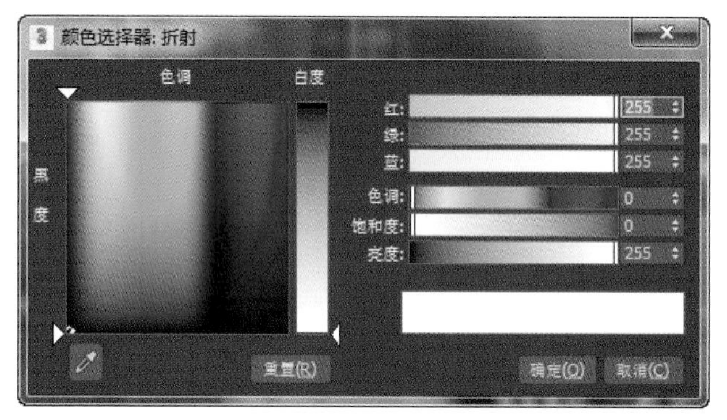

图7.1.46 设置“折射”颜色

提示：“折射”颜色决定材质的透明度，颜色越接近白色，材质的透明度就越高。

(7) 设置“细分”参数，并勾选“影响阴影”复选框，使透明度影响阴影效果；设置“折射率”参数，更改材质的折射率；设置“最大深度”参数，更改折射的最大折射次数，如图7.1.47所示。

(8) 设置“烟雾颜色”显示窗内的颜色(红139、绿223、蓝224)，如图7.1.48所示。

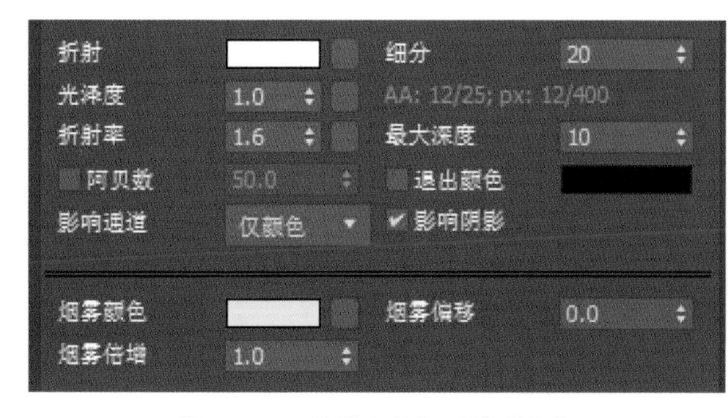

图7.1.47 设置有关“折射”项参数

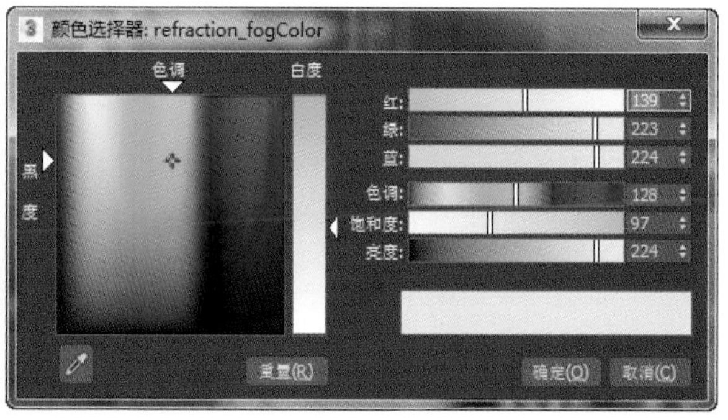

图7.1.48 设置“烟雾颜色”

提示：当玻璃折射效果达到最大强度时，漫反射颜色或图案将会被忽略，因此不能使用漫反射颜色来设置折射对象的颜色，只能使用“烟雾颜色”设置折射对象的颜色。“烟雾倍增”参数是用来设置填充颜色浓度的，数值越小，折射对象的颜色越浅。

① 磨砂玻璃材质参数设置方法如下。

真实的磨砂玻璃是因为表面凹凸不平，光线通过磨砂玻璃以后，会在各方向产生折射光线，这样观察者就可以看到磨砂玻璃的特点。这里要表现一种比较粗糙的玻璃效果，设漫反射颜色为红240、绿240、蓝240来模拟白色的磨砂玻璃。在折射通道里设置衰减贴图，调换一、二通道颜色位置，然后把一通道的色值改为220(目的是不让玻璃完全透明)。方式选择“垂直/平行”，这种方式会有点朦胧的效果，很适合做磨砂玻璃或纱帘。光泽度设置为0.7(为了让玻璃不要太过模糊，还可隐约看到外面的东西)。细分为10，这样速度较快，也可以达到所需效果。

② 镜子材质参数设置如下。

漫反射：红、绿、蓝分别设置为0。反射：红、绿、蓝分别设置为255。高光光泽：关闭。反射光泽：0.94。细分：5。

6) 钢材金属材质的调整方法

金属的物理属性如下。

(1) 反光很高，镜面效果也很强，高精度抛光的金属和镜面的效果很接近。

(2) 金属材质的高光部分有很多的环境色融入其中，有很好的反射。暗部很暗，接近黑色，反差很大。

(3) 金属的颜色体现在过渡区，受灯光的影响很大。

金属材质的设置如下。

(1) 运行3ds Max 2023，打开“场景(金属).max”。

(2) 打开精简材质编辑器，单击其中的一个没有使用的材质球，作为当前材质球。

(3) 单击工具栏的“VRayMtl”按钮前面的文本输入框，输入“金属”，将材质命名为“金属”。选中场景中水壶的壶体，将“金属”材质赋予场景中水壶的壶体。

(4) 设置“漫反射”颜色为黑色(红0、绿0、蓝0)，如图7.1.49所示。

提示：在设置100%的反射或折射效果时，将漫反射颜色设置为黑色会实现更好的效果。

(5) 因为金属的反射效果很强，所以设置“反射”颜色为(红192、绿197、蓝205)，使材质具有很强的反射效果，如图7.1.50所示。

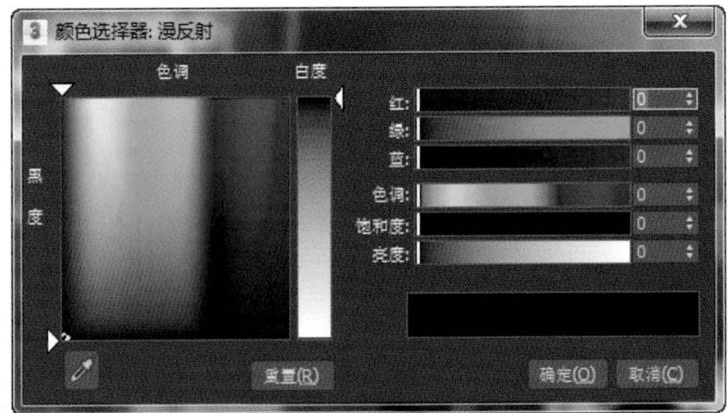

图7.1.49 设置“漫反射”颜色

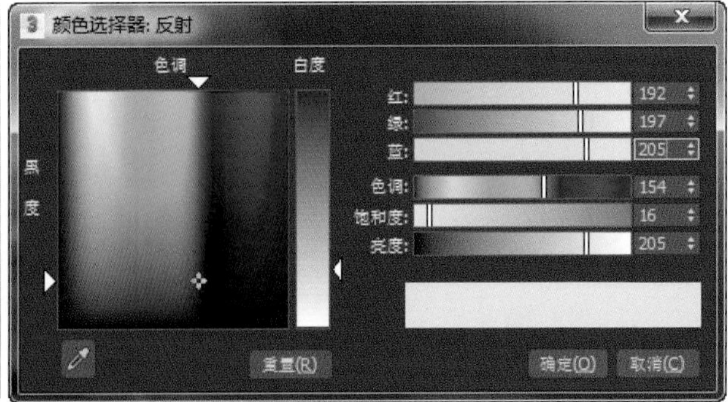

图7.1.50 设置“反射”颜色

(6) 分别设置“反射光泽”为0.9，“细分”为15，如图7.1.51所示。

（7）向下滑动右侧的滑块，定位到“双向反射分布函数”，并将其展开，选择“Ward”类型，如图 7.1.52 所示。

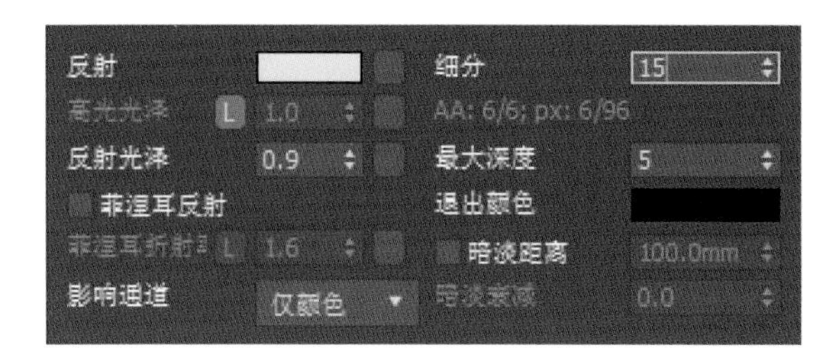

图 7.1.51　设置“反射”参数

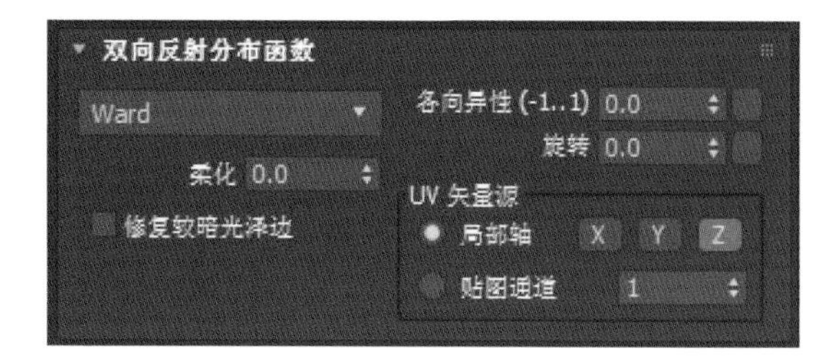

图 7.1.52　选择“Ward”类型

提示：

不锈钢材质有以下参数设置方法。

材质分析：表面相对光滑，高光小，模糊小，分为镜面、拉丝、磨砂三种。

① 亮光不锈钢。

漫反射：黑色。反射：150。高光光泽：1。反射光泽：0.8。细分：15。

② 拉丝不锈钢材质参数设置方法如下。

漫反射：黑色。反射：衰减，在近距衰减中加入拉丝贴图。高光光泽：锁定。反射光泽：0.8。细分：12。

③ 磨砂不锈钢材质参数设置方法如下。

漫反射：黑色。反射：衰减，保持系统默认设置。高光光泽：锁定。反射光泽：0.7。细分：12。

7）皮革材质的设置方法

皮革材质的物理属性：皮的表面有比较柔和的高光；表面有微弱的反射现象；表面纹理凹凸感很强。

皮革材质参数设置方法如下。

（1）运行 3ds Max 2023，打开“皮革场景.max”。

（2）单击工具栏的“ ”按钮，打开精简材质编辑器，单击其中一个没有使用的材质球，作为当前材质球。

（3）在“ VRayMtl ”按钮前面的文本输入框中输入“皮革”，将材质命名为“皮革”。在“基本参数”卷展栏中，设置“漫反射”颜色为白色（红 242、绿 242、蓝 242），如图 7.1.53 所示。

提示：皮革材质的颜色由漫反射的颜色决定，其他颜色的皮革材质只需修改漫反射的颜色即可。

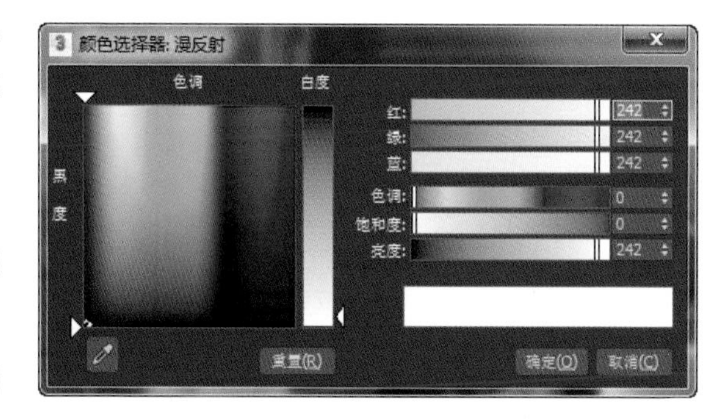

图 7.1.53　设置“漫反射”颜色

（4）在“基本参数”卷展栏中，单击“反射”后的贴图按钮“ ”，给“反射”添加“衰减”贴图。在“衰减参数”的“前：侧”栏中，“衰减类型”选择“Fresnel”，“衰减方向”选择“查看方向（摄影机 Z 轴）”，如图 7.1.54 所示。

（5）单击“转到父对象”按钮“ ”，返回材质编辑器“基本参数”卷展栏。设置反射的“高光光泽”为 0.75、“反射光泽”为 0.7、“细分”为 15，如图 7.1.55 所示。

图 7.1.54　设置“衰减参数”

图 7.1.55　设置“反射”参数

（6）定位到“双向反射分布函数”卷展栏，选择“Phong”类型，如图 7.1.56 所示。

（7）定位到“贴图”卷展栏，单击“凹凸”贴图通道后面的“无”按钮，给“凹凸”贴图添加纹理贴图，如图 7.1.57 所示。

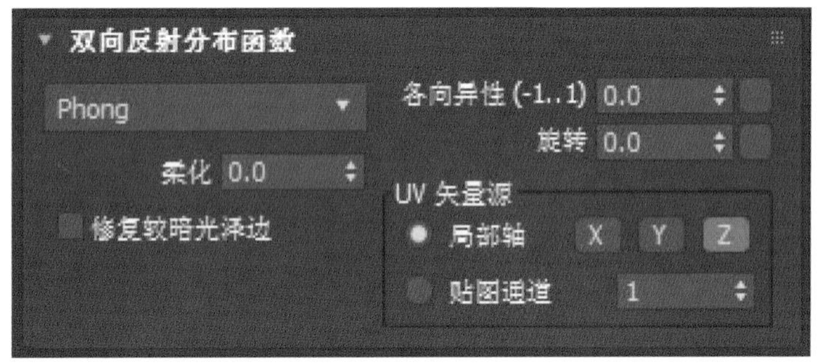

图 7.1.56　选择“Phong”类型

图 7.1.57　控制皮革材质的纹理贴图

（8）单击“转到父对象”按钮“”，返回材质编辑器“贴图”卷展栏，设置“凹凸”为 30.0，如图 7.1.58 所示。

（9）选中场景中的皮沙发的皮质部分，单击“材质编辑器”工具栏中的“”按钮，将“皮革”材质赋予场景中的皮沙发。

（10）给皮沙发添加“UVW 贴图”修改器，具体参数设置如图 7.1.59 所示。

图 7.1.58　设置“凹凸”值

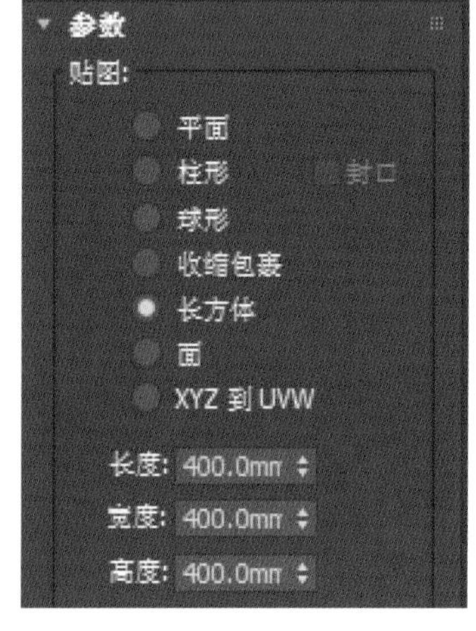

图 7.1.59　设置“UVW 贴图”参数

提示：

布沙发表面特征：表面比较粗糙；基本没有反射现象；表面有一层毛茸茸的感觉。布沙发材质的参考设

置方法如下。

① 布沙发表面看起来毛茸茸的是因为布表面的细纤维受光照影响。这种效果通过建模表现难度比较大，并且不一定能表现好，所以采用材质表现。在“漫反射”通道中加入一个“衰减”程序贴图，“衰减”方式采用菲涅耳方式。

在第一个颜色贴图通道里指定一个布沙发的纹理贴图，在第二个颜色贴图通道里指定一个比沙发布更白的颜色，这样受光照影响，光强的地方会白些，就有毛茸茸的感觉了。

② 给布沙发比较大的高光，设置“高光光泽”为0.35。在“选项”卷展栏中，取消“跟踪反射”，这样就不会产生反射而保留高光。

③ 为了能让布沙发表面比较粗糙，在凹凸贴图后指定一张与漫反射一样的凹凸贴图，“凹凸”强度为30。

8）地毯材质设置

地毯的物理属性：表面粗糙，有毛茸茸的感觉，没有反射现象。

根据地毯的物理属性设置各项参数。

在室内效果图表现中，经常需要模拟各种各样毛茸茸的地毯效果，大家的做法也不尽相同。有用VRay渲染器的“VR-置换修改”修改器制作真实地毯效果的，也有用VRay渲染器的VRayFur（毛发效果）表现的，这里我们用VRayFur进行地毯制作。

提示：在用VRayFur制作真实地毯效果时，需要为原始模型设置较多的段数。

（1）运行3ds Max 2023，打开“地毯场景.max”。

（2）单击工具栏的“ ”按钮，打开精简材质编辑器，单击其中一个没有使用的材质球，作为当前材质球。

（3）在“VRayMtl”按钮前面的文本输入框中输入“地毯”，将材质命名为“地毯”。

（4）在“基本参数”卷展栏中，单击“漫反射”后面的贴图按钮“ ”，给漫反射添加地毯纹理贴图。把位图“坐标”卷展栏中的“模糊”值设置为0.2，如图7.1.60所示。

（5）双击“反射”后面的颜色框“ ”，设置反射颜色，如图7.1.61所示。设置“反射”项参数，如图7.1.62所示。

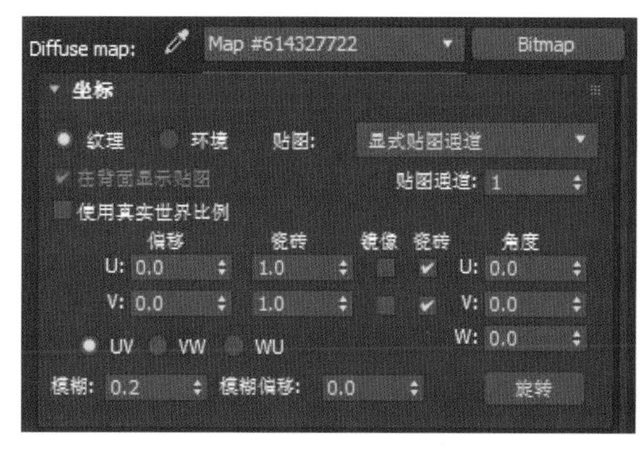

图7.1.60　设置“模糊”值

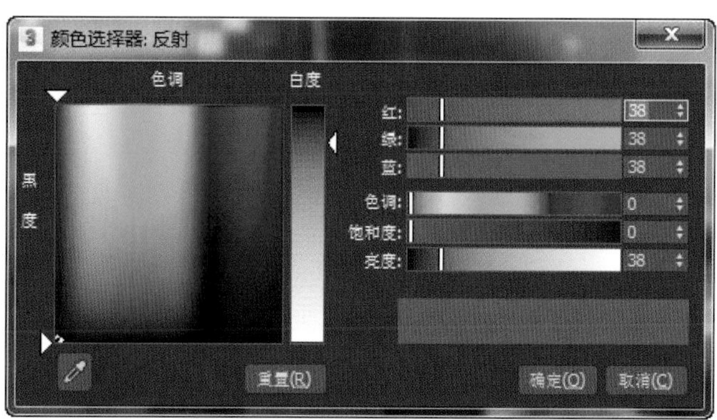

图7.1.61　设置反射颜色

（6）在“选项”卷展栏中取消“跟踪反射”，如图7.1.63所示。

（7）选中场景中的地毯，定位到“创建”命令面板“ ”，展开几何体“ ”下面的下拉列表框，选择“VRay”选项，出现“VRayFur”按钮，如图7.1.64所示。

图 7.1.62 设置"反射"项参数

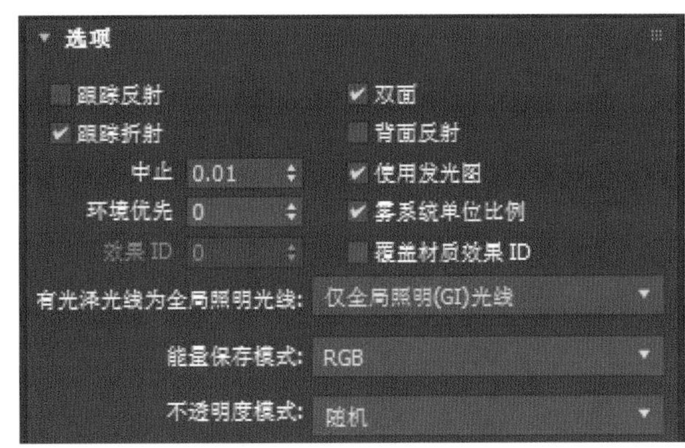

图 7.1.63 取消"跟踪反射"

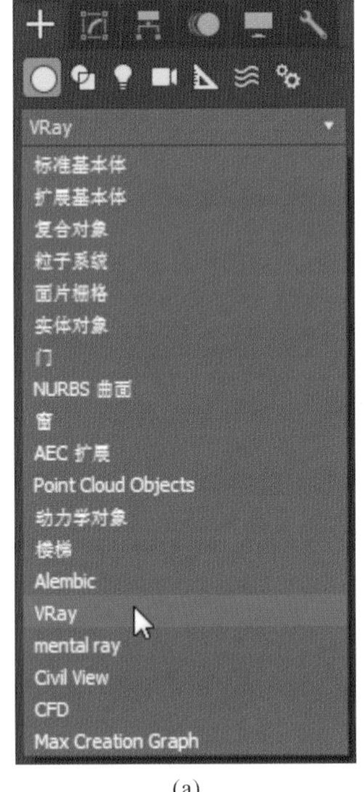

(a)

(b)

图 7.1.64 选择"VRay"选项"VRayFur"

提示：必须首先选中产生毛发的对象，才能激活"VRayFur"按钮，否则"VRayFur"按钮不能使用。

(8) 单击" VRayFur "按钮，设置如图 7.1.65 所示的毛发参数。

提示："长度"参数决定毛发的长度。"厚度"参数决定毛发的粗细。"重力"参数模拟毛发受重力影响的效果。重力值是正值，毛发向上生长，并且值越大毛发越挺直；重力值是负值，毛发向下生长，值越小越挺直，如设置为-1 和-100，那么-100 的效果就比-1 的效果更挺直。"弯曲"参数让毛发适当弯曲。弯曲的值越大，毛发弯曲程度越强烈。 "Knots"(结数)参数控制毛发的段数。这个值越大，毛发的弯曲效果越好，但渲染时间会加长。在"分配"栏中，选择按区域分布毛发的数量，这种方式下渲染出来的毛发分布比较均匀。"每区域"参数的值越大，毛发越密。

(9) 选中场景中的毛发对象，给其添加"UVW 贴图添加"修改器，参数默认，如图 7.1.66 所示。

(10) 选中场景中的毛发对象，单击"材质编辑器"工具栏中的" "按钮，将"地毯"材质赋予场景中的毛发。

提示：如果将“地毯”材质错误地赋予场景中的地毯对象，则毛发对象就不能得到材质，也就渲染不出正确的结果。

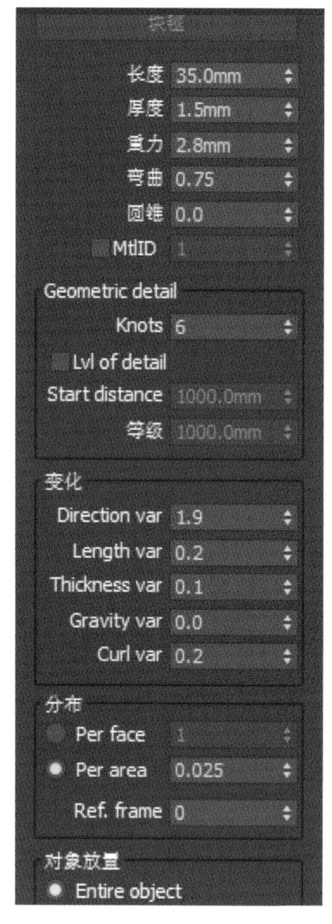

图 7.1.65　设置毛发参数

图 7.1.66　添加“UVW 贴图添加”修改器

—— 本阶段学习的主要思考 ——

（1）通过讲解和练习了解多种材质制作的案例场景，除这些常见材质之外还有很多其他材质，请将这些材质吸取出来，然后观察其参数设置，并进行相关练习。

（2）根据典型材质示例的制作方法，制作生活中的类似材质。

学习领域八

渲染器设置

□ 学习领域概述

渲染的英文为Render，翻译为着色。渲染就是对场景进行着色的过程，它通过复杂的运算，将虚拟的三维场景投射到二维平面上，这个过程需要对渲染器进行复杂设置。本部分主要讲渲染器的选择、参数设置、照明方式及最终效果的呈现。

学习情境 渲染器设置

学习目标

知识要点	知识目标	能力目标
渲染器设置的基本知识与专业技能练习及案例实践	① 掌握VRay渲染器的重要参数； ② 掌握“图像采样器(反锯齿)”参数的作用； ③ 掌握“间接照明”选项卡中的重要参数； ④ 掌握“颜色贴图”对曝光的影响； ⑤ 掌握渲染参数的设置原理	渲染是除后期处理外的最后一道工序。学生能够按预期效果图要求进行渲染结果呈现

学习任务

（1）一般知识。

（2）专业技能练习与案例实践。

学习方法

对重点内容，以课堂讲授、实操为主。对一般内容，以自学为主，并在实际操作中加以深化和巩固。教学过程中宜采用多媒体教学或其他数字化教学手段以提高教学效果。

内容分析

1. 渲染器设置的基本知识——渲染器的类型

渲染的引擎有很多种，如VRay、Renderman、Mental ray、Brazi、FinalRender、Maxwell和Lightscape渲染器等。3ds Max默认的渲染器有NVDIA iray、NVDIAmental ray、Quicksilver硬件渲染器、VUE文件渲染器和默认扫描线渲染器，在加载好VRay之后也可以使用VRay渲染场景。渲染器的类型如图8.1.1所示。

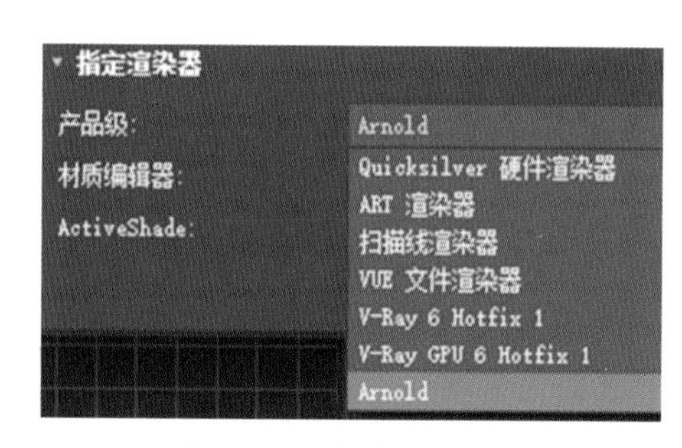

图8.1.1 渲染器的类型

1）默认扫描线渲染器

默认扫描线渲染器是一种多功能渲染器，可以将场景渲染从上到下生成一系列扫描线，默认扫描线渲染器的渲染速度特别快，但是渲染功能不强。按F10键打开“渲染设置”对话框，3ds Max默认的渲染器就是默认扫描线渲染器。

2）VRay渲染器

（1）渲染设置对话框内容。

VRay渲染技术是VRay最重要的一部分，它最大的特点是较好地平衡了渲染品质与计算速度，

VRay 提供了多种 GI(全局照明)方式,这样在选择渲染方案时就比较灵活:既可以选择快速、高效的渲染方案,也可以选择高品质的渲染方案。按 F10 键就可以打开渲染设置对话框,如图 8.1.2 所示。

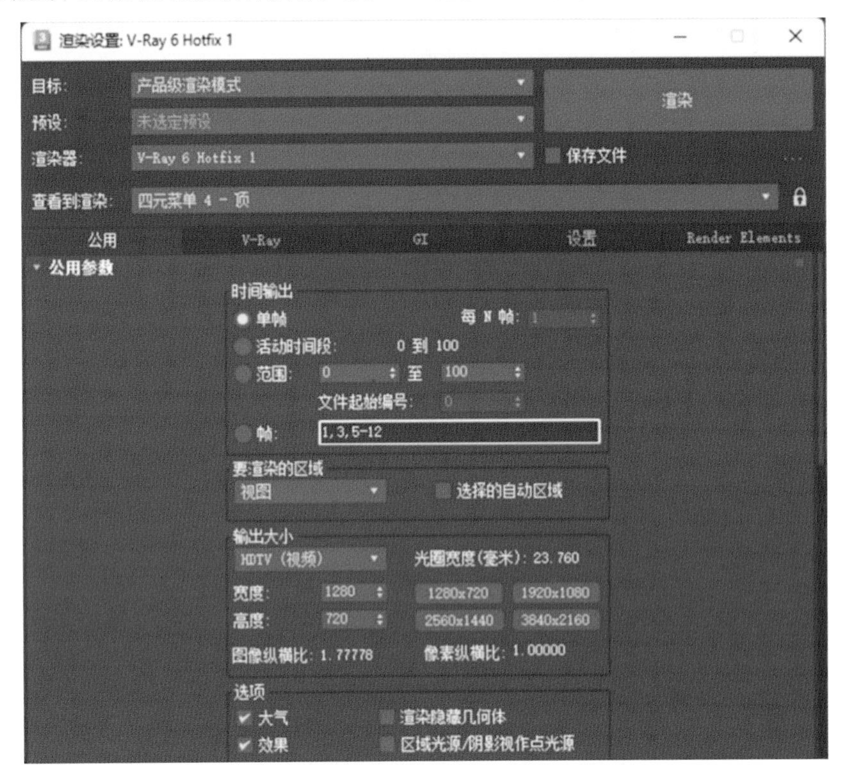

图 8.1.2　渲染设置对话框

① 切换到VRay选项卡,如图8.1.3所示。

② 切换到“间接照明”选项卡,如图8.1.4所示。下面重点讲解“间接照明(GI)”“发光图”“灯光缓存”卷展栏下的参数。

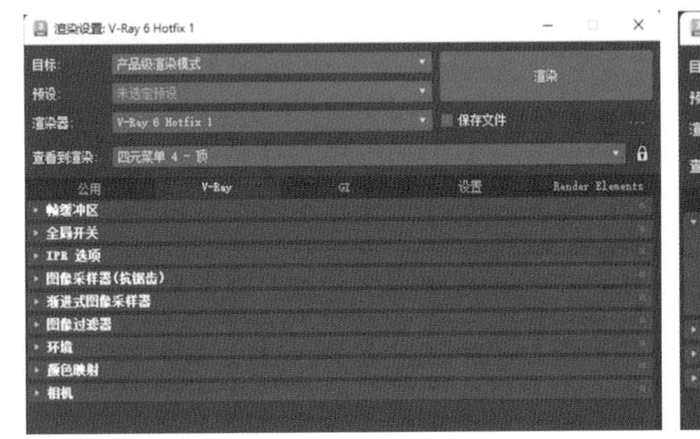

图 8.1.3　VRay选项卡

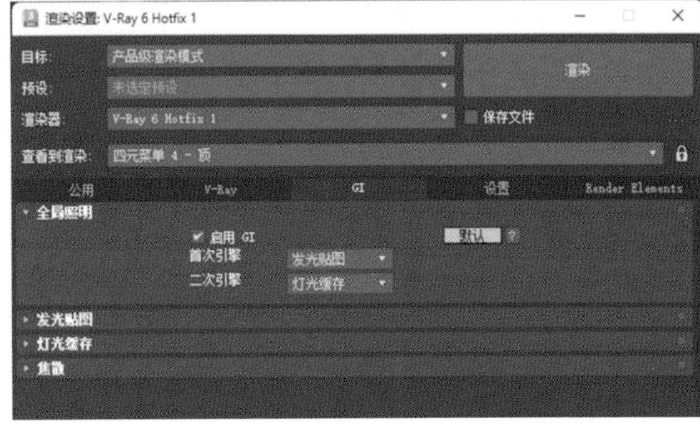

图 8.1.4　“间接照明”选项卡

③ 切换到“设置”选项卡,其中包含3个卷展栏,分别是“DMC采样器”“默认置换”和“系统”卷展栏,如图8.1.5所示。

(2) VRay渲染的工作流程。

① 创建或者打开一个场景。

② 指定VRay渲染器。

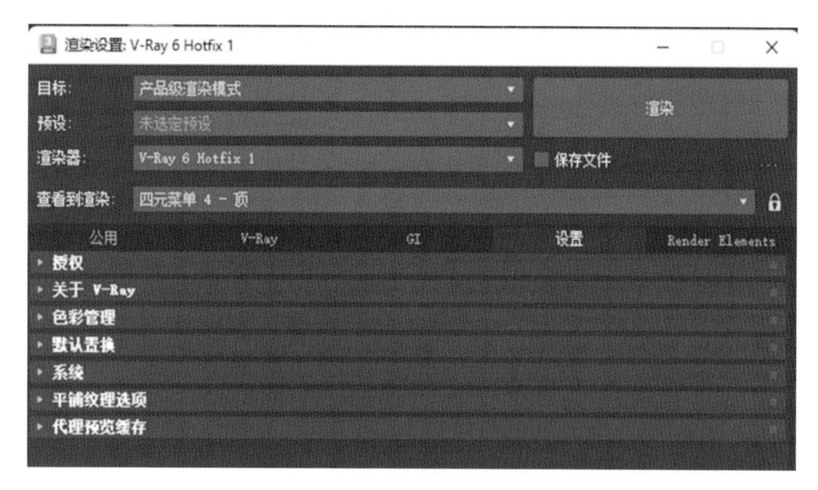

图 8.1.5 "设置"选项卡

③ 设置材质。

④ 把渲染器选项卡设置成测试阶段的参数。

ⓐ 把图像采样器改为"固定模式",把抗锯齿系数调低,并关闭材质反射、折射和默认灯。

ⓑ 勾选"GI",将"首次反射"调整为 Irradiance map 模式(发光贴图模式),调整 min rate(最小采样)和 max rate(最大采样)为-6、-5,同时将"二次反射"调整为 QMC(准蒙特卡罗算法)或 light cache(灯光缓冲模式),降低细分值。

⑤ 根据场景布置相应的灯光。

ⓐ 开始布光时,从天光开始,然后逐步增加灯光,大体顺序为:天光—阳光—人工装饰光—补光。

ⓑ 如果环境灯光不理想,可适当调整天光强度或提高曝光方式中的 dark multiplier (变暗倍增值),直至合适为止。

ⓒ 打开反射、折射,调整主要材质。

⑥ 根据实际情况再次调整场景的灯光和材质。

⑦ 渲染并保存光子文件。

ⓐ 设置保存光子文件。

ⓑ 调整 Irradiance map 模式(发光贴图模式),设置 min rate(最小采样)和 max rate(最大采样)为-5、-1,或-5、-2,或更高,同时把准蒙特卡罗算法或灯光缓冲模式的细分值调高,正式跑小图,保存光子文件。

⑧ 正式渲染。

ⓐ 调高抗锯齿级别。

ⓑ 设置出图尺寸。

ⓒ 调用光子文件,渲染出大图。

2.渲染器设置操作练习

在 3ds Max 中,默认使用的渲染器为扫描线渲染器,在使用 VRay 之前,必须使 VRay 成为当前使用的渲染器。

步骤一:运行 3ds Max 2023,按下 F10 键,打开 "渲染设置"对话框,如图 8.1.6 所示。

步骤二:鼠标指向右侧的滑动条,按鼠标左键向上拖动,找到"指定渲染器"卷展栏,如图 8.1.7 所示。

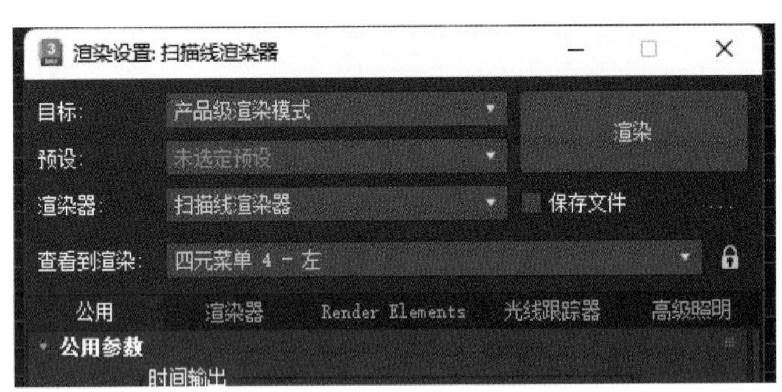

图8.1.6 “渲染设置”对话框

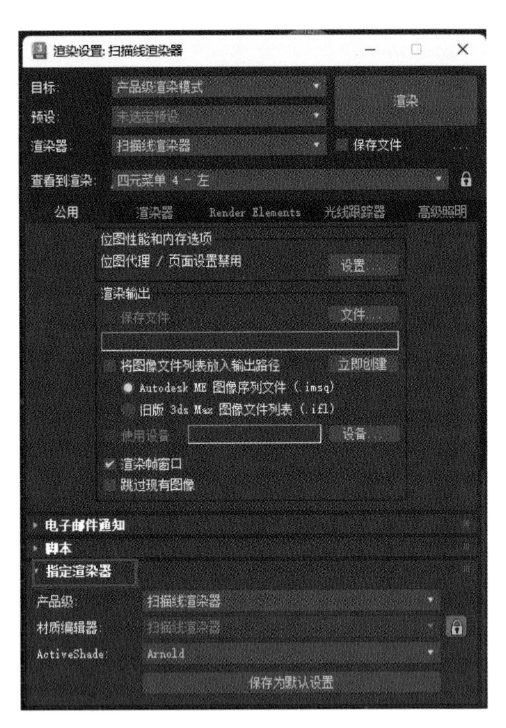

图8.1.7 “指定渲染器”卷展栏

步骤三：单击“产品级：”后面的按钮，单击“V-Ray 6 Hotfix 1”，再单击“确定”按钮，完成“产品级”渲染器的设置，如图8.1.8所示。

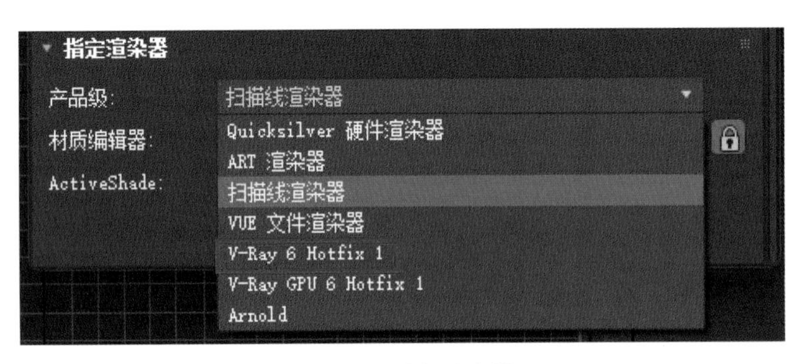

图8.1.8 选择渲染器

步骤四：单击“保存为默认设置”按钮，保存指定的渲染器。

—— 本阶段学习的主要思考 ——

(1) 掌握空间表现的方法，并运用本学习领域的知识对场景渲染进行练习。

(2) 掌握光子渲染和产品渲染，并进行练习。

学习领域九

PS后期处理

□ 学习领域概述

本部分主要讲解使用曲线命令调整图像的亮度、使用移动工具添加素材图像、使用变换命令调整素材的大小、通过图层混合模式提高效果图的品质。

学习目标

<table>
<tr><th>知识要点</th><th>知识目标</th><th>能力目标</th></tr>
<tr><td>引入项目</td><td>按效果图的要求引入项目，了解文件的导入方法</td><td rowspan="4">① 思路引导：图片美化常用工具；
② 重难点攻克：效果图的修改技巧，效果图细化</td></tr>
<tr><td>案例任务</td><td>使用PS完善场景中的灯光效果</td></tr>
<tr><td>案例解析</td><td>① 使用色彩平衡命令调整室内灯光颜色；
② 使用曲线命令提高图片亮度</td></tr>
<tr><td>实现措施</td><td>① 使用曲线命令调整图像的亮度；
② 使用移动工具添加素材图像；
③ 使用变换命令调整素材的大小；
④ 使用图层混合模式提高效果图的亮度</td></tr>
</table>

学习方法

对重点内容，以课堂讲授、实操为主。对一般内容，以自学为主，并在实际操作中加以深化和巩固。教学过程中宜采用多媒体教学或其他数字化教学手段以提高教学效果。

内容分析

1. 基础知识

1）引入项目

按Ctrl+O快捷键，打开需要进行后期处理的室内效果的图片。

2）案例操作过程

使用PS完善场景中的灯光效果。

（1）引入项目：按Ctrl+O快捷键，打开需要添加灯光效果的图片。最终效果图参考示例如图9.1.1所示。

（2）调整色彩平衡：按Ctrl+Shift+Alt+N快捷键，新建图层，选择"画笔""硬度"，根据情况调整硬度，把硬度减小就得到柔边画笔；也可以按Ctrl+B键。调整色彩平衡面板如图9.1.2所示。

图9.1.1 最终效果图参考示例

图9.1.2 调整色彩平衡面板

（3）图层混合模式改为滤色：前景色调为黄色，在新创建图层上沿着灯内侧涂抹，并且把混合模式改为滤色、不透明百分比调到合适状态。滤色模式效果偏亮，且偏色更偏向于暗部的混合模式，滤色模式适合于暗色系的颜色图层。在使用画笔工具或者污点修复类画笔工具时，按Shift+Alt+S快捷键，可以把当前的绘画模式切换到滤色模式。

（4）图层混合模式改为正片叠底：按Ctrl+J复制图层，把混合模式改为叠加、不透明度百分比设置到合适状态。正片叠底效果偏暗，且偏色更偏向于高光的混合模式，正片叠底模式适合于亮色系的图层。在使用画笔工具或者污点修复类画笔工具时，按Shift+Alt+M快捷键，可以把当前的绘画模式切换到叠底混合模式。

（5）前景色的设置与填充：按Alt+Delete快捷键，按X键将要填充的前景色切换为背景色，再按Ctrl+Delete快捷键为所选图层填充背景色，选中要填充前景色的图层，在窗口上方的菜单栏中选择“编辑”，在弹出的下拉列表中选择“填充”命令，在打开的“填充”对话框中将“内容”设为“前景色”，单击“确定”按钮。

（6）调整色相/饱和度：把图层混合模式改为滤色，设置合理的不透明度，按Ctrl+U快捷键调出色相/饱和度，勾选“着色”。

（7）调整色阶：按Ctrl+L快捷键打开色阶对话框，通过调整黑点、白点和中间条来调整图像的亮度对比度和色彩平衡，或者通过菜单栏中的“图像”“色彩”“色阶”来打开色阶调整面板，使用曲线调整窗口进行更精细的调整。

（8）把灯源硬边处理掉，对话框如图9.1.3所示。

3）案例解析

按Ctrl+O快捷键，打开需要添加灯光效果的图片，如图9.1.4～图9.1.6所示。

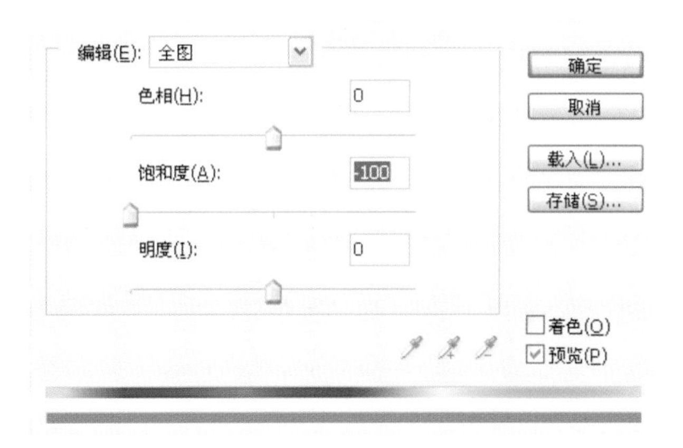

图9.1.3 灯源硬边处理对话框

图9.1.4 按Ctrl+J快捷键快速复制图层

图9.1.5 将图层混合模式改为柔光

图9.1.6 将混合模式改为滤色

再重复一次，透明度按照要求调整，如图9.1.7所示。

（1）使用色彩平衡命令调整室内灯光的颜色。

按Ctrl+B快捷键，调节色彩平衡，冷暖调到合适位置，如图9.1.8所示。

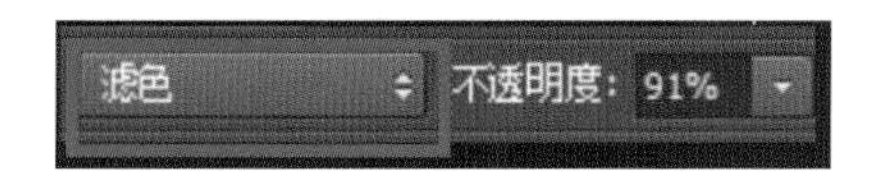

图9.1.7 调整透明度

（2）使用曲线命令提高图片亮度。

按Ctrl+M快捷键，调节图片曲线的亮度，按照需求调节。曲线命令对话框如图9.1.9所示。

图9.1.8　调节色彩平衡

图9.1.9　曲线命令对话框

（3）在工具栏选择“滤镜”“锐化”“USM锐化”，即完成。USM锐化对话框如图9.1.10所示。

图9.1.10　USM锐化对话框

4）实现措施及操作演示

按照提供的课堂案例，修改一张为客户设计制作的室内效果图，要求将整体色调调亮，并修饰一些细节。先调整家具效果，再调整墙/地面效果，最后完成室内效果图的日景处理。

使用曲线命令调整图像的亮度；使用移动工具添加素材图像；使用变换命令调整素材的大小；使用图层混合模式提高效果图的亮度。

（1）按Ctrl+O快捷键打开01文件。按Ctrl+O快捷键打开02文件。选择移动工具，将02图片拖曳到01图像窗口中的适当位置。打开文件并合并图片，如图9.1.11所示。

(a)

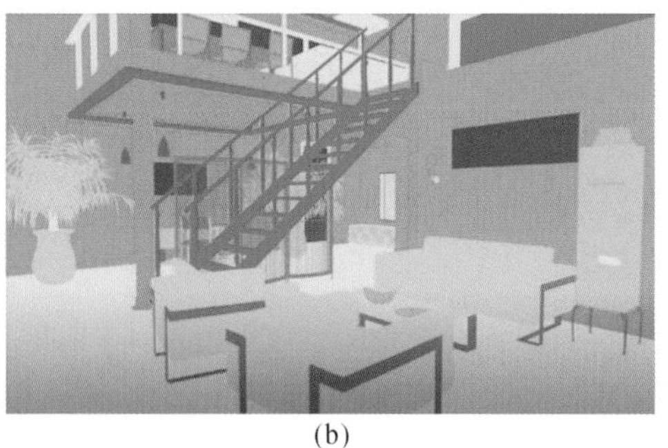

(b)

图9.1.11　打开文件并合并图片

(2) 单击图层1图层左侧的眼睛图标,将图层1的图层隐藏,将背景图层拖曳到新创建图层按钮上进行复制,按Ctrl+M快捷键,弹出曲线对话框,在曲线上单击鼠标添加控制点,将输入选项设为186、输出选项设为198;在曲线上单击鼠标添加控制点,将输入选项设为61、输出选项设为58,单击"确定"按钮,如图9.1.12所示。

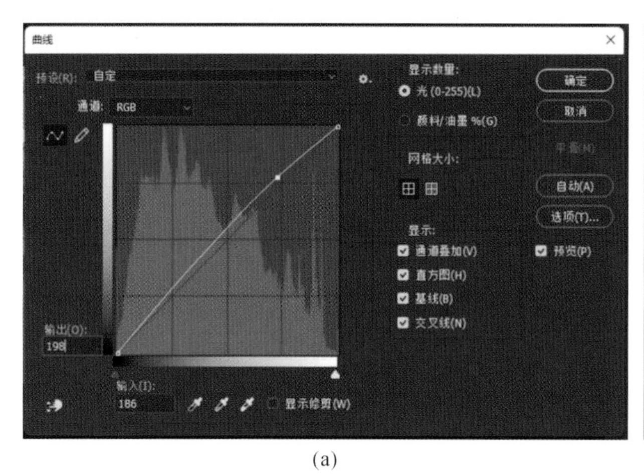

(a)

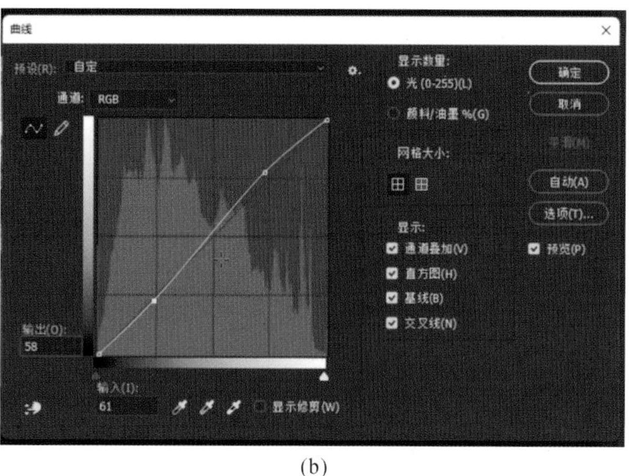

(b)

图9.1.12 曲线调整操作

选中并显示图层1图层,选择魔棒工具,将容差选项设为5。在图像窗口会议桌区域单击,图像周围生成选区,单击图层1图层左侧的眼睛图标,将图层1图层隐藏,选中背景-拷贝图层,按Ctrl+J快捷键,将选中的图像复制到新图层,并将其命名为会议桌。选择"图像""调整""亮度/对比度"命令进行设置,将亮度输入选项设为82,将对比度输入选项设为-14,单击"确定"按钮。

选中并显示图层1图层,在图像窗口中的装饰画区域单击,在图像周围生产选区,单击图层1图层左侧眼睛图标,将图层1图层隐藏。选中"背景""拷贝"图层,按Ctrl+J快捷键,将选区中的图像复制到新图层,并将其命名为装饰画。按Ctrl+M快捷键弹出曲线对话框,在曲线上单击鼠标,添加控制点,将输入选项设为170、输出选项设为195;在曲线上单击鼠标,添加控制点,将输入选项设为103、输出选项设为50,单击"确定"按钮。选择"图像""调整""亮度/对比度"命令进行设置,将亮度输入选项设为-35,将对比度输入选项设为-27,单击"确定"按钮,选择"图像""调整""色相饱和度"命令进行设置,将饱和度输入选项设为14,将明度输入选项设为13,单击"确定"按钮。亮度与对比度的调整如图9.1.13所示。

图9.1.13 亮度与对比度的调整

选中并显示图层1图层,在图像窗口中的楼上栏杆区域单击,在图像周围生成选区,单击图层1图层左侧的隐形图标,将图层1图层隐藏,选中"背景""拷贝图层",按Ctrl+J快捷键,将选区中的图像复制到新图层,并将其命名为楼上栏杆。选择"图像""调整""亮度/对比度"命令进行设置,将亮度输入选项设为36,单击"确定"按钮。选择"图像""调整""色相/饱和度"命令进行设置,将饱和度输入选项设为-20,单击"确定"按钮。

选中并显示图层1图层,在图像窗口中的楼上阴影区域单击,在图像周围生成选区,单击图层1图层左侧眼睛图标,将图层1图层隐藏,选中"背景""拷贝图层",按Ctrl+J快捷键将选项中的图像复制到新图层,并将其命为阴影。选择“图像”“调整”“照片滤镜”命令进行设置，单击“确定”按钮。图片滤镜的调整如图9.1.14所示，图片色相和饱和度的调整如图9.1.15所示。

图9.1.14 图片滤镜的调整

图9.1.15 图片色相和饱和度的调整

选中并显示图层1图层，在图像窗口中的楼下窗口区域单击，在图像周围生成选区，单击图层1图层左侧的眼睛图标，将图层1图层隐藏，选中“背景”“拷贝”图层，按Ctrl+J快捷键，将选区中的图像复制到新图层，并将其命名为楼下窗户。按Ctrl+M快捷键，弹出曲线对话框，在曲线上单击鼠标，添加控制点，将输入选项设为193、输出选项设为211，单击“确定”按钮。

选中并显示图层1图层，在图像窗口中的果盘区域单击，在图像周围生成选区，单击图层1图层左侧眼睛图标，将图层1图层隐藏，选中“背景”“拷贝”图层，按Ctrl+J快捷键，将选区中的图像复制到新图层，并将其命名为果盘。按Ctrl+M快捷键，弹出曲线对话框，在曲线上单击鼠标，添加控制点，将输入选项设为167、输出选项设为214，单击“确定”按钮。选中并显示图层1图层，在图像窗口中的盘子区域单击，在图像周围生成选区，单击图层1图层左侧眼睛图标，将图层1图层隐藏，选中“背景”“拷贝”图层，按Ctrl+J快捷键，将选区中的图像复制到新图层，并将其命名为盘子。按Ctrl+M快捷键，弹出曲线对话框，在曲线上单击鼠标，添加控制点，将输入选项设为184、输出选项设为197，单击“确定”按钮。

选中并显示图层1图层，在图像窗口中的茶几区域单击，在图像周围生成选区，单击图层1图层左侧眼睛图标，将图层1图层隐藏，选中“背景”“拷贝”图层，按Ctrl+J快捷键，将选区中的图像复制到新图层，并将其命名为茶几面。选择“图像”“调整”“亮度/对比度”命令，在弹出的对话框中进行设置，将亮度输入选项设为7，单击“确定”按钮。按Ctrl+M快捷键，弹出曲线对话框，在曲线上单击鼠标，添加控制点，将输入选项设为191、输出选项设为222，在曲线上单击鼠标，添加控制点，将输入选项设为38、输出选项设为32，单击“确定”按钮。

选中并显示图层1图层，在图片窗口中的沙发区域单击，在图像周围生成选区，单击图层1图层左侧眼睛图标，将图层1图层隐藏，选中“背景”“拷贝”图层，按Ctrl+J快捷键，将选区中的图像复制到新图层，并将其命名为沙发。选择“图像”“调整”“色彩平衡”命令，在弹出的对话框中进行设置，在色彩平衡窗口设置色阶为21、9、-4，单击“确定”按钮。选择“图像调整色彩饱和度命令”进行设置，在“色相/饱和度”窗口设置饱和度为-9、明度为5，单击“确定”按钮。按Ctrl+M快捷键弹出曲线对话框，在曲线上单击鼠标，添加控制点，将输入选项设为90、输出选项设为76，在曲线单击鼠标，添加控制点，将输入选项设为37、输出选项设为22，单击“确定”按钮。

(3) 选中并显示图层1图层，在图像窗口中的壁灯区域单击，在图像周围生成选区，单击图层1图层左侧眼睛图标，将图层1图层隐藏，选中“背景”“拷贝”图层，按Ctrl+J快捷键，将选区中的图像复制到新图层，并将其命名为灯罩。选择“图像”“调整亮度/对比度”命令，在弹出的对话框中进行设置，设置亮度为27，单击“确定”按钮。

选中并显示图层1图层，单击新选区按钮，在图像窗口中的玻璃柜区域单击，在图像周围生成选区。单击图层1图层左侧眼睛图标，将图层1图层隐藏，选中“背景”“拷贝”图层，按Ctrl+J快捷键，将选区中的图像复制到新图层，并将其命名为玻璃。选择“图像调整亮度/对比度”命令，在弹出的对话框中进行设置，设置亮度为17，单击“确定”按钮。

(4) 选中并显示图层1图层,在图像窗口中的植物区域单击，在图像周围生成选区，单击图层1图层左侧眼睛图标，将图层1图层隐藏，选中“背景”“拷贝”图层，按Ctrl+J快捷键，将选区中的图像复制到新图层，并将其命名为植物。按Ctrl+M快捷键，弹出曲线对话框，在曲线上单击鼠标，添加控制点，将输入选项设为172、输出选项设为184。在曲线上单击鼠标，添加控制点，将输入选项设为57、输出选项设为77，单击“确定”按钮。

选中并显示图层1图层，在图片窗口中的花盆区域单击，在图像周围生成选区。单击图层1图层左侧眼睛图标，将图层1图层隐藏，选中“背景”“拷贝”图层，按Ctrl+J快捷键，将选区中的图像复制到新图层，并将其命名为花盆。选择“图像”“调整曝光度”命令，在弹出的对话框中进行设置，设置曝光度为0.45，灰度系数校正为1，单击“确定”按钮。图片曝光度的调整如图9.1.16所示。

图9.1.16 图片曝光度的调整

选中并显示图层1图层,在图像窗口中的沙发架区域单击，在图像周围生成选区。单击图层1图层左侧眼睛图标，将图层1图层隐藏，选中“背景”“拷贝”图层，按Ctrl+J快捷键，将选区中的图像复制到新图层，并将其命为沙发架。按Ctrl+M快捷键，弹出曲线对话框，在曲线上单击鼠标添加控制点，将输入选项设为183、输出选项设为191，在曲线上单击鼠标，添加控制点，将输入选项设为83、输出选项设为77，单击“确定”按钮。

选中并显示图层1图层，在图像窗口中的柱子区域单击，在图像周围生成选区。单击图层1图层左侧眼睛图标，将图层1图层隐藏，选中“背景”“拷贝”图层，按Ctrl+J快捷键，将选区中的图像复制到新图层，并将其命名为白墙。选择“图像”“调整亮度/对比度”命令，在弹出的对话框中进行设置，设置亮度为9、对比度为-5，单击“确定”按钮。

选中并显示图层1图层，在图像窗口中的楼梯区域单击，在图像周围生成选区。单击图层1图层左侧眼睛图标，将图层1图层隐藏。选中“背景”“拷贝”图层，按Ctrl+J快捷键，将选区中的图像复制到新图层，并将其命名为楼梯。按Ctrl+M快捷键，弹出曲线对话框，在曲线上单击鼠标，添加控制点，将输入选项设为184、输出选项设为182。在曲线上点击鼠标，添加控制点，将输入选项设为96、输出选项设为95，单击“确定”按钮。

(5) 选中并显示图层1图层，在图片窗口中的墙面区域单击，在图像周围生成选区。单击图层1图层左侧眼睛图标，将图层1图层隐藏。选中“背景”“拷贝”图层，按Ctrl+J快捷键，将选题中的图像复制到新图层，并将其命名为墙面，按 Ctrl+M 快捷键，弹出曲线对话框，在曲线上单击鼠标，添加控制点，将输入选项设为170、输出选项设为181，在曲线上单击鼠标，添加控制点，将输入选项设为67、输出选项设为71，单击“确定”按钮。

选中并显示图层1图层，在图像窗口中的地板区域单击，在图像周围生成选区。单击图层1图层左侧眼睛图标，将图层1图层隐藏。选中“背景”“拷贝”图层，按 Ctrl+J 快捷键，将选区中的图像复制到新图层，并将其命名为地板。选择“图像”“调整亮度/对比度”命令，在弹出的对话框中进行设置，设置亮度为2、对比度为-20，单击“确定”按钮。选择“图像”“调整色相/饱和度”命令，在弹出的对话框中进行设置，设置色相为-1、饱和度为-5，单击“确定”按钮。

（6）在图层控制面板中选择“会议桌图层”，单击图层控制面板下方的“创建新图层”按钮，将新的图层命名为高光，将前景色设为白色。通过拾色器调整图片整体效果，如图9.1.17所示。

选择画笔工具，单击画笔选项右侧的按钮，选择需要的画笔形状。将属性栏中的“不透明度”选项设为28%，在图像窗口中拖曳鼠标绘制高光，将画笔大小选项设为150像素，在图像窗口中拖曳鼠标绘制图像。高光的绘制操作如图9.1.18所示。

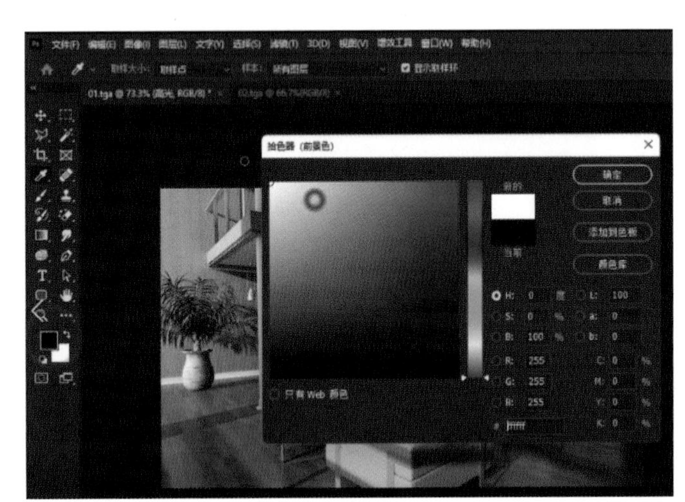

图9.1.17　通过拾色器调整图片整体效果

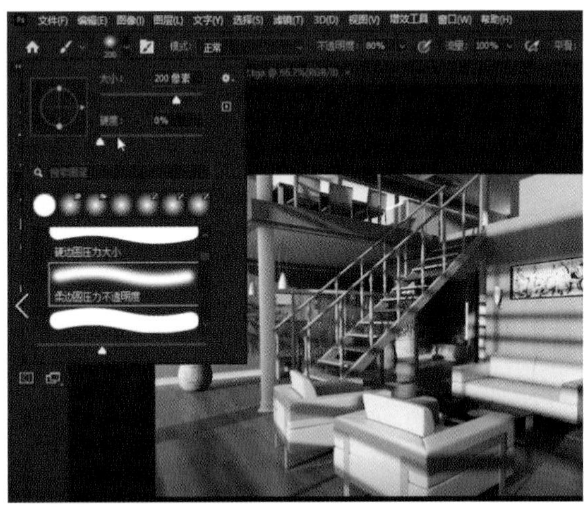

图9.1.18　高光的绘制操作

将前景色设为浅灰色。在属性栏中单击画笔选项右侧的按钮，将画笔大小设为200像素。将属性栏中“不透明度”选项设为19%，在图像窗口中拖曳鼠标绘制图像。不透明度的设置如图9.1.19所示。

在图层控制面板上方，将高光图层的“混合模式”选项设为颜色减淡。单击“图层样式”按钮，选择“混合选项”命令，在弹出的对话框中进行设置，单击“确定”按钮。图层样式的混合选项命令面板如图9.1.20所示。

选择“滤镜”“风格化”“浮雕效果”命令，在弹出的对话框中进行设置，单击“确定”按钮,如图9.1.21所示。

将图层2图层的“混合模式”选项设为叠加。

按 Shift+Ctrl+Alt+E 快捷键盖印图层。

按 Ctrl+M 快捷键，弹出曲线对话框，在曲线上单击鼠标，添加控制点，将输入选项设为225、输出选项设为196。在曲线上单击鼠标，添加控制点，将输入选项设为66、输出选项设为43，单击“确定”按钮。选择图像调整/亮度对比命令，在弹出的对话框中进行设置，设置亮度为13、对比度为27，单击“确定”按钮。选择“图像”“调整色阶”命令，在弹出的对话框中进行设置，输入色阶设置为7、1.61、225，单击“确定”按钮。

图 9.1.19 不透明度的设置

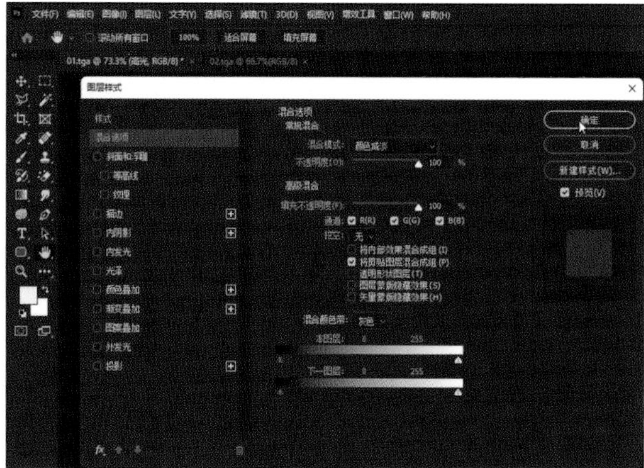

图 9.1.20 图层样式的混合选项命令面板

将图层3图层拖曳到“创建新图层”按钮上进行复制。

选择“滤镜”“高斯模糊”“模糊”命令进行设置，单击“确定”按钮，如图9.1.22所示。

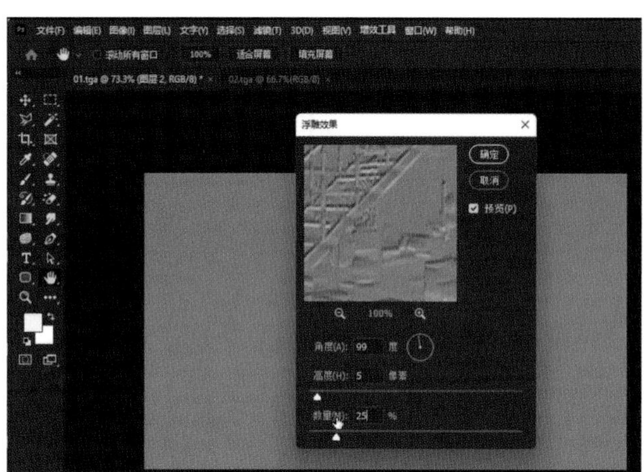

图 9.1.21 图片浮雕效果的设置

图 9.1.22 高斯模糊设置的

将图层3拷贝图层的“混合模式”选项设为滤色，“不透明度”选项设为18%。室内效果图的日光效果制作完成。所有参数调整后的效果如图9.1.23所示。

图 9.1.23 所有参数调整后的效果

2. 细节处理措施

Photoshop是建筑表现中进行后期处理使用的主要工具。在制作效果图时，需要先在三维软件中进行模型创建，输出建筑场景，然后导入Photoshop处理效果图的环境氛围，制作真实的配景，从而轻松调整画面的整体色调，把握画面整体的协调性，使场景更加真实。

室内效果图制作的关键是添加各种相应的配景和制作不同的光影效果，以丰富画面的内容，使效果图表达更加接近现实。在室内设计中，光与影的处理对空间关系有着十分重要的意义。处理光与影就是解决效果图的阴影与轮廓、明暗层次与黑白关系。光影表现的重点是阴影和受光样式。

1）调整效果图的色彩和色调

调整图像的色彩和色调是指使用曲线、色彩平衡、亮度/对比度、色相/饱和度等色彩调整命令，使图像更加清晰、色调更加协调。室内装修风格非常多，合理把握这些风格的基本特征并加以运用，体现出最新、最流行的装修潮流，是设计师职业素养的体现。

公共建筑（如学校、医院）采用明亮的配色，能给人清洁、幽雅的感觉。娱乐场所采用华丽的配色，能增强愉快、热烈的氛围。住宅采用明快的配色，能给人宽敞、舒适的感觉。

2）添加配景

根据场景的实际情况，添加家具、植物、装饰装修等素材，加强层次和变化。例如新中式风格，在设计上要体现中国的古典情韵，传承古代家居设计理念的精华，但又不能是传统元素的简单堆砌，要以现代人的审美需求来打造传统韵味。配景设置的效果参考示例如图9.1.24所示。

图9.1.24　配景设置的效果参考示例

3）制作特殊的效果

在一些情况下，需要制作灯光变化的特殊效果，例如制作阳光照射效果，或者夜景效果等；需要将效果图通过技术手段处理为水墨画、拼贴等特殊效果。

—— 本阶段学习的主要思考 ——

（1）建筑室内效果图后期处理的技巧。

（2）通过学习与练习找到最佳的模型创建及效果表现途径。

参考文献

References

[1] 廖洪建,吴智勇.3ds Max效果图制作案例教程[M].北京:北京邮电大学出版社,2015.

[2] 伍福军.3ds Max 2016 & VRay 室内设计案例教程[M].3版.北京:北京大学出版社,2019.

[3] 刘小莹,佘伟,文晓丹.中文版3DS MAX[M].沈阳:东北大学出版社,2020.

[4] 祝松田.3ds Max 2016室内外效果图制作案例课堂[M].2版.北京:清华大学出版社,2018.

[5] 刘晗,张峰.3ds Max效果图制作[M].北京:北京大学出版社,2013.

[6] 李娜,李卓.中文版3ds Max 灯光 材质 贴图 渲染技术完全解密[M].北京:中国青年出版社,2017.

[7] 孙蓓蓓.3ds Max& VRay& Photoshop照片级室内外效果图表现技法[M].北京:中国青年出版社, 2017.

[8] 胡爱萍,冯丹,王玉.3ds Max +VRay效果图设计表现与实训[M].北京:化学工业出版社,2012.